U0277998

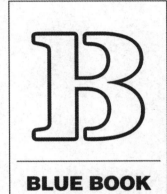

BLUE BOOK

智库成果出版与传播平台

智能互联网蓝皮书

BLUE BOOK OF INTELLIGENT INTERNET

中国智能互联网发展报告
（2024）

ANNUAL REPORT ON CHINA'S INTELLIGENT INTERNET

DEVELOPMENT (2024)

主　　编／唐维红

执行主编／唐胜宏

副 主 编／刘志华

社会科学文献出版社

SOCIAL SCIENCES ACADEMIC PRESS（CHINA）

图书在版编目（CIP）数据

中国智能互联网发展报告. 2024 / 唐维红主编. --
北京：社会科学文献出版社，2024.6
　（智能互联网蓝皮书）
ISBN 978-7-5228-3602-7

Ⅰ.①中…　Ⅱ.①唐…　Ⅲ.①互联网络-发展-研究
报告-中国-2024　Ⅳ.①TP393.4

中国国家版本馆 CIP 数据核字（2024）第 086050 号

智能互联网蓝皮书
中国智能互联网发展报告（2024）

主　　编／唐维红
执行主编／唐胜宏
副 主 编／刘志华

出 版 人／冀祥德
组稿编辑／宋　静
责任编辑／吴云苓
责任印制／王京美

出　　版／社会科学文献出版社·皮书分社（010）59367127
　　　　　　地址：北京市北三环中路甲 29 号院华龙大厦　邮编：100029
　　　　　　网址：www.ssap.com.cn
发　　行／社会科学文献出版社（010）59367028
印　　装／天津千鹤文化传播有限公司
规　　格／开　本：787mm×1092mm　1/16
　　　　　　印　张：25.75　字　数：385 千字
版　　次／2024 年 6 月第 1 版　2024 年 6 月第 1 次印刷
书　　号／ISBN 978-7-5228-3602-7
定　　价／158.00 元

读者服务电话：4008918866

唐维红　智　振　谢　靖　廖灿亮　谭知止
魏鹏举

编 辑 组　廖灿亮　王　京　刘　珊　冯雯璐　董晋之
王媛媛

主要编撰者简介

唐维红　人民网党委委员、监事会主席、人民网研究院院长，高级编辑、全国优秀新闻工作者、全国三八红旗手。长期活跃在媒体一线，创办的原创网络评论专栏"人民时评"曾获首届"中国互联网品牌栏目"和中国新闻奖一等奖，参与策划并统筹完成的大型融媒体直播报道《两会进行时》获得中国新闻奖特别奖。2020~2023 年担任移动互联网蓝皮书主编。

唐胜宏　人民网研究院常务副院长，高级编辑。主持、参与完成多项马克思主义理论研究和建设工程项目、国家社科基金项目，以及中宣部、中央网信办课题研究，《融合元年——中国媒体融合发展年度报告（2014）》《融合坐标——中国媒体融合发展年度报告（2015）》执行主编之一。代表作有《网上舆论的形成与传播规律及对策》《运用好、管理好新媒体的重要性和紧迫性》《利用大数据技术创新社会治理》《融合发展：核心要义是创新内容凝聚人心》等。2012~2023 年担任移动互联网蓝皮书副主编、执行主编。

方兴东　浙江大学传媒与国际文化学院求是特聘教授、博士生导师，浙江大学网络空间安全学院双聘教授，浙江大学国际传播研究中心执行主任，乌镇数字文明研究院院长，UNESCO 信息伦理工作组专家。互联网实验室和博客中国创始人，先后兼任中国互联网协会研究中心执行主任、中宣部网络治理创新基地主任、中国网络空间安全协会理事、中国新闻史学会博物馆与史志传播专业委员会副会长、互联网实验室主任、《网络空间研究》主编等。发表核心期刊论文100余篇。作为第一负责人承担和完成互联网政策相关课题100余项。

杜加懂 中国信息通信研究院技术与标准研究所无线信息化研究部副主任，中国信息通信研究院5G应用创新中心副主任，高级工程师，担任5G应用产业方阵行业应用组主席、国家能源互联网产业及技术创新联盟能源数字化专委会副秘书长、中国通信标准化协会TC5 WG4感知/延伸工作组副主席等职务。近年来主持工信部专项1项，作为主要技术负责人参与工信部专项4项，多次负责并参与中国工程院、国家发改委、国家广电总局、科技部等5G融合项目的支撑工作。申请授权专利2个，发表高水平论文10余篇。

李 斌 交通运输部公路科学研究院副院长兼总工程师，国家智能交通系统工程技术研究中心主任，车路一体智能交通全国重点实验室常务副主任。长期从事智能交通技术研发及工程应用工作，主要成果包括智能公路磁诱导自动驾驶技术、智能道路系统体系架构、路网运行监管技术、车路协同安全预警技术等。

郑 宁 中国传媒大学文化产业管理学院法律系主任、文化法治研究中心主任、教授，法学博士，研究方向为文化传媒法、互联网法、行政法，发表论文60余篇，独著、主编著作和教材10余部，主持多项国家级、省部级项目。

序

党的二十大后，以习近平同志为核心的党中央从推动高质量发展全局出发，明确提出加快发展新质生产力。人工智能是引领新一轮科技革命和产业变革的战略性技术，被普遍认为是新质生产力的最典型代表。

我国高度重视人工智能的发展，始终将促进人工智能和经济融合发展作为重要的发展目标。习近平总书记强调："要深刻认识加快发展新一代人工智能的重大意义，加强领导，做好规划，明确任务，夯实基础，促进其同经济社会发展深度融合，推动我国新一代人工智能健康发展。"

2023 年 12 月 11 日至 12 日召开的中央经济工作会议指出，要大力推进新型工业化，发展数字经济，加快推动人工智能发展。2024 年《政府工作报告》提出，深化大数据、人工智能等研发应用，开展"人工智能+"行动，打造具有国际竞争力的数字产业集群。这是"人工智能+"首次被写入《政府工作报告》。

这些把握未来发展主动权的战略部署，将推动人工智能深度赋能千行百业，成为我国发展新质生产力的重要引擎。

2023 年，人工智能在全球范围内取得前所未有的突破。随着大模型和生成式人工智能的兴起，通用人工智能技术迅猛发展。大模型与互联网加速融合，赋能网络高度智能化，驱动移动互联网开始迈向更高

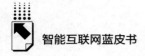

效、更便捷的智能互联网时代，人类社会的生产生活方式和社会发展模式由此将发生深刻改变。比如，在医疗领域，人工智能通过大数据分析可以帮助医生快速诊断疾病，为患者带来及时、精准的医疗服务；工业领域也将因智能互联网技术焕发新活力，智能化生产将极大提高生产效率。

2023 年是全面贯彻落实党的二十大精神的开局之年，我国智能互联网行业成绩斐然。网络基础日益完备，技术创新实现突破。截至 2023 年底，累计建成 5G 基站 337.7 万个，建成全球规模最大的 5G 网络。算力总规模位居全球第二。发布大模型产品超 200 个，研发主体广泛分布在互联网、大数据系统开发等科技企业以及高校、科研机构等。融合应用全面拓展，网络治理日臻完善。《互联网信息服务深度合成管理规定》自 2023 年 1 月 10 日起实施，进一步健全算法安全治理体系。《生成式人工智能服务管理暂行办法》于 2023 年 8 月 15 日起施行，我国成为全球首个为生成式人工智能立法的国家。

展望未来，智能互联网的广阔天地令人充满期待。同时，网络安全问题也将日益凸显，黑客攻击、数据泄露、算法偏见、误导性结果等风险威胁着我们的数字生活。因此，在追求技术进步的同时，我们必须筑牢网络安全防线，确保用户数据安全与隐私不受侵犯。

智能互联网的发展及其催生的"智力革命"，将会因对人工智能技术掌握能力的差异而打破国家间的力量平衡，形成国际政治、经济新格局。我们要以习近平新时代中国特色社会主义思想为指导，加快发展新一代人工智能，拓展智能互联网产业应用，为推进中国式现代化注入强大动力。

适应互联网智能化发展的大趋势，从 2023 年度起，我们决定将已连续出版十二年的"移动互联网蓝皮书"，更名为"智能互联网蓝皮书"，忠实记录中国智能互联网发展的宏伟历程，积极探索智能互联网高质量发展的有效路径。

本书重点展示了 2023 年中国智能互联网发展的成效与趋势，是学界、业界理论研究和实践探索的最新成果。作为蓝皮书编委会主任，我愿将本书推荐给关心中国智能互联网发展的社会各界人士。期待此书的出版能够为推动智能互联网发展、加快形成新质生产力贡献智慧和力量。

徐立京

人民日报社副总编辑

2024 年 4 月

摘　要

2023 年，生成式人工智能快速发展，引领互联网技术变革。人类在经历 PC 互联网、移动互联网之后，开始进入智能互联网时代。中国智能互联网行业应用加速落地，助力社会治理智能化，释放经济发展新动能。智能化舆论认知战日渐频繁，智能互联网治理审慎包容。未来，算法、算力与数据的核心作用将更加凸显，多模态大模型将成为智能互联网应用的重要底座，催生新业态、新模式，中国式网络治理框架逐步构建，促进智能互联网健康发展和规范应用。

2023 年，智能互联网领域法规政策完善统筹协调推进，从立法、执法、司法领域全方位构建智能互联网治理体系。智能社会治理在市域社会治理现代化以及政务热线与政民互动等方面取得积极进展。人工智能浪潮对思想文化生态产生深远影响，与人工智能伦理相关的政策行动密集推进。全球人工智能治理进入全新的突破和全面落地阶段，欠发达国家可能被进一步拉大的智能鸿沟成为重要议题。

2023 年，5G 应用从初期开放性、创新性探索转向寻求商业闭环、规模性复制的阶段，5G 应用技术产业体系初步形成。人工智能大模型在关键要素突破、市场规模增长、垂直领域应用落地、产业政策支持等方面取得显著成就。数据产业发展迎来智能化时代，数据资产化、数据智能分析等增强了企业数据治理能力。产业各方均高度关注算力互联并积极开展探索实践。

2023 年，我国自动驾驶技术、国家及地方相关政策法规进一步取得突破，自动驾驶在城市和城际典型交通应用场景落地。智慧医疗在电子病历系统建设、医疗健康信息互通共享、医疗健康大数据建设等方面加速发展。新一代人工智能技术加速推进新型工业化的变革进程，引领工业企业朝着智能、高效、绿色的方向发展。金融机构积极探索生成式人工智能的应用，进一步推动了智慧金融的发展。AIGC 市场在内容形态、内容生产、内容安全、运营与经营等方面展现丰富的应用场景。AI for Science 作为智慧科研的新范式加速科技创新，也加剧了科学研究的不确定性、多样性和复杂性。我国智慧体育完成起步，诸多智能产品及服务落地使用，典型案例覆盖各大场景。虚拟现实产业在硬件、软件、内容和应用等方面取得了新的进步。

2023 年，生成式人工智能的工业化应用滋生了关于数据、垄断、知识产权等方面的风险，数据流通利用带来了安全治理和个人隐私保护方面新的风险，现有的规制方式应对新风险仍存在不足。大模型加速了企业数字化转型进程，提升了企业智能化运营水平，同时也为大模型在更广泛的领域应用打开新思路。生成式人工智能在教学内容创作、智能教学反馈、交互式学习环境创建等方面展现应用潜力，为全球学术生产与出版领域也带来了职业边界冲突、工作范式重塑等新变化。人工智能技术的落地应用催生了众多新业态，带动了更多新就业，未来有望革新中国劳动力市场结构，人机协作将成主流趋势。

关键词： 智能互联网 大模型 生成式人工智能 中国式网络治理框架

目　录

Ⅰ　总报告

Ⅱ　综合篇

Ⅲ　基础篇

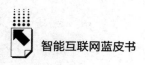
Ⅳ　市场篇

Ⅴ　专题篇

附 录

皮书数据库阅读**使用指南**

总 报 告

B.1

中国智能互联网元年：生成式 AI 引领变革

唐维红　唐胜宏　廖灿亮*

摘　要： 2023 年，生成式人工智能快速发展，引领互联网技术变革。人类在经历 PC 互联网、移动互联网之后，开始进入智能互联网时代。智能互联网行业应用加速落地，助力社会治理智能化，释放经济发展新动能。智能化舆论认知战日渐频繁，智能互联网治理审慎包容。未来，算法、算力与数据核心作用将更加凸显，多模态大模型将成为智能互联网应用的重要底座，催生新业态、新模式，中国式网络治理框架逐步构建，促进智能互联网健康发展和规范应用。

关键词： 智能互联网　大模型　生成式人工智能　中国式网络治理框架

---

* 唐维红，人民网党委委员、监事会主席、人民网研究院院长，高级编辑；唐胜宏，人民网研究院常务副院长，高级编辑；廖灿亮，人民网研究院研究员。

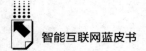

　　智能互联网是人工智能（Artificial Intelligence，AI）技术与互联网、物联网、算力网络等深度融合，数据、算法和算力软硬件配套，广泛联接人、机、物，传输交换智能资源（包括模型、参数等），能够自主探索认知物理世界、提供智能决策服务的网络。具有人工智能"强融合"、智能互联"泛终端"、传输服务"智能化"等基本特征。①

　　2023 年是全面贯彻党的二十大精神的开局之年，是实施"十四五"规划承前启后的关键一年，也是中国智能互联网发展元年。人工智能技术特别是大语言模型（Large Language Model，LLM）、生成式人工智能（Generative Artificial Intelligence，GAI）技术②取得突破性进展，成为新一轮产业和技术革命的重要驱动力。互联网与人工智能等新技术加速融合，赋能网络内容生成、搜索引擎、网络购物等基础应用智能化，推动办公、文娱、医疗、教育、制造、金融等千行百业数智化转型，成为经济社会高质量发展的重要引擎。人类在经历 PC 互联网、移动互联网之后，开始进入智能互联网时代。

一　2023年中国智能互联网发展概况

（一）智能互联网基础底座进一步夯实

1. 5G 网络建设日益完备

　　网络是智能互联网发展的基础。2023 年我国 5G（第五代移动通信技术）网络建设深入推进，网络基础设施不断完善。截至 2023 年底，我国累计建成 5G 基站 337.7 万个，占移动基站总数的 29.1%，5G 行业虚拟专网超 2.9 万

---

① 人民网研究院：《智能互联网发展报告》，2023 年 10 月，http：//yjy.people.com.cn/n1/2023/1015/c244560-40095552.html。

② 国家互联网信息办公室等七部门联合公布的《生成式人工智能服务管理暂行办法》第二十二条提出，"生成式人工智能技术，是指具有文本、图片、音频、视频等内容生成能力的模型及相关技术"，2023 年 7 月，https：//www.gov.cn/zhengce/zhengceku/202307/content_6891752.htm。

个，具备千兆网络服务能力的端口达 2302 万个。[①] 6G（第六代移动通信技术）网络技术研发与前瞻布局全面推进。工信部指导成立 IMT-2030（6G）推进组，明确将 6GHz 频段划分给 5G/6G 使用，为 6G 创新发展提供政策保障。三大运营商积极探索 6G 智能网络，推进 5G-A/6G 技术创新、天地一体产业链布局。2023 年 6 月，我国提出的 5 类 6G 典型场景和 14 个关键能力指标被国际电信联盟 6G 愿景需求建议书采纳，参与推动 6G 国际标准化工作迈出坚实步伐。

2. 算力基础设施建设成效显著

2023 年，工业和信息化部等六部门印发《算力基础设施高质量发展行动计划》，明确算力基础设施到 2025 年高质量发展的量化指标，推进计算、网络、存储和应用协同创新。在政策驱动下，我国算力基础设施建设取得突破性进展。截至 2023 年，全国提供算力服务的在用机架总规模达到 810 万标准机架，算力总规模达到 230 百亿亿次/秒（EFLOPS，即每秒百亿亿次浮点运算次数）。[②] 我国算力规模已位居全球第二，并保持 30% 左右的年增长率，新增算力设施中智能算力占比过半，成为算力增长的新引擎。[③] 2023 年 6 月，全国一体化算力算网调度平台发布，力求进一步强化全国范围内的算网需求及算网资源感知能力，通过智能调度机制实现算网供需的高效匹配。

3. 数据基础设施建设扎实推进

2023 年，我国数据传输速度持续提升，数据存储和处理能力不断增强，数据中心机架数量快速增长。截至 2023 年底，三家基础电信企业为公众提供服务的互联网数据中心机架数量达 97 万个，全年净增 15.2 万个。[④] 数据要素市场建设提速，我国数据交易链启用，十省市实现"一地挂牌、全网

---

① 工业和信息化部：《2023 年通信业统计公报》，https：//www.miit.gov.cn/gxsj/tjfx/txy/art/2024/art_ 76b8ecef28c34a508f32bdbaa31b0ed2.html。

② 《全国政协委员余晓晖：我国算力全球第二，"全国算力服务统一大市场"应适时而建》，环球时报-环球网，2024 年 3 月 5 日，https：//3w.huanqiu.com/a/5e93e2/4Gr6sYsU4bo。

③ 《工信部：我国算力总规模目前居全球第二》，环球网，https：//tech.huanqiu.com/article/4DmlzR7iaX7。

④ 工业和信息化部：《2023 年通信业统计公报》，https：//www.gov.cn/lianbo/bumen/202401/content_ 6928019.htm。

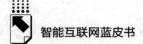
互认"，人民网·人民数据打造的全国性数据要素公共服务平台，推出针对数据要素市场的"数据资源持有权证书""数据加工使用权证书""数据产品经营权证书"。数据要素市场规模持续扩大，仅上海数交所2023年全年数据交易额超11亿元①，累计挂牌数据产品2100个。数据平台发展进入融合一体化新阶段，湖仓一体、云原生容器化等数据智能技术不断突破，并在电信、金融等行业得到广泛应用。

4. 人工智能大模型快速发展

2023年国内大模型数量显著增加，相关应用加速落地。截至2023年底，国内企业、科研单位等发布超200个大模型产品，研发主体广泛分布在互联网、传统大数据系统开发等科技企业以及高校、科研机构等。超20个产品通过《生成式人工智能服务管理暂行办法》备案，可以正式面向公众开放注册、提供产品服务，行业进入"百模大战"阶段。互联网基础应用进一步与大模型融合，文娱、教育、文旅、医疗等垂直领域的大模型应用持续推出，助推行业数字化转型升级。

5. 自研芯片技术取得进展

2023年，我国自研芯片迎来较快发展。中国移动研发的国内首款可重构5G射频收发芯片"破风8676"，填补了国内在5G网络核心设备领域的空白。华为麒麟9000S芯片采用了先进的5纳米制程工艺，集成了先进的5G基带芯片和天罡5G调制解调器，可以实现高速、低延迟的数据传输。在智能手机、笔记本电脑和数据中心的存储芯片方面，我国自研芯片也取得一定进展。2023年，我国集成电路（芯片）产量达3514亿块，同比增长6.9%。②

（二）智能终端发展迅猛

1. 生成式AI端侧设备初露端倪

受深度学习、计算机视觉等技术发展的驱动，互联网终端与AI大模型

---

① 《2023年数据要素市场发展提速，数据治理不能靠数交所唱"独角戏"》，第一财经，https://baijiahao.baidu.com/s? id=1783533012296563777&wfr=spider&for=pc。

② 工业和信息化部：《2023年电子信息制造业运行情况》，https://www.miit.gov.cn/jgsj/yxj/xxfb/art/2024/art_6f3ded5276bd42cc848b49ad06a32fd7.html。

融合加速，具备生成式 AI 功能的 AI 手机、AI 个人电脑初步商用落地。华为、荣耀、vivo、OPPO、小米等国产手机厂商相继发布搭载 AI 大模型的手机产品，主要具备 AI 智能消息检索、图片处理、语义识别等功能。芯片、电脑厂商积极研发推出搭载专用 AI 处理器和 AI 软件的个人电脑。例如，联想发布小新 Pro 16 2024 酷睿 Ultra 版电脑，搭载了英特尔植入 AI PC 概念的酷睿 Ultra5 处理器。该产品拥有 CPU（中央处理器）、GPU（图形处理器）、NPU（神经处理单元）三大 AI 引擎，能够运行上百亿参数大语言模型。荣耀推出的 MagicBook Pro 16 电脑产品，具备跨设备、跨系统、跨应用的智慧互联以及智能搜索、文档总结、AI 字幕等功能。相关产品将进一步推动 AI 手机、AI 个人电脑的普及。

2. 人形机器人迎来新发展热潮

2023 年，工业和信息化部等部门印发《人形机器人创新发展指导意见》，引领行业创新发展。AI 大模型的快速发展，助推我国人形机器人行业技术与应用实现突破。研究机构与企业率先进行技术布局和商业化探索，市场投融资火热。截至 2023 年 12 月 15 日，国内共有 9 家人形机器人企业获得累计超过 19 亿元的融资，各大企业推出 10 余款人形机器人产品（例如，乐聚机器人的高动态人形机器人"KUAVO"、智元机器人的"远征 A1"等产品），并在医疗保健、服务业、制造业等领域初步应用探索，[①] 产业发展的动能强劲。

3. AI 泛智能终端实现增长

随着 AR（增强现实）光学显示、人工智能等核心技术的发展，2023 年全年国内 AR 产品出货量创历史新高，达 26.2 万台，同比上涨 154.4%。[②] AR 眼镜被认为是 AI 的最佳载体之一，不少企业发布相关产品，驱动"AI+AR"终端发展。例如 OPPO 发布的 AR 智能眼镜"Air Glass 3"，具备通过

---

① 《需求推动叠加政策助力　人形机器人进入爆发期》，《证券时报》，www.xinhuanet.com/2024−03/20/c_ 121343643. htm。

② 《IDC：2023 年中国 AR 出货 26.2 万台　同比上涨 154.4%》，金融界，https://baijiahao. baidu. com/s? id=1792211100569852273&wfr=spider&for=pc。

手机端调动 AI 大模型"AndesGPT"的能力,为用户带来智慧交互新体验。受投资减少、市场需求不足等因素影响,VR(虚拟现实)市场的增长放缓,2023 年国内 VR 头显出货 46. 3 万台,同比下滑 57. 9%。① 随着智能网联技术的突破,2023 年智联网联汽车出货量预计达 1880 万台,年均复合增长率为 16. 1%。②

(三)智能互联网投融资总体处于高位

2023 年,受经济大环境及人工智能投资长周期等因素影响,人工智能领域投融资总体呈下降趋势,但智能互联网领域投融资依然处于高位。截至 2023 年 11 月 20 日,2023 年我国人工智能在一级市场的总融资事件数约 530 起,同比减少 26%;总融资约 631 亿元,同比下降 38%,但人工智能生成内容(Artificial Intelligence Generated Content,AIGC)与大模型及智能机器人、智慧医疗、智能驾驶、智能制造等行业应用成为投融资热门领域,其中 AIGC 与大模型总融资事件数达 111 起,总融资达 156 亿元。③

二 2023年中国智能互联网发展特点

(一)政策引领快速创新发展

1. 中央加快推进人工智能发展

2023 年,我国人工智能领域顶层布局进一步强化,引领行业迎来快速创新发展期。2023 年 4 月 28 日的中央政治局会议指出,要重视通用人工智能发展,营造创新生态,重视防范风险。5 月 5 日的第二十届中央财

---

① 《IDC:2023 年中国 AR 出货 26. 2 万台   同比上涨 154. 4%》,金融界,https://baijiahao. baidu. com/s?id=1792211100569852273&wfr=spider&for=pc。
② 中商产业研究:《中国智能网联汽车行业市场前景及投资机会研究报告》,https://baijiahao. baidu. com/s?id=1769989709365197371&wfr=spider&for=pc。
③ 《2023 年人工智能行业新诞生 10 家独角兽,AIGC 占近一半》,桔子科技,https://www. thepaper. cn/newsDetail_forward_25639196?commTag=true。

经委员会第一次会议指出，加快建设以实体经济为支撑的现代化产业体系，关系我们在未来发展和国际竞争中赢得战略主动。要把握人工智能等新科技革命浪潮。7 月 24 日的中央政治局会议指出，要推动数字经济与先进制造业、现代服务业深度融合，促进人工智能安全发展。12 月 11 日至 12 日的中央经济工作会议明确，要大力推进新型工业化，发展数字经济，加快推动人工智能发展。一系列中央会议精神提示，我国正加快布局人工智能，以人工智能激发数实融合新动能，打造高质量发展新引擎，同时重视技术治理与风险防范。

2. 地方加快人工智能产业布局

北京、上海、深圳、武汉、成都等地陆续出台政策举措，围绕人工智能大模型加快创新步伐，探索通用人工智能发展新路径，打造智能互联网创新高地。例如，2023 年 5 月，北京市颁布《促进通用人工智能创新发展的若干措施》，针对加强算力资源统筹供给能力、推动通用人工智能技术创新场景应用等五大方向，提出 21 项具体措施。2024 年 2 月，北京市经信局发布《北京市制造业数字化转型实施方案（2024—2026 年）》，明确积极推动高校、科研院所、新兴研发机构构建工业人工智能大模型。2023 年 5 月，上海印发《加大力度支持民间投资发展若干政策措施》，提出充分发挥人工智能创新发展专项等引导作用，支持民营企业广泛参与数据、算力等人工智能基础设施建设。同月，深圳印发《深圳市加快推动人工智能高质量发展高水平应用行动方案（2023—2024 年）》，从强化智能算力集群供给、强化数据和人才要素等五个方向，提出 14 条措施。

（二）生成式人工智能引领技术变革

1. 大模型成为人工智能"新基座"

大模型通常指基于大规模数据训练的模型算法，一般具有海量的参数和复杂的架构，具备迁移学习能力和通用性。近年来，随着 Transformer[①] 架

---

① 一种基于自注意力机制的深度学习模型，广泛应用于自然语言处理（NLP）任务中。

构、GPT（生成式预训练 Transformer 模型）系列等算法层面实现迭代优化，高性能 AI 芯片和 AI 计算集群的推出，众多大语言模型、视觉生成模型及多模态模型产品陆续发布。当前，可以同时理解文本、图像、音频、视频等多模态信息，提供图文生成、视频生成、虚拟人生成等多模态功能成为大模型演进方向，为 AI 手机、AI 个人电脑、人形机器人等终端以及智能互联网行业应用提供了更加丰富的可能性。目前，大模型应用已率先在互联网、金融、文娱、传媒、广告营销等垂直领域落地应用，并获得了海量用户，释放了行业发展新动能。2023 年 8 月面向公众开放的百度"文心一言"，到 2023年底用户规模就突破了 1 亿。政策的支持、技术的突破、资本的涌入以及垂直领域加速应用落地，驱动大模型市场持续扩大。预计 2023 年我国语言大模型市场规模将达到 132.3 亿元，增长率将达到 110%。①

2. AIGC 发展步入快车道

AIGC 一般指利用人工智能技术自动生成内容的方法，被认为是继专业生产内容（PGC）、用户生产内容（UGC）之后新的内容生产模式。近年来，生成算法模型、深度学习算法、多模态、预训练模式等技术不断迎来突破，推动了 AIGC 的爆发。当前，人工智能文生文、文生图等领域涌现了许多产品与应用，文生视频、跨模态的内容理解与生成等领域也取得一定突破。② AI 写作、AI 编程、AI 绘画、AI 视频生成等应用成本低、效率高，成为内容自动化生产的新引擎，具备较高的经济效益。技术的创新推动AIGC 应用场景不断丰富。2023 年，AIGC 在搜索引擎、电商、游戏、影视娱乐、办公等行业率先落地，并向金融、制造、教育、医疗、文旅等行业拓展。例如，智能教育平台能够根据学生的学习情况和需求，生成个性化的学习计划和教学资源。在智慧交通领域，AIGC 技术被应用于智能驾驶、智能交通系统等方面。不少企业和机构搭建 AIGC 平台，提供应用场景和解决方案，行业市场不断增大。2023 年我国生成式人工智能市场规

---

① 工业和信息化部：《2023 年中国语言大模型市场增长率将达 110%》，https：//baijiahao. baidu. com/s？id=1785612159340981834&wfr=spider&for=pc。

② 如美国人工智能研究公司 OpenAI 于 2024 年 2 月发布的人工智能文生视频大模型"sora"。

模约为 14.4 万亿元，在制造业、零售业、电信行业和医疗健康等四大行业的采用率均实现较快增长。[①]

3. 具身智能初步落地

具身智能一般指具备自主决策和行动能力的机器智能，它可以像人类一样实时感知和理解环境，通过自主学习和适应性行为来完成任务。[②] 目前，具身智能虽还处于探索的初级阶段，但其具有的与现实物理世界进行实时感知交互的功能，在一定程度上弥补了大模型的不足，在工业生产、社会服务等领域有非常多的应用场景，有望成为智能互联网应用突破的一个重要方向。2023 年，随着人工智能大模型的快速发展，具身智能从概念走向初步落地。例如，达闼机器人公司推出的多模态人工智能大模型 RobotGPT，基于人工反馈的强化学习完成快速智能进化，与接入云端大脑的机器人相结合，实现机器人理解人类语言，自动分解、规划和执行任务，进行实时交互，完成复杂的场景应用，推动具身智能的自主进化。科大讯飞发布的"大模型+具身智能"人形机器人，具备复杂地形行走、开放场景寻物、复杂任务拆解等能力。北京大学发布的具身大模型成果 ManipLLM，具备在提示词的引导下，在物体图像上直接预测机械臂的操作点和方向，进而得以操控机械臂完成各项具体任务的能力。

（三）智能化垂直应用加速落地

1. 基础应用

人工智能技术快速发展，为互联网基础应用带来新的发展机遇。例如，智谱 AI 的生成式 AI 助手"智谱清言"，具备通用问答、多轮对话、创意写作、代码生成、虚拟对话、AI 画图、文档和图片解读等能力，刷新用户上网体验。一些企业在搜索平台通过生成式 AI 贯通营销方案表达和广告投放优化，

[①] 工业和信息化部：《2023 年中国语言大模型市场增长率将达 110%》，https：//baijiahao.baidu.com/s？id=1785612159340981834&wfr=spider&for=pc。
[②] 毕马威 等：《人工智能全域变革图景展望：跃迁点来临（2023）》，https：//www.financialnews.com.cn/cj/sc/202312/t20231206_283597.html。

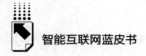

提升广告投放转化率。在直播平台，人工智能生成的数字人虚拟主播可以帮助行业降低成本，优化直播效果。国内互联网企业均推出了数字人虚拟主播相关产品。在网络游戏平台，人工智能技术被广泛用于 3D 应用渲染、构图，压缩制作成本的同时，让游戏内容制作走上快车道。

2. 智慧办公

随着大模型的快速发展，智能互联网在办公领域应用持续拓展，AI 成智慧办公"标配"。各大企业积极布局开发智慧办公产品，例如人民网"写易"智能创作引擎，训练之初就充分运用符合我国主流价值观的数据集和语料库，具备强大的写稿创作能力，目前已在多个党政系统应用。金山办公发布生成式人工智能应用"WPS AI"，AI 生成的内容可以直接嵌入文档正文，也能辅助文档的编辑、改写。"腾讯会议"上线"AI 小助手"，具备完成会议内容分析、会管会控等多种复杂任务的能力。"钉钉"接入"千问大模型"，可以利用自然语言或拍照生成多种应用。"飞书"推出的 AI 助手"My AI"，具备自动汇总会议纪要、创建日程、创建报告等功能。相关应用的落地持续拉动智慧办公市场增长，2023 年智慧办公市场规模预计达 330.1 亿元，同比增长 12.5%。[①]

3. 智慧医疗

2023 年，智慧医疗行业持续快速发展。智能导诊、在线问诊覆盖面持续扩大。截至 2023 年 10 月，我国 82.7% 的二级以上公立医院已开展预约诊疗服务。截至 2023 年底，30 个省份建成省一级互联网医疗监管平台，全国互联网医院数量达 2700 余家[②]，远程医疗服务县区覆盖率达 100%。[③] 在医疗信息化、辅助诊断、药物研发等领域，医疗大模型开始落地。例如互联网医疗企业"医联"的医疗大语言模型 MedGPT，具备疾病预防、治疗、康复等各个环节

---

① 艾媒咨询：《2023 年中国协同办公行业及标杆案例研究报告》，https：//baijiahao. baidu. com/
s？id＝1769213883764285658&wfr＝spider&for＝pc。

② 《国家卫健委：全国已设置 2700 余家互联网医院》，《北京日报》，https：//baijiahao. baidu.
com/s？id＝1792130760367769330&wfr＝spider&for＝pc。

③ 国家互联网信息办公室：《数字中国发展报告（2022 年）》，http：//www. cac. gov. cn/2023-
05/22/c_ 1686402318492248. htm。

的智能化诊疗功能。京东健康的医疗健康行业大模型"京医千询"，可以协助医生完成诊疗风险识别、临床辅助决策、影像辅助决策、患者辅助筛查、智能辅助审方等操作。

4. 智慧文旅

2023 年，智慧文旅持续助推文旅行业高质量发展。5G、AR、VR、人工智能等前沿技术不断解锁新型文化消费场景，丰富沉浸式体验型旅游产品与服务，助力行业强劲复苏与业态创新。例如，扬州中国大运河博物馆打造了"5G 大运河沉浸式体验区"等沉浸式体验场所，全方位展示了运河文化。游客可以通过裸眼 3D 形式"穿越"17 座运河城市，纵览古运河沿途的历史和人文风貌。北京世园公园植物馆运用智能道具、混合现实、互动技术等，打造沉浸式的历险探索体验展。文旅大模型初步实现落地应用，主要在智能导游、智能客服两大方向上丰富文旅内容与出行体验。例如，中国电信发布的"文旅大模型"，能为游客提供吃、住、行、游、购、娱全方位的问答服务。携程发布的旅游行业大模型"携程问道"，能为游客提供出行目的地推荐、智能查询、专属定制路线推荐等服务。

5. 智慧教育

2023 年，智能技术与教育教学、科学研究持续深度融合。依托教育行业广阔的用户基础以及底层内容资源，多个教育专用大模型陆续发布，辅助"应试教育"成为其核心功能和应用方向。例如，好未来的教育大模型"MathGPT"，可以实现题目计算、讲解、问答等多任务持续训练。科大讯飞发布的"讯飞星火"认知大模型，拥有跨领域的知识和语言理解能力，能够基于自然对话方式理解与执行智能教育任务。人工智能正加速融入科学研究发现中。2023 年 3 月，科技部启动"人工智能驱动的科学研究"专项部署工作，驱动构建以人工智能支撑基础和前沿科学研究的新模式。科研大模型相继推出，例如上海交大发布的开源"白玉兰科学大模型"，能辅助科学训练、推理、评测等科研任务。

6. 智慧金融

智能互联网持续推动金融服务的智能化、个性化、定制化。当前，人工

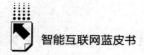

智能、区块链等技术广泛应用于银行智能客服、贷款和信用评估、财富管理、合规和风险预警防控等领域，大幅提高银行业务处理的自动化、智能化和集约化水平。中国银行业协会数据显示，当前国内头部银行机器人回答话务量超过 70%。大模型逐渐在金融领域探索应用。2023 年，多家银行明确提出积极探索 AI 大模型应用的计划或布局。例如，中国农业银行 AI 大语言模型应用"ChatABC"，已在智能问答、智能客服、辅助编程、智能办公、智能风控等多个领域进行试点应用。

（四）AI 助力社会治理智能化

1. 政务服务智能化

智能互联网应用在智能客服、材料审核、文本生成、智能政务办公等方向落地，进一步推动政务服务智能、高效与便捷。AI 数字人提升政务服务效率。各省区市政府部门积极推进数字政务大厅建设，布局 AI 政务热线数字人、数字人咨询台等应用，使之承担政策解读、资讯推送、服务引导、事项办理等政务服务同时，让数字政务大厅永远有"人"。例如，江苏昆山政务数字人"小花小桥"，能提供智能办事交互服务，也能提供咨询互动问答，创新政务服务体验。大模型创新政务服务模式。政务大模型基于对政务大数据的学习贯通，以及对企业和群众诉求的语义理解，能够精准识别企业、群众办事需求，提供全天候、全事项的政务服务。例如，人民网为国家政务服务总平台建设的智能化总客服系统，能为企业和群众提供办事指引、办事派单、办事评价、难题处置等智能化服务。天翼云"慧泽"大模型能够根据市民的需求，准确快速地给出最优的办理流程和依据，提高政务服务效率。宁夏"数字政府"私域大模型，应用于城市运营智能升级、运营情况智能分析、智能应急响应、商业环境优化场景等。深圳龙华区政务大模型"龙知政"，被用于辅助公文写作、招商引资精准选商等政务场景。

2. 社会治理智能化

2023 年，智能互联网应用在社会治理领域持续落地，助力社会治理智能化升级。一是提高城市运行效率。例如，北京电信运用人工智能视觉技术打造的定制化视觉 AI 平台，推出 AI 智能道路巡检系统，提升了道路巡检效率。二是提升社会治理水平。AI 大模型可处理大规模的社会运行数据，通过分析和模拟，辅助政府决策，提升城市管理运行平台自我学习能力及人机协同智能化能力。例如，人民网研发的"人民智媒大模型"为国家地震局提供地震知识科普问答应用，有效提升了在地震基础知识、地震灾害防御、地震应急救援和地震预警和应对等方面的知识科普效率。华为盘古政务大模型助力广州白云区智慧城管系统提升图片、文本等数据的分析精度及速度，实现城市管理事件自动立案、自动审核预结案。

（五）智能互联网影响舆论认知

1. 媒体智能化发展进入"快车道"

2023 年，生成式人工智能应用于媒体融合发展，大模型成媒体"新基础设施"。多家媒体推出大模型产品或者接入大模型应用。例如，人民日报社发布的"人民日报创作大脑 AI+"，集纳大模型、自然语言处理、计算机视觉、音频语义理解、图像识别等多项技术，形成集智能化、场景化、自动化于一体的工作平台，实现内容智能化生产及协作，进一步赋能媒体融合发展。中央广播电视总台联合上海人工智能实验室推出"央视听大模型"（CMG Media GPT），提供短视频生成、节目剪辑、超写实 AI 数字人、人工智能生成内容、AI 换脸等多方面应用。齐鲁壹点推出大语言模型"壹点天玑"，具有多模态内容生成、跨模态内容理解、私域数据解析、多轮人机对话等功能。AIGC 提升媒体内容生产力，助力精准传播。2023 年以来，多家媒体推出 AIGC 相关产品。例如，新华社"AIGC 应用创新工作室"，打造"AIGC 说真相"（AI Footage）栏目，节目相关视频、图片、解说均由 AI 生成。每日经济新闻"雨燕智宣——AI 短视频自动生成平台"，具备智能文本创作、智能媒资管理、智能视频生产、会议直播管理、智能课件生成等多种功能。与此同时，主流媒体积极布局生成式人工智能内容检测工具，推动智能互联网安全治理。例如，人民网发布"天目"智能识别系统，对人工智能生成内容进行识别，能够对深度伪造内容进行检测，对合成手段进行追根溯源。

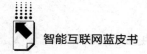
2. AI 促进文化传承与交流

AIGC、大模型等技术为文化发展带来了新机遇。一是赋能文化保护与传承。AIGC 能通过对实物的数字化存储及生成，创新文化传承保护形式。例如，新华智云利用大模型、AIGC、数字人等技术挖掘地方文化地标等数据，在浙江省建成了 30 余座新型文化数字化展馆。二是提升文化吸引力传播力。人工智能应用提高了公众在理论学习、文化传播方面的意愿和参与度，提升了文化传播的吸引力和感染力，有利于文化的精准触达和推送，增强传播力和影响力。例如，中央广播电视总台制作的文生视频人工智能系列动画片《千秋诗颂》，通过 AI 对于古诗词语言、蕴含意境的理解，生成精致细腻画面，助力传统文化传承创新。三是促进跨文化交流。大模型通过学习包含不同文化内容、价值观的海量语料，具备对多种文化的理解能力，并且能快速生成多语种的翻译，帮助人们深入了解其他文化，促进文化的交流互鉴。

3. 智能化舆论认知战日渐频繁

智能互联网应用赋能经济社会高质量发展的同时，也对舆论生态带来了新的挑战。AI 换脸、AI 语音与视频生成等引发的风险开始出现。2023 年以来，AI 合成艺人"杨幂""刘德华"直播带货，网民用 AI 技术生成假新闻吸引流量等事件曾引发广泛关注。人工智能也已被用于战时的舆论认知战。2023 年新一轮巴以冲突爆发以来，境外社交媒体平台出现大批虚假账号，双方利用"生成式对抗网络"和社交机器人等散播虚假信息，引导战争叙事，人工智能修改、生成的图片和视频屡被发现。[①] 此外，一些大模型的数据语料可能来源于不同国家、不同地域带有不同意识形态、不同价值观的信息，其生成的内容极易对用户产生误导，影响用户认知。例如 ChatGPT 生成的内容被认为"有明显的价值观倾向"，有可能成为新的"意识形态世界机器"。[②] 为统筹智能互联网发展与安全，人民日报社主管、依托人民网建

---

① 《巴以冲突第二战场：一场激烈搏杀的舆论战》，新华网，https：//baijiahao. baidu. com/s？id＝1780615192586034663&wfr＝spider&for＝pc。

② 《ChatGPT 与意识形态管理的新趋势》，中国科学网，https：//cssn. cn/xwcbx/rdjj/202303/t20230315_ 5607720. shtml。

设的传播内容认知全国重点实验室着重研发了涉政内容智能审核平台"人民审校"、大模型生成内容安全测评系统、主流价值语料库等，可助力各类机构研发的人工智能系统提升政治安全、意识形态安全水平。

（六）智能互联网治理审慎包容

1. 创新与监管并行的治理理念

2023 年，国家相关部门出台了一系列政策文件，鼓励新一代人工智能技术在各行业、各领域创新应用的同时，规范其应用与发展。2023 年 1 月，国家互联网信息办公室等部门颁布《互联网信息服务深度合成管理规定》，明确指出提供智能对话、合成人声、人脸生成、沉浸式拟真场景等生成或者显著改变信息内容功能的服务的，应当进行显著标识。2023 年 8 月 15 日，我国率先施行《生成式人工智能服务管理暂行办法》，成为全球首个为生成式人工智能立法的国家，明确"对生成式人工智能服务实行包容审慎和分类分级监管"；文件强调"提供具有舆论属性或者社会动员能力的生成式人工智能服务的，应当按照国家有关规定开展安全评估，并按照《互联网信息服务算法推荐管理规定》履行算法备案和变更、注销备案手续"。"备案制"体现了我国对人工智能支持创新与强调监管并行的理念。

2. 人工智能立法提上日程

2023 年 6 月 6 日，国务院发布《国务院办公厅关于印发国务院 2023 年度立法工作计划的通知》，其中提到"预备提请全国人大常委会审议人工智能法草案"，释放出国家层面人工智能立法已被提上日程的信号，智能互联网治理向更高层级的方向前进。2023 年 8 月，由学者牵头起草的《人工智能法（示范法）1.0》（专家建议稿）公布，显示人工智能领域立法工作备受社会关注，也将成为我国未来立法的重点方向之一。

3. 积极参与国际合作及全球治理

近年来，我国践行人类命运共同体理念，持续推进人工智能国际合作与全球治理，推动人工智能技术造福全人类。2023 年 10 月 18 日，习近平主席在第三届"一带一路"国际合作高峰论坛开幕式主旨演讲中宣布中方将提出《全球人工智能治理倡议》。文件围绕人工智能发展、安全和治理三个方面系统阐述了人工智能治理的中国方案，为相关国际讨论和规则制定提供了重要蓝本。同年 11 月，中国参加在英国举行的首届全球人工智能安全峰会，并与美国、欧盟等 28 个国家和地区共同签署《布莱奇利宣言》。文件同意协力打造一个"具有国际包容性"的前沿人工智能安全科学研究网络，以对尚未被完全了解的人工智能风险和能力加深理解。

三　中国智能互联网发展面临的挑战

（一）算力困局待有效破解

AI 大模型训练与运行，人工智能进行数据处理、预测分析等任务，均离不开海量算力支撑。近年来，我国算力领域取得突破性进展，但大模型发展导致智能算力需求指数激增，预计到 2024 年底我国将有 5%~8% 的企业大模型参数从千亿级跃升至万亿级，算力需求增速达 320%[①]，短期内智能算力市场需求很难得到满足。与此同时，我国算力芯片"卡脖子"问题暂未得到很好解决。我国算力资源分配不均，高算力需求导致大量能源消耗，一些地区智算基础设施利用率不高等问题还一定程度存在。亟须相关部门加强顶层设计和统筹规划，在加强算力芯片技术攻关及算力基础设施建设的同时，引导算力基础设施从侧重"建"向侧重"用"阶段转变。

（二）优质数据瓶颈待突破

数据是人工智能发展的基础之一，数据公开与流通不畅、高质量数据缺乏将制约智能互联网发展。当前，我国公共数据开放不足问题还一定程度存在，需要适度扩大公共数据开放的覆盖面。2023 年 2 月，中共中央、国务

---

① 工业和信息化部赛迪研究院：《2024 年算力发展趋势洞察报告》，https：//baijiahao. baidu. com/s？ id=1786042264207243843&wfr=spider&for=pc。

院印发《数字中国建设整体布局规划》，明确"畅通数据资源大循环"。各省区市也逐渐通过建立各级统一数据共享交换平台等方式，共享与开放公共数据，释放出积极信号。

随着技术发展，高质量数据将耗尽，寻找新的数据来源迫在眉睫。境外知名 AI 研究机构 Epochai 的一项研究预计，到 2026 年，高质量的数据将变得稀缺，2030 年至 2050 年低质量数据也将消耗殆尽。[①] 因此，需要加快数据智能相关技术发展，提前布局高质量数据再生、提炼、挖掘的有关技术。此外，AI 生成的"合成数据"是否能作为大模型训练的优质数据替代品，仍需进一步研究探索。

（三）融合应用待全面拓展

产业应用是智能互联网发展的关键，也是中国在人工智能领域的一大优势。当前，智能互联网融合应用待全面拓展。以大模型为例，当前大模型商业化水平较低，许多企业对大模型应用还处于观望和探索阶段，离规模化落地尚有差距。在政务、制造业等领域仍有许多场景缺乏相应的大模型应用推动。在金融、教育、医疗等大模型落地进展较快领域，普遍存在生成类（如智能客服、生成文档等）应用进展较好、决策类应用（如解决问题、风险预测等）落地进展较慢的问题。在 AI 技术方面，大模型推理能力、多模态信息转换与融合、AI 对人类语言理解的准确性与生成能力、人机复杂对话场景下的记忆能力等方面均有待提升。因此，需要进一步加强 AI 技术的攻关，提升 AI 性能和可靠性的同时，进一步推动智能互联网在各行各业的应用，构建应用生态体系，赋能行业数字化转型与产业升级。

（四）AI 叠加风险待前瞻应对

随着智能互联网的广泛应用，其面临的风险挑战问题也逐渐凸显。2023 年

---

① 毕马威等：《人工智能全域变革图景展望：跃迁点来临（2023）》，https：//www. financialnews. com. cn/cj/sc/202312/t20231206_283597. html。

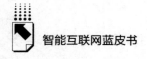

"9秒钟的智能AI换脸视频佯装'熟人'骗走男子245万""浙江出现利用ChatGPT制作假视频案""OpenAI涉嫌窃取数百万用户信息训练ChatGPT遭起诉"等事件，无不警示需要采取有效措施促进智能互联网健康发展和规范应用。

当前，智能互联网AI叠加风险挑战主要体现在技术安全、应用安全和数据安全三方面。技术安全包括"黑箱"困境、算法偏见、伦理问题等，应用安全包括虚假信息、不良信息传播、意识形态渗透、版权问题、违法犯罪、冲击就业等，数据安全包括非法获取数据、数据泄露、隐私保护、数据出境等。需要政府监管部门、行业及整个社会前瞻应对。既要鼓励创新，又要重视防范风险，构建适应智能互联网发展的法律法规体系，切实维护国家安全、网络安全和社会公共利益。

四　中国智能互联网发展趋势展望

（一）算法、算力与数据核心作用更加凸显

在算法上，随着自然语言处理（NLP）等技术的进步、智能终端的广泛落地，多模态大模型将进一步发展，或成为智能互联网应用的"标配"。人和机器的交互将会呈现多模态特征，适用于更丰富的应用场景、更广阔的行业空间，助推产业经济发展及人类生活智能化的提升。在算力上，AI大模型对智能算力需求更加强劲，算力对智能互联网发展的支撑作用愈发明显，我国算力规模将呈现爆发式增长态势。在数据上，生成、提炼、挖掘、生产高质量数据的技术与应用将进一步实现突破。由人工智能生成的互联网内容、数据将呈现爆发态势，绝大部分互联网内容将来源于人工智能，包括信息资讯、音乐视频、游戏画面以及大模型训练的数据等，互联网内容生产效率与质量将得到大幅提升。与此同时，人工智能将进一步与通信网络的硬件、软件、系统等深度融合，改善互联网的感知识别、计算运行、传输存储等性能，推动网络运营/运维和网络服务的智能化及网络提质增效，互联网向智能化方向加速演进。

（二）多模态技术和 AI 终端催生新应用新模式

多模态技术将不同类型的数据和信息进行融合，以实现更加准确、高效的人工智能应用。AI 模型从单模态向多模态演进是未来发展趋势，将催生行业新应用、新业态、新服务。一是多模态数字人产品以及 AI 生图、AI 生音视频产品将持续增多，特别是音视频内容生成平台，在技术和应用上有望取得进一步突破。相关产品面向企业客户提供基于特定领域的专业服务也将进一步深化，为行业发展提供新动能。二是随着通用人工智能发展，AI 个人电脑、AI 手机、人形机器人、"AI+AR"眼镜等产业有望加速发展，更多的智能终端产品将被推出。有机构预计 2024 年 AI 手机出货量达 3700 万台。[①] 2024 年或将成为"AI 终端元年"。三是搜索引擎、网络新闻、在线办公、网络直播、网络游戏等互联网基础应用或将大规模引入人工智能，与多模态技术和 AI 终端结合，用户使用体验和运营方式将彻底改变，催生新业态、新模式。

（三）涌现行业融合应用赋能价值互联

随着中央及地方加快人工智能战略布局，自然语言处理、机器学习、深度学习及大模型的技术突破，叠加中国产业与市场的优势，智能互联网融合应用有望迎来爆发，并在智慧能源、智能家居、智慧城市、自动驾驶、智慧教育、智慧医疗、智能制造、智慧科研、智慧农业等领域打开全新的应用空间，成为经济社会高质量发展的新引擎。

智能互联网将进一步推动人、机器、数据等关键要素的融合，推动产业链上下游以及产业链各个环节智能互联，加速制造业数字化、智能化升级，支撑建设现代化产业体系。智能互联网有望加速物理世界和数字世界的连接，通过虚实互促、数实融合引领下一代互联网发展。数字藏品、数字人、XR 导览、实景导航、虚拟商场、虚拟教室、虚拟实验室等数字生活产品和

---

① IDC：《AI 手机白皮书》，http：//www.cww.net.cn/article？id＝587368。

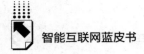
公共服务有望加速落地。在人工智能技术加持下，物流、资金流和信息流加速融合，智能互联网发展在推动产业互联、虚实互联基础上，将不断凸显价值互联。

（四）中国式智能网络治理框架加快构建

智能互联网发展叠加人工智能与互联网安全风险，对进一步健全相关法律规章，形成中国式智能网络治理框架提出了紧迫要求。首先，分级分类治理、推动创新与审慎包容监管并进等治理理念将会延续，而类似《人工智能法案》这样作为顶层设计的综合性人工智能立法仍然是未来人工智能治理领域不可或缺的内容。其次，人工智能等重点领域的科技伦理治理将纳入国家法治体系框架。随着智能互联网融入经济社会生活，社会治理的各维度逐渐与人工智能的治理议题重合，相关问题的复杂性将不断提升。2023年中国《全球人工智能治理倡议》提出，发展人工智能应该坚持以人为本、智能向善等理念和宗旨，坚持伦理先行，建立并完善人工智能伦理准则、规范及问责机制。[①] 2023年10月，科技部等十部门联合印发《科技伦理审查办法（试行）》，为人工智能的伦理实践提供了具体的路径指引。以伦理原则为核心的软性约束，衔接健全的硬法体系，有望更好地促进智能互联网发展。在武汉召开的2023媒体融合发展论坛"智慧融媒：趋势与前沿"分论坛上，传播内容认知全国重点实验室科技伦理委员会正式成立。面对当下富有挑战性的人工智能伦理问题，传播内容认知全国重点实验室将积极贯彻落实国家科技伦理治理政策，更好履行科技伦理管理主体责任。最后，中国也将继续积极参与全球人工智能合作，推动形成具有广泛共识的人工智能治理框架和标准规范，为全球人工智能治理体系建立健全提供中国方案。

[①] 外交部：《全球人工智能治理倡议》，2023年10月20日，https：//www.fmprc.gov.cn/web/ziliao_ 674904/1179_ 674909/202310/t20231020_ 11164831. shtml。

参考文献

工业和信息化部：《2023 年通信业统计公报》，https：//www. miit. gov. cn/gxsj/tjfx/txy/art/2024/art_ 76b8ecef28c34a508f32bdbaa31b0ed2. html。

国家互联网信息办公室：《数字中国发展报告（2022 年）》，http：//www. cac. gov. cn/2023-05/22/c_ 1686402318492248. htm。

毕马威等：《人工智能全域变革图景展望：跃迁点来临（2023）》，https：//www. financialnews. com. cn/cj/sc/202312/t20231206_283597. html。

综合篇 ▷

B.2
2023年智能互联网法规政策发展与趋势

郑宁 欧婧*

摘　要： 2023年，智能互联网领域法规政策完善统筹协调推进，深入贯彻党中央网络强国战略，从立法、执法、司法领域全方位构建智能互联网治理体系，持续优化法律法规制度体系，推进人工智能治理、互联网平台监管、网络安全基础设施建设、个人信息保护、未成年人保护、网络暴力治理等多方面法治进程。未来，将继续完善智能互联网法律法规，建立健全区域协同共治机制，探索实现数据安全保护与数据开发利用的平衡，推进智能互联网国际交流与合作。

关键词： 智能互联网　法规政策　网络治理

---

* 郑宁，中国传媒大学文化产业管理学院法律系主任、教授，研究方向为互联网法、文化传媒法；欧婧，中国传媒大学文化产业管理学院，研究方向为文化法治与知识产权。

一 2023年智能互联网法规政策概述

（一）法规政策

2023年，互联网领域立法随着人工智能等技术的发展进入新阶段，呈现智能化、标准化、专业化、协同化、系统化特征，进一步为新时代网络法治建设提供制度保障。

从中央政策层面来看，2023年2月，中共中央、国务院印发《数字中国建设整体布局规划》，提出到2025年，基本形成横向打通、纵向贯通、协调有力的一体化推进格局，数字中国建设取得重要进展的建设目标。

从法律层面来看，2023年6月，《中华人民共和国无障碍环境建设法》发布，并于9月1日实施，其中对互联网无障碍建设提出要求，从互联网领域为残疾人、老年人平等、充分、便捷地参与和融入社会生活提供保障。

从行政法规层面来看，2023年4月，《商用密码管理条例》修订通过，并于7月1日起施行，进一步加强商用密码管理，明确检测认证、进出口等监管要求，规范商用密码在信息领域新技术、新业态、新模式中的应用；10月，国务院发布《未成年人网络保护条例》，该条例作为我国首部专门性未成年人网络保护综合立法，从未成年人网络保护的原则要求、网络素养促进、网络信息内容规范、个人信息网络保护、网络沉迷防治等多方面作出具体规定，切实提高我国未成年人网络保护水平。

从部门规章层面来看，2023年1月，国家网信办、工信部、公安部联合出台的《互联网信息服务深度合成管理规定》正式生效实施，聚焦前沿深度合成技术，系统完善人工智能领域治理体系；2月，国家网信办公布《个人信息出境标准合同办法》，规定了个人信息出境标准合同的适用范围、订立条件和备案要求，明确了标准合同范本，为向境外提供个人信息提供具体指引；3月，证监会发布《证券期货业网络和信息安全管理办法》，规范了证券期货业网络和信息安全管理，防范化解证券期货业网络和信息安全风

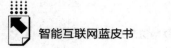

险，维护资本市场安全平稳高效运行；5月，《互联网广告管理办法》正式实施，进一步明确了互联网广告经营者和发布者、互联网信息服务提供者责任，为互联网广告业规范有序发展赋予新动能；7月，国家网信办等七部门联合公布《生成式人工智能服务管理暂行办法》，针对当前促进生成式人工智能健康发展的迫切需求，明确了促进生成式人工智能技术发展的具体措施，规定了生成式人工智能服务基本规范。

从行政规范性文件层面来看，2023年1月，工信部、国家网信办等十六部门联合印发《关于促进数据安全产业发展的指导意见》，明确数据安全产业发展目标与重点任务等，指导数据安全产业高质量发展；《工业和信息化部行政执法事项清单（2022年版）》公布，具体规定了数字安全领域执法事项；工信部发布《关于电信设备进网许可制度若干改革举措的通告》，进一步推动电信设备产业高质量发展；2月，工信部发布《关于进一步提升移动互联网应用服务能力的通知》，围绕提升用户服务感知与行业管理能力提出具体措施；3月，国家市场监管总局等四部门联合发布《关于开展网络安全服务认证工作的实施意见》，进一步规范我国网络安全市场；国家能源局发布《关于加快推进能源数字化智能化发展的若干意见》，赋能能源产业数字化智能化转型升级；4月，国家人工智能标准化总体组、全国信标委人工智能分委会发布《人工智能伦理治理标准化指南》，围绕人工智能伦理概念和范畴、风险评估、治理技术和工具、治理标准体系建设等进行分析并提出方案，推动人工智能伦理治理标准化工作；国家网信办等五部门联合发布《关于调整网络安全专用产品安全管理有关事项的公告》，启动实施网络安全专用产品统一检测认证工作；工信部等八部门联合印发《关于推进IPv6技术演进和应用创新发展的实施意见》，为IPv6技术创新及应用作出发展部署；5月，《网络安全标准实践指南——网络数据安全风险评估实施指引》发布，为网络数据安全风险评估工作的工作思路、工作流程以及评估内容提供指导；国家网信办发布《个人信息出境标准合同备案指南（第一版）》，对个人信息出境标准合同备案方式、备案流程、备案材料等具体要求作出了说明；国家金融监管总局发布《关于加强第三方合作中网络和数据安全管理的通知》，针对银行保险机构的网络和数据安全问题提出监管要求；国家网信办与香港特区政府创新科技及工业局签署《关于促进粤港澳大湾区数据跨境流动的合作备忘录》，加强内地与香港地区的数据跨境流动，充分发挥数据基础性作用，推动粤港澳大湾区数字经济创新发展；7月，国家网信办发布《关于加强"自媒体"管理的通知》，推动形成良好网络舆论生态；工信部与国家金融监管总局联合印发了《关于促进网络安全保险规范健康发展的意见》，推动网络安全产业和金融服务融合创新，引导网络安全保险健康有序发展；《国家车联网产业标准体系建设指南（智能网联汽车）（2023版）》发布，进一步完善了国家车联网产业标准体系建设；中国民用航空局发布《关于落实数字中国建设总体部署　加快推动智慧民航建设发展的指导意见》，推动民航行业数字化转型、智慧化运行；8月，中央网信办印发《网站平台受理处置涉企网络侵权信息举报工作规范》，规范了境内网站平台受理处置涉企网络侵权信息举报工作，维护企业和企业家网络合法权益；国务院发布《关于进一步优化外商投资环境　加大吸引外商投资力度的意见》，其中提到落实网络安全法、数据安全法、个人信息保护法等要求，为符合条件的外商投资企业建立绿色通道，高效开展重要数据和个人信息出境安全评估，促进数据安全有序自由流动；9月，中央网信办印发《关于进一步加强网络侵权信息举报工作的指导意见》，对网络侵权信息举报工作进行系统谋划和整体安排；同月，国家密码管理局发布《商用密码检测机构管理办法》和《商用密码应用安全性评估管理办法》，商用密码应用安全评估制度进一步完善；10月，科技部等十部门联合发布《科技伦理审查办法（试行）》，旨在规范科学研究、技术开发等科技活动的科技伦理审查工作，强化科技伦理风险防控；12月，《工业领域数据安全标准体系建设指南（2023版）》发布，明确工业领域数据安全标准体系建设目标及主要内容；《儿童智能手表个人信息和权益保护指南（T/CCIA 003—2023）》发布，加强儿童个人信息权益保护；《区块链和分布式记账技术标准体系建设指南》发布，加强了区块链标准工作顶层设计，促进区块链产业高质量发展；工信部发布《民用无人驾驶航空器生产管理若干规定》，明确了民用无人驾驶航空器的适用范围、生产管理制度、监督管理制度等方面内容。

（二）执法

2023 年，智能互联网领域执法环节稳步推进：专项行动有序开展，持续优化网络环境；针对民众反映强烈的现实问题作出回应，不断提高治理水平。

2 月，依据《个人信息保护法》《网络安全法》《电信条例》《电信和互联网用户个人信息保护规定》等法律法规，工信部组织第三方检测机构对生活服务类移动互联网应用程序（APP）及第三方软件开发工具包（SDK）进行检查，并对 46 款存在侵害用户权益行为的 APP（SDK）予以通报。

4 月，中央网信办开展"清朗·优化营商网络环境 保护企业合法权益"专项行动，坚决查处恶意集纳炒作企业负面信息、谋求非法利益问题，严厉打击散布涉企虚假不实信息问题，集中查处假冒仿冒他人企业名称等问题，全面整治虚构企业家私生活话题、炒作企业家个人隐私问题，集中处置传播带有地域歧视、人群歧视等标签式、污名化信息问题。

6 月，中央网信办开展"清朗·2023 年暑期未成年人网络环境整治"专项行动，集中整治诱导未成年人不良行为问题，严格排查下架应用商店违规 APP，及时阻断境外仿冒网站平台向境内传播涉未成年人淫秽色情内容，严肃处置对未成年人实施网络诈骗行为，严厉打击搭建运营涉未成年人色情网站的违法犯罪活动，坚决打击网上诱导未成年人非理性追星等。

9 月，公安机关依法严厉打击缅北电信网络诈骗犯罪取得重大成果，在公安部和云南省公安厅的组织部署下，西双版纳公安机关依托边境警务执法合作机制，与缅甸相关地方执法部门开展联合打击行动；同月，国家互联网信息办公室依据《网络安全法》《个人信息保护法》《行政处罚法》等法律法规，综合考虑知网（CNKI）违法处理个人信息行为的性质、后果、持续时间，特别是网络安全审查情况等因素，对知网依法作出网络安全审查相关行政处罚的决定。

11月，工业和信息化部、公安部、住房和城乡建设部、交通运输部部署开展智能网联汽车准入和上路通行试点工作，引导智能网联汽车生产企业和使用主体加强能力建设，在保障安全的前提下，促进智能网联汽车产品的功能、性能提升和产业生态的迭代优化，推动智能网联汽车产业高质量发展。

（三）司法

2023年，法院与检察院工作在智能互联网领域持续深入，为智能互联网领域治理贡献司法智慧。

2022年12月，最高人民法院发布《关于为促进消费提供司法服务和保障的意见》，要求加强消费者个人信息保护，从四大方面提出30条具体服务保障举措，助力恢复和扩大消费，不断满足人民群众日益增长的美好生活需要；2023年1月，北京互联网法院发布判决，认定应用市场未尽审查义务上架冒名APP应担责；[①] 杭州互联网法院发布判决认定网络交易平台运营者实施算法风控，尽到了合理注意义务并设计了相应预防措施，不构成违约。[②]

2023年3月，北京知识产权法院发布判决，大量抓取短视频平台数据集合被认定构成不正当竞争；[③] 最高人民检察院发布8件个人信息保护检察公益诉讼典型案例；上海市检察院召开2022年上海网络犯罪检察工作新闻发布会，通报2022年本市网络犯罪检察工作总体情况，发布《上海网络犯罪检察白皮书（2022）》和十大典型案例。

4月，最高检印发《关于加强新时代检察机关网络法治工作的意见》，

---

① 《应用市场未尽审查义务上架冒名APP应担责》，北京互联网法院，2023年1月13日，https://mp.weixin.qq.com/s/Yyc3VhZ4YrqhDWecxbLFog。

② 《发生算法乌龙，平台该担责吗？法院这样判》，杭州互联网法院，2023年1月10日，https://mp.weixin.qq.com/s/9J7gg8lOK0-CMxT8BTTE6g。

③ 《大量抓取短视频数据构成不正当竞争》，《光明日报》2023年4月25日，第5版。

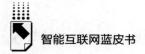

结合检察履职实际，从网络立法、执法、司法、普法以及法治研究、队伍建设等方面，对加强新时代检察机关网络法治工作提出具体要求；北京知识产权法院发布涉数据反不正当竞争十大典型案例。

5月，最高检发布加强未成年人网络保护综合履职典型案例，立足办案实践，推动家庭、学校、社会、政府及网络监管部门、网络平台等积极履职，净化未成年人上网环境。

10月，最高检、最高法、公安部联合印发《关于依法惩治网络暴力违法犯罪的指导意见》，对网络暴力违法犯罪案件的法律适用和政策把握问题作了全面、系统的规定。

11月，北京高院发布《侵犯公民个人信息犯罪审判白皮书》，通过对近5年来全市法院审结的侵犯公民个人信息罪案件进行调研统计和实证分析，为社会、行业综合治理提供司法智慧；北京互联网法院针对人工智能生成图片著作权侵权纠纷第一案作出一审判决，认定涉案人工智能生成图片具备"独创性"要件，应当被认定为作品，受到著作权法保护；① 广东高院、北京互联网法院均发布了个人信息保护典型案例，具有指导性意义；最高检发布《检察机关打击治理电信网络诈骗及其关联犯罪工作情况（2023年）》，全国检察机关坚持依法从严，全链条惩治电信网络诈骗及其关联犯罪，协同推动源头治理。

二　2023年智能互联网法规政策的特点

（一）优化智能互联网法律制度体系

1.完善智能互联网法律规范

2023年，《新时代的中国网络法治建设》白皮书发布，系统总结了我国

---

① 《"AI文生图"著作权案一审生效》，北京互联网法院，2023年12月27日，https：//mp. weixin. qq. com/s/AzhPYHqLCCXiWwL2AuKjnw。

网络法治建设的成就并分享中国网络法治建设经验。其中指出，法治是互联网治理的基本方式，中国将依法治网作为全面依法治国和网络强国建设重要内容，网络法治建设取得历史性成就。

随着人工智能等技术深入发展，人类进入智能互联网阶段，智能互联网法律法规亟待完善。2023年，围绕人工智能等技术发布了一系列法律法规、标准文件等，旨在规范人工智能产业健康有序发展，化解产业风险。在《互联网信息服务深度合成管理规定》实施的基础上，《人工智能伦理治理标准化指南》《科技伦理审查办法（试行）》等相关文件发布，从科技伦理与行业标准等多维度探索人工智能领域立法。《2023年数字乡村发展工作要点》发布，明确数字乡村工作的目标及重点任务。

2. 规范智能互联网新技术和新业态

智能互联网条件下新技术和新业态的普及与发展带来了新的治理挑战，基于深度合成、区块链、分布式记账等技术的应用，各主管部门积极探索治理方案与发展规划，助推智能技术赋能产业发展。《生成式人工智能服务管理暂行办法》发布，并由国家网信办发布深度合成服务算法备案信息，进一步规范新兴的生成式人工智能产业。《智能检测装备产业发展行动计划（2023—2025年）》《区块链和分布式记账技术　参考架构（GB/T 42752-2023）》《国家车联网产业标准体系建设指南（智能网联汽车）（2023版）》《元宇宙产业创新发展三年行动计划（2023—2025年）》等文件发布，分别聚焦不同技术与不同行业推动产业关键技术创新发展。

"互联网+"激发产业活力的同时也产生多种现实问题，针对重点民生领域的问题，立法上也积极作出回应，逐步规范互联网平台及经营者主体责任。《中小企业数字化水平评测规范》《关于加强"自媒体"管理的通知》《互联网广告管理办法》《网站平台受理处置涉企网络侵权信息举报工作规范》《关于促进网络安全保险规范健康发展的意见》等文件发布，有效引导互联网平台等主体健康有序运营。《无障碍环境建设法》第三十二条第二、三款与智能互联网企业密切相关：国家鼓励新闻资讯、社交通讯、生活购

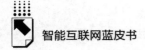

物、医疗健康、金融服务、学习教育、交通出行等领域的互联网网站、移动互联网应用程序，逐步符合无障碍网站设计标准和国家信息无障碍标准；国家鼓励地图导航定位产品逐步完善无障碍设施的标识和无障碍出行路线导航功能。

（二）加强智能互联网安全治理

1. 完善网络安全基础设施

网络安全是国家安全的重要组成部分，其重要性不言而喻，完善网络安全基础设施是维护网络安全的前提与保障。2023 年，《商用密码管理条例》修订通过，贯彻总体国家安全观，以"四级管理+专项管理"的机制，进一步筑牢网络安全基石，促进密码科技创新与标准化。9 月，国家密码管理局发布《商用密码检测机构管理办法》和《商用密码应用安全性评估管理办法》，细化商用密码评估检测工作规范。

多项相关国家标准出台。《信息安全技术 关键信息基础设施安全保护要求（GB/T 39204-2022）》作为首部关键信息基础设施安全保护国家标准，切实加强关键信息基础设施安全保护。《工业互联网平台选型要求（GB/T 42562-2023）》《工业互联网平台 微服务参考框架（GB/T 42568-2023）》和《工业互联网平台 开放应用编程接口功能要求（GB/T 42569-2023）》三项工业互联网平台领域国家标准发布。

重点行业领域加强网络基础设施建设，巩固网络安全防线。中国民用航空局发布的《落实数字中国建设总体部署 加快推动智慧民航建设发展的指导意见》指出，健全行业关键信息基础设施安全保护、网络安全等级保护相关制度和技术标准，建立行业网络安全监测预警和共享平台，建立数据分类分级保护基础制度。国家能源局印发《2023 年电力安全监管重点任务》，确保电力系统安全稳定运行和电力可靠供应，其中强调推进电力行业网络与信息安全工作。《关于电信设备进网许可制度若干改革举措的通告》《关于加快推进能源数字化智能化发展的若干意见》《关于推进 IPv6 技术演进和应用创新发展的实施意见》《攻击面收敛架构技术规范》《关于启用和推广新型进网许可标志的通告》《关于促进网络安全保险规范健康发展的意见》发布。《网络关键设备和网络安全专用产品目录》更新。国家信息中心发布《数字政府网络安全合规性指引》，针对数字政府网络安全的规划、建设、运行中存在的问题提供网络安全合规性指引。

2. 加强数据安全和数据开放利用

《数字中国建设整体布局规划》指出，建设数字中国是数字时代推进中国式现代化的重要引擎，是构筑国家竞争新优势的有力支撑。《"数据要素×"三年行动计划（2024—2026年）》发布，推动构建以数据为关键要素的数字经济，以数据要素赋能经济社会发展。国家加快推进数字中国建设同时加强数据安全保护。

2023年1月，工信部等十六部门发布《关于促进数据安全产业发展的指导意见》，其中提出了到2025年数据安全产业基础能力和综合实力明显增强、到2035年数据安全产业进入繁荣成熟期的发展目标，以及提升产业创新能力、壮大数据安全服务、推进标准体系建设、推广技术产品应用等多项具体要求。《关于开展网络安全服务认证工作的实施意见》《网络安全标准实践指南——网络数据安全风险评估实施指引》《关于加强第三方合作中网络和数据安全管理的通知》等文件发布，多领域构建维护数据安全的保障。《数据安全工程技术人员国家职业标准》颁布，明确各等级数据安全工程技术人员的工作领域、工作内容以及知识水平、专业能力和实践要求。《工业和信息化部行政执法事项清单（2022年版）》公布，其中第247条至第261条中15项涉及数据安全。

法规政策是推进数据开放的法治基础和重要依据，是数据开放走得远、走得稳的基础。[①] 多地探索公共数据开放利用，北京、浙江、济南等多省市公布施行"公共数据授权运营办法"。国家互联网信息办公室与香港特区政府创新科技及工业局签署《关于促进粤港澳大湾区数据跨境流动的合作备

---

① 郑磊、刘新萍：《我国公共数据开放利用的现状、体系与能力建设研究》，《经济纵横》2024年第1期。

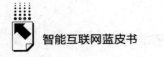

忘录》，在国家数据跨境安全管理制度框架下建立粤港澳大湾区数据跨境流动安全规则，促进数据跨境安全有序流动。

（三）加强智能互联网领域权益保障

1. 强化个人信息网络保护

《个人信息保护法》出台以来，个人信息保护始终处于公民法治保障的重要位置。2023 年，国家网信办发布《个人信息出境标准合同办法》与《个人信息出境标准合同备案指南（第一版）》，其中规定个人信息处理者向境外提供个人信息前，应当开展个人信息保护影响评估，并从多方面规定了个人信息处理者和境外接收者的义务，对于保护重要数据和个人信息权益具有重要作用，并为标准合同备案提供指引。《证券期货业网络和信息安全管理办法》《个人支付信息保护指引》发布，对行业应用中个人信息保护提出规范要求。司法领域从实践中强化个人信息保护法治保障，2023 年 11 月，《侵犯公民个人信息犯罪审判白皮书》《个人信息保护检察公益诉讼蓝皮书》发布，广东高院、北京互联网法院均发布个人信息保护典型案例，涵盖 APP 非法搜集和泄露个人信息、公开个人信息处理、个人信息查阅复制权行使等。北京互联网法院呼吁尽快出台司法解释以明确民法典和个人信息保护法的具体适用标准，强化个人信息处理合规体系建设。

2. 保护公民人身权和财产权

智能互联网时代，由于技术特性带来的侵权模式更为复杂的新特点，如何更为有效地保护公民人身权和财产权始终是需要探索的问题。面对新形势、新情况，多部门开展了专项治理行动，切实解决互联网侵权痛点难点问题。在网络暴力问题治理上，最高法、最高检及公安部联合发布《关于依法惩治网络暴力违法犯罪的指导意见》，从执法司法层面完善网络暴力治理环节。中央网信办印发《关于进一步加强网络侵权信息举报工作的指导意见》，其中明确涉个人与涉企举报处置重点、建立网络暴力信息举报快速处置通道、加强特殊群体网络合法权益保护等，保护公民个人与企业的网络合法权益。在电信网络诈骗问题治理上，最高检发布《检察机关打击治理电信网络诈骗及其关联犯罪工作情况（2023年）》，系统分析当前电信网络诈骗及其关联犯罪主要态势，总结检察机关打击治理的举措与成效，并就当前电信网络诈骗犯罪形势进行风险提示及建议。

3. 加强未成年人网络保护

为健全青少年健康成长法治保障、贯彻落实习近平法治思想和习近平总书记关于未成年人保护工作重要指示批示精神，未成年人网络保护继续强化。2023年10月，国务院通过我国首部专门性未成年人网络保护综合立法《未成年人网络保护条例》，对网络保护制度进行了体系化再造，标志着未成年人网络保护法律制度基本形成。[①] 其中围绕"网络素养促进""网络信息内容规范""个人信息网络保护""网络沉迷防治"等内容，系统全面地对未成年人网络保护作出规定，责任主体涉及监护人、新闻媒体、网络服务提供者等多方，标志着我国未成年人网络保护法治建设进入新阶段。由中国网络安全产业联盟归口，CCIA数据安全委员会组织委员单位编制的《儿童智能手表个人信息和权益保护指南（T/CCIA 003—2022）》发布，对儿童智能手表在个人信息处理和权利保障、儿童个人信息安全、默认隐私和保护、监护人控制、操作系统和应用程序安全、网络信息内容安全、新技术新应用安全方面提出了建议。

三 智能互联网法规政策趋势展望

（一）完善人工智能领域立法，探索科技伦理建设

生成式人工智能的迅速发展与应用使该领域存在的虚假信息、恶性内容、知识产权侵权以及科技伦理等诸多问题显现，亟待法律规制。目前我国人工智能治理主要依赖"软法"实现，主要包含国家层面制定的政策性文

---

① 何波：《论中国未成年人网络保护法律制度体系的改进》，《法律科学（西北政法大学学报）》2024年第2期。

件、行业标准和技术标准，行业协会自律公约或合规指南、由行业协会或企业联合发布的倡议书，以及由企业发布的伦理准则、平台规范、行业倡议、合规指引等。① 然而"软法"的监督性、强制性存在一定的缺陷，人工智能领域需要更为明确的立法规制。《国务院 2023 年度立法工作计划》中提到，预备提请全国人大常委会审议人工智能法草案，意味着人工智能领域立法工作成为未来立法的重点方向之一。

当前人工智能法的属性、立法目的、调整对象、基本原则等基本问题仍需明确，针对人工智能法的制度构建尚缺乏系统性研究。② 未来人工智能领域立法的完善需对上述问题作出回应。随着人工智能领域的执法与司法实践进程推进，治理思路必将愈发明晰。

（二）进一步加强智能互联网的协同共治

数字经济时代，人工智能和大数据技术使互联网平台影响力超乎寻常，平台企业日益占据信息、资源与权力优势，因此探索构建互联网平台治理体系成为必然。③ 建立健全网络综合治理体系已经成为推进国家和社会治理现代化发展的时代之需和必由之路。④ 横向上，智能互联网领域的复杂性要求多部门、多主体的协同共治，网信办、工信部、公安部等各部门及行业协会、互联网平台企业、网络用户等多主体需共同构建新型治理模式，立法亦需从中协调；纵向上，要落实《国务院 2023 年度立法工作计划》要求，建立健全智能互联网区域协同立法工作机制，实现区域一体化治理。

（三）数据安全与数据利用的利益平衡

《国务院 2023 年度立法工作计划》将制定网络数据安全管理条例列入

---

① 曾雄、梁正、张辉：《人工智能软法治理的优化进路：由软法先行到软法与硬法协同》，《电子政务》2024 年第 1 期。

② 侯东德：《人工智能法的基本问题及制度架构》，《政法论丛》2023 年第 6 期。

③ 梁正：《互联网平台协同治理体系构建——基于全景式治理框架的分析》，《人民论坛·学术前沿》2021 年第 21 期。

④ 顾洁、栾惠：《互联网协同治理：理论溯源、底层逻辑与实践赋能》，《现代传播（中国传媒大学学报）》2022 年第 9 期。

我国立法规划，目前已发布《网络数据安全管理条例（征求意见稿）》，未来将在智能互联网条件下进一步完善网络数据安全立法。依托于 2021 年公布并实施的《中华人民共和国数据安全法》，数据安全领域治理逐渐成熟，如何在保障数据安全的同时促进数据开发利用仍然是当前立法需要探索的问题。以数据跨境流动监管为例，数据主权维护与我国网信企业出海之间仍需寻求平衡。我国数据安全立法在前瞻性和实质性的数据战略谋划方面仍有不足，尚未形成较为明确的数据战略和系统的制度安排[①]，需要通过更为具体细化的监管标准与措施，在完善数据安全领域立法的同时，健全数字经济法制规则，提升数据开发利用水平。

（四）推进智能互联网的国际交流合作

网络法治建设离不开国际交流与合作，智能互联网治理需要全球共同参与。2023 年 2 月，外交部发布《全球安全倡议概念文件》，其中提出深化信息安全领域国际合作，加强人工智能等新兴科技领域国际安全治理，预防和管控潜在安全风险。

人工智能治理方面，2023 年 10 月，中方提出《全球人工智能治理倡议》，其中提到，人工智能治理攸关全人类命运，是世界各国面临的共同难题，各国应秉持共同、综合、合作、可持续的安全观，坚持发展和安全并重的原则，通过对话与合作凝聚共识，构建开放、公正、有效的治理机制，促进人工智能技术造福于人类，推动构建人类命运共同体。为此，中方提出发展人工智能应坚持互相尊重、平等互利的原则，逐步建立健全法律和规章制度，支持在充分尊重各国政策和实践基础上，形成具有广泛共识的全球人工智能治理框架和标准规范等倡议；11 月，在全球首届人工智能安全峰会上中方签订《布莱奇利宣言》，其中指出人工智能模型可能造成"严重甚至灾难性的伤害"，但"通过国际合作可以得到最好的应对"。我国将继续在国际合作中探索人工智能风险应对方案，为全球人工智能治理提供中国思路。

---

① 洪延青：《我国数据安全法的体系逻辑与实施优化》，《法学杂志》2023 年第 2 期。

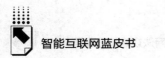

数字经济建设方面，我国将继续拓展数字经济领域国际合作。2023 年
10 月，第三届"一带一路"国际合作高峰论坛上发布的《"一带一路"数
字经济国际合作北京倡议》，指出了数字经济是全球经济增长日益重要的驱
动力。为此，论坛提出加强数字互联互通，建设数字丝绸之路，促进在数字
政府、数字经济和数字社会等方面的合作等多条倡议。当前，数字经济面临
多边主义遭遇冲击、算法垄断与数据垄断、规则供给不足等问题，对此需要
坚持规则导向、加强互联互动、发力数字经济基础设施建设、助力共建
"一带一路"国家制定相应行业发展规划。[1] 在数据安全监管上，需开展数
据跨境监管主体合作，探索形成长效执法机制。[2]

参考文献

郑磊、刘新萍：《我国公共数据开放利用的现状、体系与能力建设研究》，《经济纵
横》2024 年第 1 期。

何波：《论中国未成年人网络保护法律制度体系的改进》，《法律科学（西北政法大
学学报）》2024 年第 2 期。

曾雄、梁正、张辉：《人工智能软法治理的优化进路：由软法先行到软法与硬法协
同》，《电子政务》2024 年第 1 期。

侯东德：《人工智能法的基本问题及制度架构》，《政法论丛》2023 年第 6 期。

梁正：《互联网平台协同治理体系构建——基于全景式治理框架的分析》，《人民论
坛·学术前沿》2021 年第 21 期。

---

① 赵骏：《"一带一路"数字经济的发展图景与法治路径》，《中国法律评论》2021 年第 2 期。
② 李阳春、杨晓伟：《数据安全和个人信息保护角度下的国际合作研究》，《工业信息安全》
2023 年第 2 期。

2023年智能社会治理进展评估*

马　亮**

摘　要： 2023年，智能社会治理在疫情防控平稳转段后的社会治理转型、中央社会工作部设立与社会治理组织变革、市域社会治理现代化以及政务热线与政民互动等方面取得积极进展。表现出更加注重善用智能科技，更加强调"网格+"与社会治理，更加注重破除"指尖上的形式主义"等主要特征。未来，要更加关注生成式人工智能技术对社会治理创新的意义，破除技术迷信，聚焦技术良治，并推动社会治理从智能走向智慧。

关键词： 智能社会治理　生成式人工智能技术　政民互动

2023年，在习近平新时代中国特色社会主义思想的指引下，按照党的二十大的统一部署，中国智能社会治理加速推进。2023年，中国实现疫情防控平稳转段，智能社会治理也转向常态化运行。分析和总结中国2023年智能社会治理的发展进程、关键特征及其对未来的启示，具有重要意义。

一　2023年智能社会治理的进展

（一）疫情防控平稳转段后的社会治理转型

2023年初，中国从新冠疫情防控向疫情防控平稳转段，此后的社会治

---

* 本报告为国家自然科学基金项目面上项目"数字政府如何降低行政负担：面向中国地方政府的实证研究"（批准号72274203）；国家社科基金重大项目"数字政府建设成效测度与评价的理论、方法及应用研究"（23&ZD080）成果。

** 马亮，中国人民大学公共管理学院教授、中国人民大学国家发展与战略研究院研究员，研究方向为数字政府与绩效管理。

理也从应急状态向常态化转型。新冠疫情席卷全球，影响深远，对于智能社会治理而言也同样影响重大。俗话说危中有机，新冠疫情防控的应急需要，既使中国社会治理经受了一场严峻考验，也使中国智能社会治理大踏步前进。一系列智能社会治理创新应用在新冠疫情防控期间得以快速研发、全面推广和深度应用，使社会治理加速智能化转型。①

在疫情防控平稳转段后，中国社会治理也随之转换和更新。一方面，将新冠疫情防控期间的临时措施进行调整，逐步恢复常态化运行。另一方面，吸收借鉴疫情防控的经验教训，加快智能社会治理创新，更好实现平战结合和平战转换。毫无疑问，中国社会治理经受住了新冠疫情防控的严峻考验，也在应对重大公共卫生事件的同时不断增强能力。一系列智能技术的广泛应用和迭代创新，彰显了智能社会治理的潜力，也有力推进了全社会的智能社会治理思想启蒙。

（二）中央社会工作部设立与社会治理组织变革

2023 年全国两会召开后，中共中央、国务院印发《党和国家机构改革方案》，提出组建中央社会工作部。中央社会工作部作为党中央职能部门，负责人民信访、人民建议征集、党建引领基层治理和基层政权建设、全国性行业协会商会党的工作、行业协会商会深化改革和转型发展，混合所有制企业、非公有制企业和新经济组织、新社会组织、新就业群体党建工作，社会工作人才队伍建设等方面的统筹、指导、推动工作。

中央社会工作部统一领导国家信访局，国家信访局由国务院办公厅管理的国家局调整为国务院直属机构。此外，划入民政部、中央和国家机关工作委员会、国务院国有资产监督管理委员会党委、中央精神文明建设指导委员会办公室等部门的相关职责。与此同时，地方县级以上党委组建社会工作部门，并相应划入同级党委组织部门的"两新"工委职责。

---

① 马亮：《后疫情时代的高效能治理是统筹发展和安全的关键》，《国家治理》2021 年第 Z1 期，第 60~64 页。

中央社会工作部的挂牌成立以及地方各级社会工作部的陆续设立，将使社会治理的组织体系更加坚挺，为更好地全面统筹和协调社会治理工作提供组织保障。因此，中央社会工作部的设立意味着社会治理的一场组织变革，将有助于智能社会治理更加高效有序协同推进。智能社会治理涉及方方面面，过去缺少一个总机构协调，往往存在分散建设的问题。中央社会工作部的设立将有助于更好地推动智能社会治理，使其朝着顶层设计、整体推进、协同发力的方向迈进。

（三）市域社会治理现代化

市域社会治理现代化意味着在整个市域实现社会治理的一体设计与整体推进，特别是加强社会治理职能的跨层级协调、跨部门协同和跨地区协作。不少地区都建立了市域社会治理现代化指挥中心或城市运行指挥中心，并将市级、区级、乡镇街道的指挥中心形成整体网络，实现"一网统管"。2023年是市域社会治理现代化加速推进的一年，各地在初步建立组织体系、制度规范和典型应用的基础上不断创新应用场景，使市域社会治理现代化的触角进一步延伸。无论是上海市的"一网统管"还是南通市的市域社会治理现代化指挥中心，在探索市域社会治理现代化、城市运行特征评估和智慧城市建设等方面取得的进展，都令人印象深刻。

市域社会治理现代化需要统筹各个相关机构，加快职能整合、数据汇聚、业务协同和效能提升。不少城市将市域社会治理现代化作为重要平台，一方面在应急管理时作为指挥中心，另一方面在常态运行时为各级各部门赋能增效。与此同时，越来越多的城市充分认识到市域社会治理现代化要从"重建设"走向"重应用"，从"服务我"走向"我服务"，真正发挥智能社会治理的实质性作用。市域社会治理现代化意味着大数据汇聚和智能算法应用，而这些都有赖于指挥中心的能力建设。不少地区组织开展数据开放和算法开发大赛，吸引企业、高校和其他组织参与比赛，为市域社会治理现代化提供"金点子"。

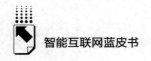
（四）政务热线与政民互动

政务热线在智能社会治理中扮演着重要角色，各地探索的接诉即办、民呼我为、民呼我应等创新机制，都将政务热线作为智能社会治理的重要工具。从沈阳、武汉等城市在1983年最早开通市长热线以来，中国政务热线在全球同类应用中发展最早也最为瞩目。2023年是中国政务热线发展的第40个年头，全国多地举办了相关活动，探讨如何进一步推动政务热线可持续发展。

在智能时代，政务热线加速拥抱智能技术，通过智能话务员、智能派单、智能转录、智能问答等方面的探索和实践，大大推进了政民互动的智能化转型。政务热线是智能技术应用的理想场景，从最初的智能语音识别，逐步拓展到政务热线的全链条和各个方面。这使政务热线的智能化水平更高，接纳市民诉求的能力持续提升，政务热线运行成本特别是人力成本也逐步下降。与此同时，智能技术驱动的政务热线成为连接民众与政府的桥梁和纽带，一方面更好地倾听、反映和回应民意民情，另一方面也广开言路和吸收民众建议，成为践行全过程人民民主的重要实践形式。①

二　2023年智能社会治理的主要特征

从2023年智能社会治理实践成效的特征来看，主要表现为更加注重善用智能科技，更加强调"网格+"社会治理，以及更加关注如何破除"指尖上的形式主义"。

（一）更加注重善用智能科技

从社会治理的智能化转型来看，各地区、各部门在社会治理中更加注重善用智能科技，使智能技术充分发挥其应有作用。智能技术的应用前景广阔，但是也应结合实际应用场景，并在合适的时机加以应用。如果全面铺开

---

① 马亮、王程伟等：《政民互动、绩效管理与城市治理创新》，国家行政学院出版社，2023。

和不加选择地推广，可能带来智能技术的误用、滥用，并使社会治理受到影响。

在社会治理的智能化转型方面，人们越来越认识到需要更加聪明地在社会治理中使用智能技术。2021年9月，国家网信办等部门印发《关于加强互联网信息服务算法综合治理的指导意见》。2023年9月，科技部等部门印发《科技伦理审查办法（试行）》。深圳等不少地区探索建立智能社会治理项目管理流程，加强对各类智能社会治理应用的审查和评估，避免贸然上马带来的负面影响。还有一些地区加强智能社会治理的项目管理，定期对智能社会治理应用进行"体检"，诊断问题并加以优化。这些方面的举措有利于让智能技术应用到最该使用的领域，并得到善用和善始善终。①

（二）更加强调"网格+"社会治理

从21世纪初中国部分城市提出和探索网格化管理以来，城市网格在全国各地日益普及，成为城市治理的最基础单元。社会治理日益在网格上做文章，通过将越来越多的社会治理功能嵌入网格，使社会治理更加精细化。与此同时，基于网格而形成的社会治理经验日益沉淀和推广，社会治理的标准化程度也得到加强。

随着网格化管理的常态化运行，各地都在积极探索"网格+"，将网格与社会治理的各个方面加以结合。一个个网格的空间微小，其所承载的功能却日益丰富，实现小网格和大治理的社会治理新格局。与此同时，网格员队伍不断扩容，网格员在智能技术的加持下也更加倾向于人机协同。过去，网格员更多依靠个人经验巡查和排查，而智能问题识别和任务派单则使网格员的工作效率大为提升。笔者调研的北京、上海、厦门、南通、深圳等地，都在积极探索网格化管理与社会治理的深度融合，使社会治理在网格中落得更实，使网格化治理承载更多功能。

---

① 吴进进、何包钢：《算法科层制的兴起及其形态》，《社会学研究》2023年第6期，第40~60页。

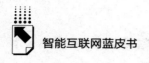

（三）破除"指尖上的形式主义"

政务移动互联网应用程序（APP）、政务公众账号和工作群组在社会治理中扮演着重要角色，成为基层干部内部沟通和对外宣传的重要载体。但是，这些应用也催生了"指尖上的形式主义"，带来沉重的基层负担。2023年12月，国家网信办发布《关于防治"指尖上的形式主义"的若干意见》，强化政务移动互联网应用程序、政务公众账号和工作群组的建设、使用和安全等方面的管理，为强化智能社会应用在基层治理中的作用提供了制度保障。

针对如何破除"指尖上的形式主义"，各地也进行了探索与实践。一些地区大力清理各类政务移动互联网应用程序、政务公众账号和工作群组，将其加以归并和整合，实现平台化运行。还有一些地区减少不必要的考核、检查、评比、排名，避免移动应用被滥用，产生不必要的负面影响。通过这些努力，"指尖上的形式主义"有所缓解，基层负担也明显减轻。但是，毫无疑问还需继续推进相关工作，实现破除"指尖上的形式主义"常态化。

三　智能社会治理的未来发展趋势

展望智能社会治理的发展趋势，需要关注生成式人工智能技术如何进一步赋能社会治理创新，需要强调如何破除技术迷信并聚焦技术良治，需要探讨如何推动社会治理从智能走向智慧。

（一）生成式人工智能技术与社会治理创新

2022年底以来，以 OpenAI 开发的 ChatGPT 为代表的新一代人工智能技术加速发展和广泛普及，并在社会治理领域得到广泛重视。和此前世代的人工智能技术相比，新一代人工智能技术以生成式人工智能技术为主，其通用性和智能性更强，在众多领域都有广泛应用前景。值得一提的是，生成式人工智能技术在国家治理特别是社会治理领域的应用受到重视，而智能社会治理实验也在多个地区和部门加快推进。[①]

新一代人工智能技术在社会治理领域的广泛应用，必然会带来"双刃剑"的作用。一方面，这些技术的功能强大，不少应用的能力赶超人类，如果善加使用，可以使社会治理能力提升，并拓展智能社会治理的发展空间。另一方面，生成式人工智能技术可以以假乱真，存在较大的安全、法律和伦理争议，也为社会治理带来烦恼和问题。如何辩证看待智能技术悖论，在社会治理中善用新一代人工智能技术，是未来特别需要关注的问题。

（二）破除技术迷信，聚焦技术良治

各类智能技术备受推崇，它们也使一些人产生技术迷信，认为技术是万能的，并可以实现社会治理和城市管理的智能化。[②] 然而，这样的盲目迷信可能带来严重后果，使智能技术投入过度，并在不少领域被滥用和误用，甚至导致灾难性影响。与此同时，大量智能技术的引入也带来机器换人的风险，这些技术在取代人工，而没有和人类协同发展。因此，破除人们对技术的迷信思想，更加聚焦实现技术良治，变得至关重要。

智能技术的启蒙与洗礼，让人们更加相信它们对于社会治理的价值与潜力。与此同时，当智能社会治理走向深入时，社会治理本身也更加受制于各类智能技术的良性运行。设定智能技术的应用底线，明确智能社会治理的价值遵循、法律准绳与伦理规范，是推动智能社会治理创新的当务之急。对此，应建立社会治理应用智能技术的制度、标准和程序，加强对智能社会治理的实验和探索，并建立智能社会治理的安全保障体系。[③]

（三）社会治理：从智能走向智慧

"智能"与"智慧"一字之差，意味着不同的内涵。智能社会治理更多

---

① 马亮：《新一代人工智能技术与国家治理现代化》，《特区实践与理论》2023年第1期，第45~50页。

② 〔美〕本·格林：《足够智慧的城市：恰当技术与城市未来》，李丽梅译，上海交通大学出版社，2020。

③ 马亮：《良术善用：政府如何监管新一代人工智能技术?》，《学海》2023年第2期，第48~51页。

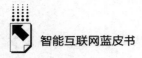
反映的是社会治理的智能化转型，而其所蕴含的智慧如何释放，则是一个更高阶位的问题。如果智能技术只是单纯完成人类可以完成的工作，只不过使其更加高效，那么就很难说是实现了"智慧"。人工智能是模拟和赶超人类，但是不能取代人类，或者反过来控制人类。因此，智能技术应用于社会治理，如何实现社会治理的智慧化，是特别需要关注的问题。

社会治理归根结底是一门经验之学，需要大量工作经验的积累而形成的宝贵智慧。这些日积月累的智慧既有知识与技能的传承，也有只可意会不可言传的隐性知识。智能与智慧不是矛盾和对立的关系，而是一种关联和递进的关系。智能技术应提升社会治理的智慧化水平，并吸收借鉴经验智慧而加以模式化和模型化，使其可以在更大范围加以复制推广。因此，未来特别重要的是关注智能技术如何用于社会治理，以及如何对智能社会治理的智慧程度进行评估和优化。

参考文献

〔美〕本·格林：《足够智慧的城市：恰当技术与城市未来》，李丽梅译，上海交通大学出版社，2020。

马亮：《新一代人工智能技术与国家治理现代化》，《特区实践与理论》2023年第1期。

马亮：《良术善用：政府如何监管新一代人工智能技术？》，《学海》2023年第2期。

马亮：《后疫情时代的高效能治理是统筹发展和安全的关键》，《国家治理》2021年第Z1期。

马亮、王程伟等：《政民互动、绩效管理与城市治理创新》，国家行政学院出版社，2023。

吴进进、何包钢：《算法科层制的兴起及其形态》，《社会学研究》2023年第6期。

B.4
人工智能对思想文化生态的影响研究

杨梓颢　魏鹏举*

摘　要：　随着以 ChatGPT 为代表的各类人工智能平台强势崛起，其深度学习、类人交互的能力让通用人工智能离我们不再遥远，人工智能的浪潮也将对思想文化生态产生深远影响。本文回顾人工智能发展与应用历程，从历时与共时两个维度诠释思想文化生态结构与特征，探究人工智能技术将如何助力思想文化传承创新、交流融合，同时对其所带来的风险与挑战进行活性监管和化解运用。

关键词：　人工智能　思想文化生态　文化传承发展

　　每一次技术的更迭创新都是人类社会进步的重要因素之一，人类对于技术的运用不仅仅改变了生产生活方式，更为人类思想文明的传承发展带来更多可能。随着互联网技术的产生，用户在接收海量、及时、可互动、形式多样的信息的同时，还作为生产者深度参与网络平台的建设。从 web 1.0 时代各大网站、搜索引擎、博客的兴起，到 web 2.0 时代数字技术主导下的可移动音视频直播互动平台、电商平台的应用，再到如今走向 web 3.0 的去中心化网络格局，"智能"趋势愈发明显。人工智能在大数据、区块链等技术的驱动下在 web 3.0 的上层去中心化应用软件和底层区块链系统之间搭建桥梁，互联网发展实现从"移动"迈向"智能"。① 移动互联网时代，用户被

---

　* 杨梓颢，悉尼大学，主要研究方向为数字化传播媒介对社会文化影响、数字政策与治理；魏鹏举，中央财经大学文化经济研究院院长，教授，主要研究方向为文化经济与政策。
　① 中国信息通信研究院：《全球 Web3 技术产业生态发展报告（2023 年）》，2023 年 12 月，第 1 页，http://www.caict.ac.cn/kxyj/qwfb/bps/202312/t20231229_469209.htm。

赋予更大的内容生产自主性与互动性，在这个过程中，思想文化的交流传播变得更为密切，而在人工智能等技术的不断发展与普及下，智能互联网无疑成为思想文化生态的重要组成部分。

2022 年 11 月，以 ChatGPT 为代表的人工智能聊天机器人发布后，短短五天的时间便吸引了超过 100 万的用户。它通过大型语言模型（Large Language Model，LLM）对大量数据集不断训练和深度"学习"，通过用户输入提示的方式生成类人文本、图像或视频，同时也是一种可以使用英语和其他多种语言与用户进行广泛交流的聊天工具，它的诞生标志着生成式人工智能时代的开启。直到今天，人工智能的能力仍在不断飞速提升，未来以人工智能技术为主导的各类产业、应用将成为主流。当前，我国对人工智能技术的发展规划已经进入第二阶段，2025 年我国人工智能的基础理论将实现重大突破，部分技术与应用将达到世界领先水平，人工智能产业成为带动我国产业升级和经济转型的主要动力。[①] 而人工智能对于我国思想文化生态的构建与发展也将产生深远影响。

一 人工智能的发展演进

（一）人工智能概念的兴起

自远古时代，人类就试图利用无生命的机器来完成工作。1950 年，艾伦·图灵在《心灵》杂志上发表了题为《计算机器与智能》的文章，其中描述了如何创建智能机器，特别是如何测试它们的智能，这就是著名的图灵测试。该测试至今仍被认为是识别人工智能系统智能的基准：如果一个人与另一个人及一台机器交互，并且无法区分机器和人类，那么该机器就被认为是智能的。[②] 时隔六年，人工智能（Artificial Intelligence，AI）一词被正式

---

① 国务院：《新一代人工智能发展规划》，2017 年 7 月，https：//www. gov. cn/zhengce/content/2017-07/20/content_ 5211996. htm。

② Turing, A. M., "Computing Machinery and Intelligence", In *Parsing the Turing Test*, Springer Netherlands, 2009, pp. 23-65.

创造出来。在 1956 年的达特茅斯会议上，马文·明斯基和约翰·麦卡锡主持了为期大约八周的达特茅斯人工智能研究项目，这次会议标志着人工智能的研究领域正式确立。

经过近二十年的探索发展，人工智能技术取得了巨大的成功，也经历了一些阻碍。早期人工智能技术主要围绕自然语言处理和通用问题解决设计开发，通过学习规则的集合复制人类智能，输出一种形式化的因果关系。例如，由麻省理工学院在 1964 年至 1966 年创建的"ELIZA"（伊莱扎）计算机程序和 IBM 研发的"Deep Blue"（深蓝）国际象棋程序都是这样的专家系统。① 但自 1973 年起人工智能的研发并没有取得进一步突破。

2016 年 3 月，谷歌公司研发的"阿尔法狗"（AlphaGo）首次击败了围棋世界冠军李世石，计算机的人工神经网络以深度学习的形式进入大众的视野，刷新了人工智能在人类心中的能力预期。直到今天，人工智能技术被广泛应用于医疗、教育、物流等领域，在大数据、互联网、区块链等技术基础上实现新的跨越，呈现深度自主学习、训练感知优化、交叉融合创造的特点。2022 年 11 月，OpenAI 公司向公众发布了一款革命性的基于文本的聊天机器人——ChatGPT 3.5。2023 年 3 月，该公司又推出了更为强大的 ChatGPT 4.0 版本，并向公众提供更为智能的付费服务，人工智能逐渐走入人们的日常生活之中。

（二）人工智能类别划分与应用发展

人工智能作为一种极具包容性的技术，不仅基于计算机硬件和数据、网络等软件系统升级，同时还积极学习探索各类领域的信息内容来提升自身能力，以无限接近于人类智能。随着科技的进步，人工智能的类型与特征也经历了大致三个阶段的变化，未来还会迎来被称为奇点的"超级人工智能"。

---

① Haenlein, M., & Kaplan, A., "A Brief History of Artificial Intelligence: On the Past, Present, and Future of Artificial Intelligence", *California Management Review* 2019, 61 (4): 5-14.

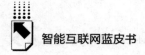
1. 弱人工智能

弱人工智能（Artificial Narrow Intelligence），它并不是字面意思上所理解的弱小或低级，而是指机器类型的智能，能够根据程序员提供的一组预定义规则执行单一的任务。例如，工厂生产线上负责装配的机器人和自动驾驶汽车智能系统，它们可以不间断地完成设定好的指令任务。

2. 专用人工智能

专用人工智能（Artificial Specific Intelligence），这是一个相对性的概念，顾名思义是针对特定领域或行业所创造出的机器智能。这类人工智能在理解特定信息的前提下能够继续在特定领域学习从而变得高度熟练，例如棋类人工智能。

3. 通用人工智能

通用人工智能（Artificial General Intelligence），这是当今科学技术发展的目标和部分成就，也被称为"强人工智能"和"等同于人类水平的人工智能"。它能够通过理性的方式模仿人类大脑，进行深度学习并不断修正，具有智能沟通、文本生成、图像创造等类人属性。[1] ChatGPT 从 2022 年引起广泛关注到 2023 年实现快速升级，让人们意识到未来实现具有自主意识和像人类一样具有理解和驾驭世界能力的通用人工智能不再遥远。

4. 超级人工智能

超级人工智能（Artificial Superintelligence）是对未来人工智能技术发展方向的预测与设想。当这类智能技术真正来临时，将会很难分辨人类与人工智能，机器会超越人类的思维能力，解决人类社会的难题。但超级人工智能在未来的出现也可能带来一系列道德问题和安全隐患。

在大类别的背景下，人工智能几乎覆盖了人类活动的整个范围，呈现不同类别的实际应用（见表 1）。

---

① Girasa, R., & Scalabrini, G. J., "Regulation of Artificial Intelligence: Types, Subfields, and Applications", In *Regulation of Innovative Technologies*（Springer International Publishing, 2022），pp. 63-86.

表 1　人工智能类别区分

时间	类别	特征	成果与应用
1950~1990 年	弱人工智能	依据预设规则执行单一任务，无法真正推理或解决问题	IBM"深蓝计算机"
1990~2015 年	专用人工智能	针对特定领域持续深入学习，最终在该领域超越人类智力	谷歌"阿尔法狗"
2015 年至今	通用人工智能	具有认知、交互和创造能力，同时具有普遍适用性	OpenAI"ChatGPT"
未来	超级人工智能	拥有自我意识，帮助人类在未来解决无法解决的问题	无

人工智能技术的迭代升级给人类社会带来无数的机遇与挑战，生成式人工智能的出现让机器的逻辑思考方式无限接近于人类，它在推动日常生活不断丰富、便捷的同时，也为思想文化的传承与创新带来无限的遐想。

二　思想文化生态结构与特征

（一）思想文化生态结构

思想文化是人类社会发展历程中不断探索、实践、交流、融合的智慧成果，也是物质文明与精神文明的映射，我们每时每刻都生活在文化世界之中，接收并创造新的文化。如今，每个个体都处于特定的文化之中，他们适应环境的主要机制就是文化，逐渐形成各种独特的文化圈、文化链，最终构建完整动态的思想文化生态。由于不同地域环境、不同民族等因素的影响，文化生态呈现相互联系、相互影响、相互制约、共同发展的样态。海内外众多学者致力于文化生态学的研究与讨论，对文化生态的概念作出了总结阐释：在一定历史时期的社会文化是一个由不同文化形态共同组成的大文化系统，在大系统中又有许多子文化系统呈现动态发展的关系。[1] 对思想文化生

---

[1]　徐剑雄：《国家主流意识形态建设的文化生态机理、现状和路径》，《江苏社会科学》2021年第 5 期。

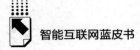

态整个大系统进行分类，可以分为纵向与横向两个维度。

思想文化生态的纵向构建是一个历时且持续发展的过程，任何群体、社会的文化生态形成都离不开对文化的传承、积淀与发展。历史思想文化在经历了一定时间的洗礼和实践的考验后能够留下来，不仅对当时国家和社会的稳定与发展产生了积极影响，在今天也依旧是国家与民族思想文化的独特标志。正如有学者指出："从根本上讲，文化涉及一个社会最基本的价值观念和行为规范。中国有千百年传承的优秀文化，维系文化的稳定性和传承性对于社会的健康发展具有重要现实意义。"① 而身处于当前社会中的我们，正在感受和维系着现实思想文化的生态。公众通过互联网等科技手段成为现实文化的创造者和接收者，每个个体对传统思想文化不断学习内化，融合现实社会生活环境的影响，便形成了多元丰富的现实思想文化内容，同时又肩负着开拓新思想文化的使命，在全球化的背景下增强我国思想文化的传播力、影响力，打造先进的未来思想文化生态。因此，思想文化生态的纵向构建是一个承前启后、继往开来的过程，只有这样才能保持思想文化的活力与延续。

思想文化生态的横向构建是一个打破边界不断延伸交流的过程，其中涵盖了在同一时间内部与外部思想文化生态的共生与融合，从而满足人类文明繁荣进步的需求。一个国家的内部思想文化是保持社会稳定发展、满足社会成员生产生活需要的重要因素。社会思想文化作为一个整体，满足了不同层次范围的文化需要，而物质文化则是社会思想文化形成的坚实基础，随着物质生活和科学技术水平的不断提升，人类的精神文化也变得更加充实。从地理空间角度来看，内部思想文化还包括不同的地域民族文化。它的基本内涵可以定义为在一定范围和空间内的人们在长期生产生活实践中所创造的物质、精神、制度文化，既满足该地域民族的精神需要又能够不断发展壮大，对该地域民族和整个国家的社会发展、个体行为和历史的变迁发挥了重要作用。② 我国作为拥有五十六

---

① 胡安宁：《社会学视野下的文化传承：实践—认知图式导向的分析框架》，《中国社会科学》2020 年第 5 期。

② 黄意武：《多学科视野下地域文化概念及内涵解析》，《地方文化研究》2018 年第 3 期。

个民族的世界大国，内部思想文化的融合发展已形成了良好的生态循环。在面对西方思想文化时，我们也应做到在保持自身文化独特性的同时对其他优秀文化的兼收并蓄。因此，思想文化生态的结构并非单一的，而是各个要素之间以一定的时间空间结构动态发展的有机体（见图1）。

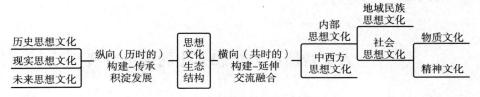

图1　思想文化生态结构

（二）我国思想文化生态特征

中华传统文化具有悠久深厚的历史底蕴，农耕时代便产生了与之相呼应的思想文明，形成了以儒家思想文化为主体的文化脉络。在历史的发展过程中，中华传统思想文化在中华大地上不断开花结果，为后世留下了珍贵的思想文化遗产。在横向的发展过程中，无论是佛教、西域文化等其他外来文化的传入，还是近代西方马克思列宁主义为国家和民族解放所带来的理论指导，中华思想文化生态都接收容纳，在实践过程中形成具有中国特色的文化子生态。

当前我国思想文化生态主要由主流文化、精英文化、大众文化和外来文化组成。主流文化即符合我国国情和社会经济发展的主流价值观，在蕴含中华传统优秀思想文化的同时承载着广大人民群众的理想信念与对未来美好生活的期许。精英文化作为一种知识分子群体中人文知识分子创造、传播和分享的文化，在社会中起到教化、价值引领的作用。而符合老百姓生活和消费需要的大众文化也是我国思想文化生态中不可或缺的一部分，其具有现代性、商业性、世俗性、标准化、时效性和娱乐性等特点，推动社会经济的平稳运行与发展。随着国际交往的日益密切，许多外来文化也在影响着人们的生活和思考方式，需要我们"取其精华，去其糟粕"，在坚持我国主流思想文化的

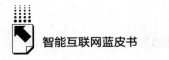
同时接纳学习外来文化。

我国思想文化生态总体上是一个稳定、开放、包容的系统，经过不断的自我调节和成长，内部已形成了促进社会良好发展的自循环，面对外部思想文化的挑战与考验，能够坚定自身文化安全和文化自信，提升中华思想文化的国际影响力和话语权。

三 人工智能助力思想文化的传承发展

（一）新兴技术赋能思想文化传承

2023年6月2日，习近平总书记在文化传承发展座谈会上对中华文化传承发展的一系列重大理论和现实问题作了全面系统深入阐述，为推动中国特色社会主义文化建设、建设中国特色社会主义现代文明提供了根本遵循。近年来，我国在人工智能领域的关键核心技术开发与实际应用取得了重大突破，包括百度"文心一言"、阿里"通义千问"、腾讯"混元"等人工智能大模型或深度学习平台，在大数据、区块链等基础技术的支持下，开始助力我国思想文化的传播与传承。我国思想文化经过千年延续，以文字书籍、历史文物、艺术、技艺等方式为载体流传。人们想要获取文字信息时，需要耗费大量时间、精力进行检索，不仅效率低，所获信息也并非完全适用。在生成式人工智能的帮助下，用户只需输入关键指令即可精准获取相关内容。在面对古代文言文、少数民族文字时，以往只有少数专业研究人员可以准确地翻译理解其意义内涵，而人工智能通过自然语言处理技术帮助人类分析解释，降低了思想文化学习的门槛，拓宽了思想文化传播的渠道。

（二）人机交互促进思想文化创新

在移动互联网高度发达的今天，用户早已融入其中成为思想文化的接收者、创造者，数字对话的方式早已成为常态，现实与虚拟的边界变得越来越模糊，而2023年发布的ChatGPT 4.0再一次拉近了人类与机器之间的距离。

作为一个可深度学习的生成式人工智能工具，ChatGPT 还具有人类用于分享经验、观点的沟通对话能力。不同社会背景下的用户持续与之互动交流，经过长期学习分析它可以呈现更符合特定文化、社会的表达方式与内容，促进了现实思想文化的产生与创造，为当代社会与个人的工作、生活提供便利。生成式人工智能技术除了可以依据指令模仿人类交流的方式输出具有逻辑性的内容外，还可以依据用户设想输出创造性信息，包括文字交互生成视觉内容、现实视觉内容生成虚拟视觉内容等。

近几年，国内众多高校与 AI 企业联动合作，以中国少数民族文化传承保护为起点，借助人工智能技术生产出受年轻人喜爱的"国潮" IP，包括民族服饰、建筑、人物虚拟形象、数字虚拟藏品等，使民族思想文化以新的形式再次得到传承。个人用户也可以使用各大人工智能平台进行文化艺术创作。据统计，随着 2022 年中国人工智能绘画市场规模的井喷式增长，2023 年市场规模已达到近十亿元，2026 年将达到 154. 66 亿元。[①] 随着小红书、字节跳动、SparkAI 等国内各类企业构建的 AI 绘画平台向公众开放，中华文化艺术的传承与创新迈向了数字化。用户在 AI 绘画平台输入中华古典诗词便可将简短诗句描绘的景象通过数据整合生成为图片，让古典文化披上科技的外衣，将不同元素结合创造出符合大众审美需求的未来思想文化。

四 人工智能强化思想文化的交流融合

（一）数据整合实现文化集成式传播

人类从学习语言到自主交流再到获取知识信息需要经历漫长的过程，其中需要反复的学习、记忆、实践、调整，尽管当前人工智能也需要花费几天或数月来持续"学习"人类数千年积累下来的文化，也帮助人类提升了思

---

① 华经产业研究院：《2023-2029 年中国 AI 绘画行业市场深度研究及投资战略咨询报告》，华经情报网，2023 年 5 月。

想文化的传播效率，这背后离不开数据的支持。通用人工智能在进行大模型预训练期间，会基于大量不同的文本数据学习调整，达到"通识"的效果，实现较为基础、单一的信息输出；后期在各个领域不断深入学习后，可以让大模型理解用户发出的所有任务指令，呈现全面、丰富的信息内容，并且还可在输出信息的基础上深入分析解释，直至帮助用户获得满意的答案。在庞大的移动互联网支持下，通用人工智能大模型可以获得无限的数据进行分析并组成集合，对不同思想文化、历史、民族特色等进行存储研究。传统人类思想文化传播模式下，传播内容基本是围绕某一个特定领域展开，经过一定时间的验证与实践不断演进，最终形成思想文化的延续传承。人工智能技术则可以在短时间内跨文化、跨领域、跨时空地根据用户指令形成较完整准确的解析与答案，根据用户的习惯与喜好作出更精细的内容分类，提升文化传播效率与质量。

（二）打破壁垒提升思想文化多样性

思想文化的多元是思想文化生态健康发展的重要表征，各个国家和地区之间的思想文化交流、竞争、融合让世界变得更加绚烂，通用人工智能的出现给文化创作注入更大的生机与活力。当语言、地理位置不再成为限制文化传播的障碍，人们理解不同文化的门槛与难度不断降低，思想文化之间的碰撞将会打破固有的思维方式和文化观念。当接收外来文化的成本越来越低时，人类有更多的时间去思考甄别思想文化的质量，从而促进自身的思想解放。

移动互联网时代我国短视频平台借助大数据和算法向不同地区、不同文化背景的海外用户精准推荐中华特色文化，提升了中国古代传统服饰、舞蹈、音乐等优秀文化的世界影响力。在各大人工智能图像、音视频创作平台上，民间文化与流行文化也成为中国向世界展示的名片。例如，在 TikTok 平台上，用户在 AI 图像生成程序中输入简短的"东北大花袄"指令即可获得中国东北地区独特的服饰文化，当再次输入"给自由女神安排一身"的指令时，属于两个不同国家的文化便融为一体，形成独特的新兴文化，提升世界文化生态的多样性。通用人工智能技术与平台虽仍在发展与搭建中，但其所表现的文化存储、解释、共享能力已经改变了不同文化传播交流的模式，打破了认知偏差与偏见，在文化裂隙间搭建起坚实的桥梁。

五 人工智能对思想文化生态影响的潜在风险与治理对策

（一）潜在风险

对用户来说，通用人工智能的出现改变了传统意义上思想文化的生产模式，持续深入的学习能力和动态全面的智能数据库帮助人类快速获取知识信息的同时，也对大众的信息捕获、自我认知、独立思考等能力产生消极影响，最终造成心智蜕化。人类思想文明发展至今，不同民族地域、社会群体对新兴文化的好奇心与创造力是保证思想文化大生态和谐稳定的重要支柱。在面对不同领域的文化时，人类时常能够被激发出文化创新的灵感与能力，譬如现代音乐与传统戏曲的结合、东方民间服饰登上西方时装秀、书法元素与咖啡产生新的艺术价值等都展现出人类的智慧与潜能。不可否认以ChatGPT 为代表的人工智能已经具有强大的数据整合创新能力，而长期依赖于看似"便捷"的成果产出工具，不仅会使用户对信息内容的真实性、有效性丧失自主辨别能力，还会对未成年人思维成长、社会公平、情感联结产生危害。2023 年 3 月，两名美国律师通过使用生成式人工智能总结案例引证来撰写法庭简报，但所述案例均是虚假无效的，最终纽约联邦法官对其作出了处罚。

通用人工智能仍在发展阶段，目前其所带来的风险隐患正一步步将用户的思想与能力困于技术之中。数字化时代，通用人工智能依托互联网及海量数据资源推动意识形态快速发展，同时数据也成为促进社会经济发展的重要资本。数据的产生来源于对人类社会活动产生信息的持续跟踪收集及分析，当平台积累一定量的数据时便可作出更高效率的回应。但随着智能技术与商

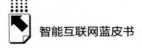
业市场产生关联，数据面临着被垄断的风险。在用户与人工智能工具持续交互过程中，用户为了获取更好的服务与内容选择将个人隐私信息和重要信息与平台进行交换，部分平台在未经允许的情况下售卖用户个人数据来获取利益，加剧社会的信任危机与恐慌，最终导致人工智能经过算法学习后形成决策偏见。早在 2018 年亚马逊公司就通过人工智能推荐系统进行员工招聘，但在面对技术岗位时系统明显青睐于男性，只因该系统的前期训练数据集主要由男性简历组成，最终造成算法偏见。目前，我国各类人工智能平台正在积极建设中，但仍处于以 ChatGPT 等海外人工智能技术平台为主导的环境，其学习训练的原始数据集与我国思想文化意识并不相吻合，针对我国用户所生成的内容易存在算法偏见，破坏我国思想文化生态平衡与发展，对主流意识形态造成冲击。

《2022—2023 全球计算力指数评估报告》显示，美国与中国整体计算力指数在全球处于领跑位置，但我国人工智能发展较美国仍有一定的差距。美国作为全球人工智能技术的先进代表，其收集学习的全球信息数据在政治、经济的影响下或成为资本主义思想文化宣扬输出的强大武器，达到向发展中国家兜售西方文化生活观念、不良意识形态、宗教思想理念，实现文化霸权与意识形态颠覆的目的。以传统媒介为主导的传播格局下，西方国家以电影、音乐等各类形式进行强势输出，对其他国家的主流意识形态产生冲击。在全球网络互通互联的背景下，海量信息中仍有许多带有目的性的内容被包装输出，而不具备信息甄别能力的人工智能平台则会加剧思想文化之间的摩擦与误解，加深文化认知的鸿沟。

（二）治理对策

1. 追踪前沿，活性监管

面对数字化时代通用人工智能技术的强势崛起所带来的一系列风险隐患，需要国家不断强化价值引领、规范使用制度，明确人工智能"为人服务"的导向。2023 年 7 月，国家网信办等七部门发布《生成式人工智能服务管理暂行办法》，要求服务提供者保证用户个人信息安全、不得生成违法信息、准确标识 AI 生成内容，对人工智能的应用提供了法律保障。2023 年 10 月，我国发布了《全球人工智能治理倡议》，围绕人工智能的发展、使用、治理提出了中国方案。另外，开发构建人工智能技术平台的机构组织也应当以造福人类发展、推动社会进步、坚守道德底线为宗旨，遵守行业发展规则，保护公众个人隐私并及时向用户公开数据使用情况，使国家社会利益、平台商业利益、用户个人利益达到一致。对参与人工智能应用的每位用户而言，应当不断提升自身的技能素养，包括内容生产素养、信息甄别素养、使用场景素养，在不侵犯他人版权、确保内容健康真实的前提下使用。

2. 各骋所长，积极发展

在历史的长河中，技术与人文的发展经历了融合与分离的起伏，人工智能也再次融入人类思想文化生态的发展当中。我国作为一个多民族的大国，思想内涵深厚，文化资源丰富，各级政府对人工智能的支持与引导是保障当地思想文化健康发展的重要动力。2021 年至 2023 年，福建、广东、北京、浙江、江西等省份结合自身优势发布关于人工智能未来发展的相关政策指导，鼓励各地加强智慧城市建设、算力算法优化、智能文旅推广，打造独特的城市名片。另外，我国人工智能技术应当形成高质量发展态势，在大型企业与高校、研究机构之间建立人才培养机制，在关键技术问题上寻求突破，打造符合我国主流社会意识形态与思想文化生态发展的人工智能平台。

3. 有容乃大，开放合作

数字时代，人工智能技术的兴起加快了人类思想文化生态发展的步伐，而个体、民族、国家对彼此文化的正确认知与深度认同才是良性发展的根本。针对中西方人工智能技术的发展差异，我国应在西方人工智能开源平台基础上打造更为开放包容、共建共享的通用人工智能模型，为来自不同国家、不同技术领域的人才提供可交流学习的开放社区，提升社会创新效率。我国作为一个拥有悠久历史的大国，也应当利用虚拟化、数据化、可视性、具身沉浸等方式弘扬自身优秀文明，向世界共享优秀文化数据，以多元化方式呈现给不同文化环境的个体，消解对我国思想文化的认知偏差。同时，各个国家之间应当通力合作，合理运用人工智能算法、大数据分析等技术手段

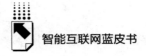

挖掘海外用户对本国特色文化的合理需求和本土用户对外来文化的兴趣点，求同存异提升文化交流融合的质量，共同实现人类命运共同体的美好夙愿。

参考文献

徐剑雄：《国家主流意识形态建设的文化生态机理、现状和路径》，《江苏社会科学》2021 年第 5 期。

胡安宁：《社会学视野下的文化传承：实践—认知图式导向的分析框架》，《中国社会科学》2020 年第 5 期。

Turing, A. M., "Computing Machinery and Intelligence", In *Parsing the Turing Test*, Springer Netherlands, 2009.

Haenlein, M., & Kaplan, A., "A Brief History of Artificial Intelligence: On the Past, Present, and Future of Artificial Intelligence", *California Management Review*, 2019, 61 (4).

Girasa, R., & Scalabrini, G. J., "Regulation of Artificial Intelligence: Types, Subfields, and Applications", In *Regulation of Innovative Technologies*, Springer International Publishing, 2022.

B.5
2023年全球人工智能伦理发展状况与实践路径

方师师　叶梓铭*

摘　要： 因应生成式人工智能的巨大应用潜力与相伴而来的复杂治理挑战，2023年与人工智能伦理相关的政策行动密集推进。在以人为本、增进福祉的共通价值基础上，通过多元行动路径推进治理的共识正在形成。未来随着人工智能技术衍生的新场景、新应用不断涌现，其伦理的发展与实践还将面临更多挑战。

关键词： 人工智能　伦理规范　协同共治

2022年11月，由美国人工智能实验室OpenAI基于大语言模型GPT-3.5开发的生成式人工智能ChatGPT燃起了世界对人工智能技术未来发展的激情与想象：发布仅3个月用户规模即突破1亿，迅速成为史上增速最快的消费级应用。2023年3月，随着GPT-4模型的发布，ChatGPT除了可以使用人类自然语言对话的方式进行交互，还可以用于更为复杂的多模态任务，包括自动生成文本、自动问答、自动摘要等。这意味着ChatGPT具备颠覆诸多传统行业的潜质，在内容生产、金融医疗、教育文娱等广泛领域具备强大应用前景。2023年，随着各方纷纷入局，生成式人工智能赛道竞争日趋白热化，其产业化和生活化也带来了一系列更加复杂的伦理问题。

* 方师师，上海社会科学院新闻研究所互联网治理研究中心主任，副研究员，研究领域为智能传播、数字修辞、内容治理；叶梓铭，上海社会科学院新闻研究所互联网治理研究中心研究助理，研究方向为算法新闻、内容治理。

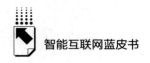
一　未来已来：全球人工智能伦理发展与研究概述

（一）人工智能的概念界定与发展历程

生成式人工智能（Generative Artificial Intelligence，GenAI）是指具有文本、图片、音频、视频等多模态内容生成能力的技术，其发展进程归属于人工智能（Artificial Intelligence，AI）这一广阔领域自20世纪上半叶至今的不懈探索。1950年前后，艾伦·图灵提出图灵测试，以人机对话中人类是否可以辨识机器作为衡量机器智能水平的基准。在同一时期，学术界和一些科幻小说中逐渐出现人工智能的伦理讨论，话题主要集中在机器智能的界限和机器是否能够拥有类似人类的权利和责任，包括诺伯特·维纳的《人有人的用处：控制论与社会》以及艾萨克·阿西莫夫的机器人三定律。后来，人工智能逐渐分化为多元的研究路径，试图模拟人类的多元智能行为，包括计算机视觉、语音识别和处理、机器人学、机器学习和ChatGPT所归属的自然语言处理等一系列领域。人工智能伦理的内涵也逐渐丰富，既指涉人类开发和使用人工智能相关技术时的道德准则和行为规范，也关注人工智能本身嵌入或者对齐人类价值体系的程度与表现。

时至今日，OpenAI开发人工智能的最终目的与70年前的开创者们近乎一致：实现通用人工智能（Artificial General Intelligence，AGI），即以人类的智能为参照标准，通过计算机模拟部分乃至全部的人类智能。虽然有观点认为ChatGPT开启了通用人工智能之门，[1] 但它还无法完全达到强人工智能的标准。真正的强人工智能具备在多种不同背景和环境中实现各种目标并执行各种任务的能力，能够处理与创建者预期完全不同的问题和情况。[2]

---

[1]　赵广立：《学界热议：ChatGPT 敲开了通用人工智能的大门了吗？》，科学网，2023 年 2 月 16 日，https://news.sciencenet.cn/htmlnews/2023/2/493916.shtm。

[2]　Goertzel, B., "Artificial general intelligence: concept, state of the art, and future prospects", *Journal of Artificial General Intelligence* 2014 (5): 1.

（二）人工智能面临的伦理风险挑战与全球应对

目前，生成式人工智能可能存在的如输出可靠性无法保障、结果可解释性不足等问题，已经引起强烈的伦理关注：ChatGPT 开发过程中的训练数据侵权、算法偏见，被恶意滥用于制造虚假信息、学术伪造等风险均已显露；不久，自动驾驶、医疗决策中的责任界定和其他具有场景特质的伦理问题也将不断涌现；未来，产业变动或将带来结构性失业、教育加速折旧等影响世界格局的风险挑战。

因应生成式人工智能的复杂和深远挑战，2023 年全球各国、国际组织接连出台或更新了相关伦理政策文件。联合国教科文组织号召各国立即执行其《人工智能伦理问题建议书》，并推促一系列以伦理原则为核心的非正式合作；美国国会发布《生成式人工智能和数据隐私的初步报告》，白宫办公室发布《关于安全、可靠、值得信赖地发展和使用人工智能的行政命令》；英国召集人工智能安全峰会发布《布莱切利宣言》，围绕 AI 全球机遇和挑战提出了多项议程，支持以全球合作的方式设立 AI 安全的研究网络，并通过维持该对话机制服务于全人类利益；日本在广岛会议期间向 G7 成员国分发问卷，评估生成式人工智能的主要机遇和风险等议题，推出《广岛进程国际行为准则：为开发先进人工智能系统的组织制定的行为准则》，鼓励各国、各组织建立内部 AI 治理结构和政策；新加坡、加拿大等国家也更新了人工智能战略，对新的风险挑战提出应对策略。

中国于 2023 年 8 月 15 日率先施行《生成式人工智能服务管理暂行办法》，成为全球首个为生成式人工智能立法的国家；2023 年 10 月，科技部等十部门联合印发《科技伦理审查办法（试行）》，为人工智能的伦理实践提供了具体的路径指引；同月，外交部发布《全球人工智能治理倡议》，强调了加强新兴科技领域国际安全治理的重要性，呼吁预防和管控潜在安全风险，展现了中国在全球 AI 伦理治理中的智慧和责任感。

密集的政策行动为研究人工智能伦理规范提供了极佳的观察窗口。本报告以人工智能治理开放平台收录的各国家地区政策与标准化规则文件为数据源，通过 LDA（Latent Dirichlet Allocation）主题模型辅助的内容分析，对比不同国家的政策实践，并补充联合国 2023 年发布的相关文件以及重要人工智能科技公司（如 OpenAI、百度、商汤、Google）和 AI 伦理行动国际组织的伦理原则声明，以全面描摹 2023 年全球人工智能规则体系的行动特征与普遍伦理共识。相关数据来源情况如表 1 所示。

表 1　2023 年全球主要国家（地区）和相关组织机构人工智能治理规则发布情况统计

来源	中国	英国	美国	欧盟	联合国	国际组织	加拿大	新加坡	新西兰	跨国公司
数量	3	7	15	3	1	9	2	1	1	2

资料来源：Open EGLab 人工智能治理开放平台，https：//www.openeglab.org.cn/#/database/static。

二　2023年全球人工智能伦理发展的比较特征与共通原则

（一）全球人工智能伦理行动的比较特征

1. 联合国与国际组织机构

作为最重要的政府间国际组织，联合国的人工智能伦理行动旨在成为全球治理的关键中介，2023 年其行动影响广泛，具有三大突出特征。一是通过全球倡议呼吁关注伦理议题。《人工智能伦理问题建议书》在联合国教科文组织 193 个会员国间一致通过，这一规范能够为人工智能的全球治理提供必要的伦理框架，[①] 通过开发并提供"准备状态评估工具"，帮助会员国评估和确定 AI 伦理治理的现有能力和资源，确定差距，并鼓励会员国进行持续的自我评估和改进。二是通过组织分工多层次推进落实伦理规范。2023 年 10 月 26 日，联合国组建高级别人工智能咨询机构，就人工智能可能产生

[①] 联合国教科文组织：《人工智能：教科文组织号召各国政府立即实施全球伦理框架》，2023 年 3 月 31 日，https：//www.unesco.org/zh/articles/rengongzhinengjiaokewenzuzhihaozhaogeguo zhengfulijishishiquanqiulunlikuangjia。

的偏见、歧视等关键问题展开讨论。联合国教科文组织发布全球首份在教育和研究领域使用生成式 AI 的指南，强调在教育中应用 AI 时应遵循以人为中心的方法。[①] 联合国人权事务高级专员办公室提出了全面评估 AI 可能影响的领域，如政治参与和公民自由。该办公室还推动了工商业与人权技术项目（B-Tech 项目），发布《生成式人工智能人权危害分类法》以帮助理解 AI 对人权的潜在影响。[②] 三是调用既有机制构筑伦理治理合作平台。以教科文组织为代表的联合国相关机构积极推进国家与全球科技公司的伦理共识，协同八大全球性科技公司签署开创性协议，落实《人工智能伦理问题建议书》中的伦理原则。

2. 欧盟、美国及其他国家和地区

欧盟人工智能与数字社会发展进程相对落后于中美两国，但其"伦理优先"的治理原则在世界范围内发挥了引领作用。[③] 早在 2021 年 4 月，欧盟委员会就提出关于 AI 的监管框架草案，尝试基于"风险"视角对 AI 系统进行分类与横向监管。欧洲议会及时跟进生成式人工智能的发展动态并迅速开启规范化讨论，试图提出有效的监管措施。2022 年《数字权利和原则的欧洲宣言》，强调数字化转型应以人为中心，倡导团结与包容等关键原则。2024 年 1 月 19 日，欧盟委员会、欧洲议会和欧盟理事会共同完成了《人工智能法》的定稿，标志着人工智能伦理治理开始走向法制化和标准化，对全球范围内人工智能乃至整个数字经济的发展具有重要意义。[④]

欧盟通过强化其在人权与法治领域的悠久治理传统获取全球影响力，其行动强调全面保护人权以及数据处理的"合法基础"。相比之下，美国的人

---

① 《教科文组织发布首份全球指南，力促对生成式 AI 在教育中的运用实施管制》，联合国新闻，2023 年 9 月 7 日，https：//news. un. org/zh/story/2023/09/1121282。

② 《人权高专：必须确保人权植根于人工智能的整个生命周期与风险管理之中》，联合国新闻，2023 年 11 月 30 日，https：//news. un. org/zh/story/2023/11/1124467。

③ 王彦雨、李正风、高芳：《欧美人工智能治理模式比较研究》，《科学学研究》2023 年第 3 期。

④ 上海市人工智能社会治理协同创新中心：《重磅首发 欧盟〈人工智能法〉定稿版本：全文中译本（14 万字）》，2024 年 1 月 23 日，https：//aisg. tongji. edu. cn/info/1005/1192. htm。

工智能战略始终拥抱 AI 发展，其监管政策涵盖长期且持续性的投资，以维持其竞争优势。美国人工智能治理表现为"总统发布战略、美国国家科学技术委员会布局发展、美国国家标准技术研究所主责伦理风险管理标准"相对稳定的框架。[①] 2023 年 5 月，美国拜登政府成立的国家人工智能咨询委员会发布了成立一周年报告，将伦理作为推动 AI 发展的核心考虑因素，以可信任 AI 领导力为目标推进人工智能治理，专注于对 AI 人才政策、教育培训、能源政策、国家安全、军事战略等强外部性应用领域的持续跟踪研判。

其他旨在培育 AI 战略能力的国家和地区也在治理与发展的两端之间尝试探索适合自身国情的良方。比如，英国举办 24 个国家和地区实体参与的全球人工智能安全峰会，发布《布莱切利宣言》并建立一系列国际常态化沟通机制以促进人工智能国际治理，在其国内监管中推进监管沙盒，允许在受控环境中开发新的 AI 产品和服务，支持创新的同时确保风险可控；[②] 日本 G7 广岛进程强调了探索 AI 国际共同治理框架和国际标准的重要性，提出包括保障安全、质量控制、能力和信任建设的有效工具；加拿大发布《人工智能和数据法案》，强调遵守《加拿大人权法案》以及与盟国的立法合作；新加坡突出公共利益地位，建立公众对负责任使用 AI 技术的信任机制，并为私营部门提供 AI 伦理治理培训。[③]

3. 人工智能伦理的"中国方案"

中国秉持"包容审慎"的监管理念来确立科技伦理的治理体制机制，逐步将人工智能等重点领域的科技伦理治理纳入国家法治体系框架，为应对伦理问题提供了系统和全面的管理基础。[④]

① 顾登晨：《静水流深：美国人工智能治理的特征、趋势与启示》，网易，2024 年 1 月 25 日，https：//www. 163. com/dy/article/IPAISITE0511DDOK. html。
② GOV. UK，AI regulation：a pro-innovation approach，2023 - 3 - 29，https：//www. gov. uk/government/publications/ai-regulation-a-pro-innovation-approach。
③ Smart Nation Digital Government Office，National Artificial Intelligence Strategy 2. 0，2023 - 12 - 4，https：//www. smartnation. gov. sg/nais/。
④ 《推动科技伦理治理新发展》，中国社会科学网，2023 年 11 月 29 日，https：//www. cssn. cn/skgz/bwyc/202311/t20231129_ 5699673. shtml。

2023年，我国人工智能的伦理原则不断细化落实。《新一代人工智能治理原则——发展负责任的人工智能》强调在AI发展中实现发展与责任的平衡。《人工智能伦理治理标准化指南（2023版）》则从技术框架出发，为AI伦理标准体系提供了明确的界定以指导AI伦理治理的具体实践。《生成式人工智能服务管理暂行办法》率先就生成式人工智能监管这一议题给出中国方案，将备案程序与算法治理内容融合，强化了伦理治理在技术法规中的作用，体现了中国在AI服务管理方面迅速跟进的治理能力。中国外交部发布的《全球安全倡议概念文件》强调了加强新兴科技领域国际安全治理的重要性，呼吁预防和管控潜在安全风险，[①] 展现了中国在全球AI伦理治理中的智慧和责任感。

（二）全球人工智能伦理规范的共通原则

截至2023年初，已有160个国家和地区出台了人工智能的伦理原则或指南。[②] 虽然囿于资源实力和决策博弈的多重因素影响，伦理行动的全球协调困难重重，但共通的原则条款日益明晰，为未来进一步深化共识奠定了基础。

1. 明确目标原则：以人为本，增进福祉

一方面，以人为本是众多人工智能伦理原则的共识前提。2023年中国《全球人工智能治理倡议》提出，发展人工智能应该坚持以人为本、智能向善等理念和宗旨，坚持伦理先行，建立并完善人工智能伦理准则、规范及问责机制。[③] 七国集团（G7）广岛共识强调，基于价值观的伦理原则应该被置于优先事项，[④] 要求人工智能的生命周期内促进受教育权等基本人权，保

---

① 外交部：《全球安全倡议概念文件（全文）》，2023年2月21日，https：//www.mfa.gov.cn/wjbxw_ new/202302/t20230221_ 11028322. shtml。

② 国家人工智能标准化总体组、全国信标委人工智能分委会：《人工智能伦理治理标准化指南（2023版）》，2023年3月。

③ 外交部：《全球人工智能治理倡议》，2023年10月20日，https：//www.fmprc.gov.cn/web/ziliao_ 674904/1179_ 674909/202310/t20231020_ 11164831. shtml。

④ OECD, G7HIROSHIMA PROCESS ON GENERATIVE ARTIFICIAL INTELLIGENCE（AI），2023-9-7。

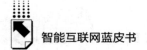

护包括生命权、隐私权在内的人格权，构建负责任的人工智能，在不破坏人类基本的伦理规范的同时，遵守国家或者地区的伦理道德特征。

另一方面，增进人类福祉是以人为本原则的实践指向，即要求人工智能技术推进社会发展，服务于人类。譬如，按照预期目标运行的过程中保证安全性、稳健性和风险最小化；在研发全流程中必须确保不损害自然人的权益，在可能会对人类造成整体危害时，必须确保收益远大于风险且能采取充分的安全限制措施，否则就需要及时暂停并研判伦理风险。

2. 形成规则意识：公正明晰的权益保护规范

"公正"的规则意识是指通过公平合理的方式界说人工智能相关的权利与义务，以此维护每位成员的利益。这要求人工智能技术在创新与应用的过程中，要兼顾平等与效率，尊重宗教信仰、文化传统等方面的差异，并努力消除歧视与偏见。"公平"的规则意识需要以下条件予以支撑。

首先，要划定清晰合理的伦理治理监管范围。边界不明确的规范设置将导致规范适用的谬误。当前各国普遍采取基于风险或其他重要因素的分级分类管理，美国国家标准与技术研究院于2023年1月发布了《人工智能风险管理框架》1.0版，帮助其在全球范围内合规管理AI风险；我国《人工智能法（示范法）1.0》建议采取负面清单制度，对负面清单外的产品、服务实施备案管理。这些规则有助于帮助组织明确需要伦理监管的对象和范围。

其次，通过法治化的问责机制明确归责体系。当各国乃至全球人工智能法律与伦理原则逐渐确立后，权责明确是保护各方适用规则的基础。比如，我国《生成式人工智能管理暂行办法》第九条强调，服务提供者应当与注册其服务的使用者签订服务协议，明确双方权利义务。① 加拿大的人工智能法案提供了两种类型的处罚机制——行政罚款和对监管违规的起诉，以及针对真正犯罪行为的单独机制。这些机制旨在确保安全使用AI，并惩罚那些

---

① 《生成式人工智能服务管理暂行办法》，中华人民共和国中央人民政府官网，2023年7月10日，https://www.gov.cn/zhengce/zhengceku/202307/content_ 6891752. htm。

故意或明知故犯的行为。①

最后，要尊重各利益相关方既有权益利益。利益相关方是能够影响人工智能组织运行的个人或组织群体，利益相关方的权益受损很可能导致一系列负面后果。目前，人工智能的发展和应用直接介入多行业领域，为现存重要行业等利益相关方的普遍权益和专业规范带来了不同程度的挑战。2023 年12 月，《纽约时报》诉 OpenAI 训练数据集侵权案②凸显了人工智能技术发展与知识产权保护之间存在的矛盾。该案突出强调了数字时代保护知识产权清晰法律框架的必要性，以及未能尊重这些权利的公司或组织可能面临的重大财务和声誉后果。说明在具体规则未定（如判例不足）或组织间协商时，需要在既有法律等规范条例或共识机制下形成分享人工智能收益、合理共担风险的格局。

3. 促进流程开放：透明可控的技术运作与规制

"透明"包括人工智能本身的"透明性"与监管机制的透明两层含义。透明性对于真正落实伦理治理具有关键意义，不透明的技术审查无法确保伦理原则治理的实效。

首先，"透明的人工智能"要求主动明示技术运作机制。G7 国家广岛会议关于生成式 AI 的报告提出，应开发新的解决方案应对虚假信息和深度伪造问题，推进人工智能生成内容（AIGC）的水印标注，让人类能明确意识到机器生成的内容，防范利用大语言模型生成虚假信息以及学术造假。③

其次，"透明的监管机制"是行业伦理自律的必要补充。各国在监管过程中普遍倾向于开放政策文本，明确标准化文件，多方位保障决策监管机制

① Government of Canada，The Artificial Intelligence and Data Act（AIDA）-Companion document，2023 - 3 - 13，https：//ised - isde. canada. ca/site/innovation - better - canada/en/artificial - intelligence-and-data-act-aida-companion-document.

② UNITED STATES DISTRICT COURTSOUTHERN DISTRICT OF NEW YORK，2023 - 12 - 27，https：//www. courthousenews. com/wp - content/uploads/2023/12/new - york - times - microsoft - open-ai-complaint. pdf.

③ OECD，Generative Artificial Intelligence（AI）Towards a G7 Common Understanding on Generative AI，OECD Publishing，2023-9-7.

的透明可控。如世界经济论坛的第十三条建议指出，在 AI 模型和产品上线前后要逐步实施审查过程，类似临床试验或汽车制造使用中的详细检查，可经由独立审计师或国际机构监督，也可使用认证或许可系统辅助这一过程，以控制潜在伦理风险。①

最后，人工智能的透明实践应当追求简洁、适度和完整。具体落实透明性需要多方协调，不断尝试应对前沿技术的可解释性挑战，鼓励包括公众在内的利益相关方的参与。如英国政府要求组织在使用 AI 时提供清晰的相关信息，以增强公众信任。② 2023 年 8 月，我国发布的《网络安全标准实践指南——生成式人工智能服务内容标识方法》③ 以具体至提供键值对格式的明确要求，确保服务提供者可遵循。流程开放的方法文本也能够帮助用户理解和识别内容来源，为行业自律提供了重要的参考标准。

三　2023年人工智能伦理的行动路径与多元参与

（一）行动路径：软法先行、价值对齐与可操作性

相比具有国家强制力的"硬法"，"软法"是指那些不具有约束力或约束力比传统硬法弱的准法律文件，包括国际组织的非条约性协议，以及各国国内由国家机关、社会组织提出的具有约束力的社会规范。④ 各国普遍采纳以伦理原则为核心的软性约束，因其不易压制技术活力，能够较好地保护人

① World Economic Forum, The Presidio Recommendations on Responsible Generative AI, In collaboration with AI Commons, 2023-6.

② GOV. UK, AI regulation: a pro-innovation approach, 2023 - 8 - 3, https://www.gov.uk/government/publications/ai-regulation-a-pro-innovation-approach.

③ 全国网络安全标准化技术委员会：《关于发布〈网络安全标准实践指南——生成式人工智能服务内容标识方法〉的通知》，2023 年 8 月 25 日，https://www.tc260.org.cn/front/postDetail.html? id=20230825190345。

④ 曾雄、梁正、张辉：《人工智能软法治理的优化进路：由软法先行到软法与硬法协同》，电子政务网络首发，2024 年 1 月 23 日。

工智能的产业发展。通过行业自律公约、伦理规范、标准指南等软法程序实现治理目标也有更好的敏捷性，能够较快地实现应用和修订，以应对人工智能伦理风险快速扩散、难以追踪的特点。[①]

1. 提升软法的治理效力

2023年，各方在密集推出软法性质文件的基础上不断探索效力提升的策略。一方面是在软法原则中衔接健全的硬法体系以逐渐提升效力。如《G7生成式人工智能广岛进程》指出，G7成员国正在利用现有的法律和政策框架，开发新的指导方针或法规来应对与生成式人工智能相关的风险。我国科技部发布的《科技伦理审查办法（试行）》重视在伦理审查环节中嵌入现行法律以提高强制力，将伦理治理工作制度化，为软法的落实锚定基础。

另一方面则是通过创新治理应用，鼓励符合伦理原则的技术发展以充实治理工具箱，衔接软法与治理实践。比如新加坡信息通信与媒体发展局开发人工智能核查（AI Verify）治理工具包，帮助组织通过标准化测试验证其AI系统的功能，确保它们符合国际认可的AI伦理原则。同时，新加坡政府支持隐私强化技术（PETs）的研究和开发，并在实践中推广。

2. 推动价值对齐与技术融合

为避免技术失控致使各方不得不推出强制性法律，全球人工智能产业界与学术界普遍重视以"价值对齐"为代表的自律机制。人工智能价值对齐是人工智能安全的一个子领域，研究如何构建安全的人工智能系统以避免欺骗性应用，发展对人工智能的监督、审计和解释，确保AI系统的目标和行为与人类价值观、利益和期望保持一致。OpenAI的首席执行官山姆·奥特曼提出，对齐技术和性能提升其实是相辅相成的。[②] 目前ChatGPT采取基于人类反馈的强化学习，尝试对齐人类价值观，而局限性也逐渐显露，因而，

[①] 张凌寒、于琳：《从传统治理到敏捷治理：生成式人工智能的治理范式革新》，《电子政务》2023年第9期。

[②] 《OpenAI CEO最新访谈，3万字全文详述技术、竞争、恐惧和人类与AI的未来》，36氪，2023年3月29日，https://www.36kr.com/p/2192373415363458。

推进人工智能的价值对齐且可解释的研究意义深远。如构建实时理解人类价值观的计算框架，以心理实验验证在复杂协作任务中提高人机协作效率，进而增进人机信赖关系等，以"价值驱动"实现真正的自主智能。①

3.重视伦理治理方案的可操作性

目前许多伦理治理方案未能落实的主要原因，是负责任的人工智能监管未能充分考虑方案的可操作性。落实有可操作性的方案要正视潜在的矛盾并积极寻求方案解决，重视多利益相关方的差异化诉求，逐步细化出可靠稳健的伦理实践方案。如美国 NIST 的风险管理框架，会重点考虑各类项目的合规成本，探索建设有效的规划和资源分配机制。2023 年《北京市促进通用人工智能创新发展若干措施》中提出了通过建立常态化的服务和指导机制，来鼓励创新主体提升网络与数据安全防护能力。

（二）多元参与：联合国平台与多方、多边参与

1.以联合国为平台的全球治理框架

鉴于 AI 技术的全球性，国际合作对于制定统一的规则和标准，避免法律冲突和监管套利至关重要。目前，在人工智能的国际伦理治理中，经由联合国等平台推出的国际软法的优势在于灵活、高效、低成本，方便区分治理和分层应对伦理问题。② 2023 年 7 月，联合国秘书长古特雷斯在安理会上强调，联合国是人工智能全球标准制定与治理的理想场所，并呼吁在 2026 年之前完成具有约束力的国际文书谈判工作。③ 联合国通过成立国际伦理治理协调委员会，辅以非正式和非集中化的间接执行机制，提高协调效率，并取得了伦理规约实效。哥斯达黎加根据联合国教科文组织的"人工智能伦理建议"制定人工智能战略，成为中美洲首个制定人工智能政策的国家。

---

① Yuan, Luyao, et al., "In situ bidirectional human-robot value alignment", *Science robotics* 2022 (68): eabm4183.

② 朱明婷、徐崇利：《人工智能伦理的国际软法之治：现状、挑战与对策》，《中国科学院院刊》2023 年第 7 期。

③ 《秘书长：联合国是为人工智能制定全球标准与治理手段的"理想场所"》，联合国新闻，2023 年 7 月 18 日，https://news.un.org/zh/story/2023/07/1119877。

2. 以多边协调为机制的区域治理合作

在联合国机制之外，区域的多边合作也可发挥重要的比较优势。在2023年8月举行的金砖国家领导人第十五次会晤上，习近平主席强调"要充分发挥研究组作用，进一步拓展人工智能合作，加强信息交流和技术合作，共同做好风险防范，形成具有广泛共识的人工智能治理框架和标准规范，不断提升人工智能技术的安全性、可靠性、可控性、公平性"，与会国家均同意尽快启动人工智能研究组工作。[①] 2023年9月，G20峰会发布《G20新德里领导人宣言》，提出要"建设包容开放、非歧视的数字经济；以人为本，实现人工智能向善并服务全人类"。

四　未来展望：迈向"智能向善"的全球协同共治

2023年，全球人工智能的伦理治理在政策、经济、技术等多重因素的推促下，发展与安全的动态边界正逐步清晰，在伦理原则上也日趋形成共识。随着国际合作机制逐渐完善，全球协同共治的前提要素日益齐备，面对"智能向善"的总体愿景，既有的人工智能伦理行动路径需不断优化，未来仍将面临复杂问题。

（一）促进人工智能的伦理治理与社会治理有机融合

随着人工智能融入社会生活，社会治理的各维度逐渐与人工智能的治理议题重合，问题的复杂性提升。从影响的广度看，人工智能所影响的信息生态、交通通信与新型生物医学等伦理新议题将深度嵌入社会，部分"旧"问题将换上"新颜"，人工智能素养等人机关系的经典问题仍将持续。从发展的深度看，人工智能的创新扩散尚处于早期，公众对人工智能的伦理认知尚且不足。未来在人工智能全方位融入社会生活的过程中，随着 AI 系统变

---

① 《添薪续力　人工智能合作让金砖成色更足》，光明网，2023年8月31日，https：//epaper. gmw. cn/gmrb/html/2023-08/31/nw. D110000gmrb_ 20230831_ 1-07. htm。

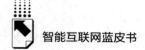
得更加智能和自主，确保它们在没有人类直接监督的情况下，仍然能够"自主地"做出符合人类利益的决策，这对于实现以人为本的人工智能来说至关重要。

（二）加强全球南方国家人工智能伦理治理交流合作

未来，全球人工智能伦理的合作与共识机制建设，需要运作良好的对话机制与相对稳定的国际环境，以平衡各方的主导诉求，但日渐复杂化的地缘政治摩擦、区域战争等危机隐患或令既有合作机制面临挑战。2023年人工智能伦理的行动呈现鲜明的区域不平衡性，以美欧为代表的发达国家和地区在人工智能伦理行动的政策上占据绝对优势。对全球南方国家而言，决策资源、治理人才不足是阻碍其更广泛地参与人工智能伦理行动与促进人工智能良善发展的主要原因。根据联合国的数据统计，2023年仍有超过26亿人无法使用互联网。[①] 伴随人工智能应用不断泛化，伦理治理的落实将与长期且系统性地弥合数字鸿沟进程并行。未来的全球合作有必要推动支持人工智能先发国家负责任的开放创新和伦理治理领域的知识共享和开源，[②] 共创全球人工智能"善治"的共同愿景。

参考文献

中国信息通信研究院：《人工智能伦理治理研究报告（2023年）》，2023年12月26日。

国家人工智能标准化总体组、全国信标委人工智能分委会：《人工智能伦理治理标准化指南（2023版）》，2023年3月。

曾雄、梁正、张辉：《人工智能软法治理的优化进路：由软法先行到软法与硬法协

[①] UN, Interim Report: Governing AI for Humanity, 2023-10-26, www.un.org/en/ai-advisory-body.

[②] World Economic Forum, The Presidio Recommendations on Responsible Generative AI, In collaboration with AI Commons, 2023-6.

同》，电子政务网络首发，2024 年 1 月 23 日。

张凌寒、于琳：《从传统治理到敏捷治理：生成式人工智能的治理范式革新》，《电子政务》2023 年第 9 期。

朱明婷、徐崇利：《人工智能伦理的国际软法之治：现状、挑战与对策》，《中国科学院院刊》2023 年第 7 期。

B.6
2023年全球智能互联网发展状况及2024年趋势展望

钟祥铭　王　奔　方兴东*

摘　要： 随着ChatGPT和Sora等应用陆续爆红，以生成式人工智能为代表的人工智能技术快速进入主流化阶段，全面引领数字化进程。美国硅谷依然是这场革命的策源地，欧洲也激活深厚的科技底蕴重拾动能，亚洲在这一轮新浪潮中不甘落后，中国更是奋起直追，欠发达国家可能被进一步拉大的智能鸿沟成为重要议题。全球人工智能治理进入全新的突破和全面落地阶段。

关键词： 生成式人工智能　智能时代　全球人工智能治理　智能鸿沟

导语：智能革命引领全球数字化进程

拉斯维加斯的消费电子展（CES）和巴塞罗那移动通信展（简称巴展）是全球最盛大的两个高科技展会，2024年开始其规模和热闹程度都陆续恢复到疫情前的水平。两个展会，一个侧重消费端，一个侧重全球各国运营商，越来越重叠交叉。观察2024年的境况，两个展会最大的相似之处，就

---

* 钟祥铭，浙江传媒学院互联网与社会研究院秘书长，乌镇数字文明研究院研究员，主要研究领域为数字治理、数字鸿沟、新媒体；王奔，浙江传媒学院新闻与传播学院，乌镇数字文明研究院助理研究员，主要研究方向为互联网史、智能传播、数字治理；方兴东，浙江大学国际传播研究中心执行主任，乌镇数字文明研究院院长，主要研究领域为数字治理、网络治理、互联网历史。

是人工智能（AI）全面席卷。无论是 AI 手机、AI 个人电脑（PC）、机器人，还是新鲜出炉的旨在通过人工智能技术提升无线服务的 AI-RAN 联盟[①]，智能互联网不仅仅在 OpenAI 等新爆发的创业企业掀起热潮，更重要的是激活各行各业，主导行业和社会全局性的变革。

随着 ChatGPT 和 Sora 等应用陆续爆红，以生成式人工智能（Generative Artificial Intelligence，GAI）为代表的人工智能技术快速进入主流化阶段。既有层出不穷的全新应用涌现，又全面带动数字技术领域升级和传统产业变革，人工智能技术全面引领数字化进程。与过去半个多世纪一样，美国硅谷依然是这场革命的策源地，欧洲也激活了深厚的科技底蕴，通过人工智能重拾动能，独角兽企业开始爆发，大有与中、美三足鼎立之势。亚洲在这一轮新浪潮中也不甘落后，中国更是奋起直追。当然，欠发达国家可能被进一步拉大的智能鸿沟成为重要议题。全球人工智能治理进入全新的突破和全面落地阶段。

2023 年至 2024 年，人类智能时代大幕全面拉开，发展与治理、创新与风险，面对急速发展的智能技术，各种矛盾和不确定性不断积累。在地缘政治竞争日趋激烈的背景下，全球协作和联动从来没有像今天这样重要和急迫。

一　2023年全球智能互联网发展：
新格局、新趋势

智能互联网是前沿的人工智能技术深度融合不同网络后所形成的全新网络范式。近年来，各界对人工智能大模型、物联网、5G 等多种关键技术的发展以及伦理问题的热议，塑造了全球智能互联网创新驱动、万物互联、产业升级、合规发展的新格局。在互联网用户层面，2023 年全

[①] AI-RAN 联盟（AI-RAN Alliance）在 2024 年世界移动通信大会（MWC 2024）上成立。创始成员包括亚马逊云科技、Arm、DeepSig、爱立信、微软、诺基亚、美国东北大学、英伟达、三星电子、软银公司和 T-Mobile 等。联盟的使命是提高移动网络效率、降低功耗以及改造现有基础设施，从而为电信公司在 5G 与 6G 的助力下利用 AI 释放新商机奠定基础。

球约 67% 的人口（54 亿人）上网（见图 1），相较于 2022 年增长了 4.7%。① 全球网民的"互联互通"正在经济、技术、政治的多重作用下进一步加速实现。

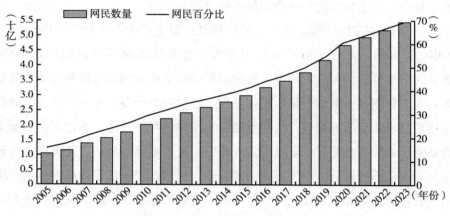

图 1　2005~2023 年全球网民数量和普及率走势

资料来源：国际电信联盟（International Telecommunication Union，ITU）。

创新与研发推动全球智能互联网从准备阶段加速进入全面部署阶段。2023 年新的人工智能大模型逐步迭代发布，如 OpenAl 发布 GPT‐4、Stability AI 发布图像生成模型 Stable Diffusion XL 1.0 等。人工智能大模型能够执行越来越广泛的任务，从文本处理和分析到图像生成，再到前所未有的精准语音识别。这些系统在问题解答以及文本、图像和代码生成方面的能力是十年前无法想象的，它们在许多新旧基准测试中的表现都超过了目前的技术水平。② 据科技创业公司研究机构 PitchBook 估计，2023 年全球生成式人工智能的市场规模将达 426 亿美元，2026 年将达到 981 亿美元。③ AI 机器学

---

① ITU, Facts and Figures 2023, https：//www. itu. int/itu‐d/reports/statistics/2023/10/10/ff23‐internet‐use.

② HAI, Artificial Intelligence Index Report 2023, 2023‐04, https：//aiindex. stanford. edu/wp‐content/uploads/2023/04/HAI_ AI‐Index‐Report_ 2023. pdf.

③ PitchBook, Vertical Snapshot：Generative AI 2023, 2023‐03‐21, https：//pitchbook. com/news/reports/2023‐vertical‐snapshot‐generative‐ai.

习系统使用的计算量在过去 50 年中呈指数级增长。智能系统越复杂，用于训练的数据集越大，所需的计算量就越大。

人工智能产业的快速增长还带动了人工智能基础数据服务市场的蓬勃发展。结构化数据是人工智能算法开发迭代的重要基础，预计 2027 年市场规模有望达到 130 亿~160 亿元。人工智能算法仍处于快速动态演进阶段，随着算法与功能的迭代创新，场景功能的持续扩展，数据标注元素和标注信息维度均将大幅增加，这也对数据基础服务供应商提出了更高要求。[①]

智能互联网的构建离不开基础设施的完备。仅在 2023 年第三季度，全球 5G 用户新增 1.63 亿，总数达到 14 亿。据爱立信 2023 年报告预测，2029 年全球 5G 移动用户将超过 53 亿，届时将占所有移动用户的 58%。目前，全球约有 280 家服务提供商推出了商用 5G 服务，40 余家服务提供商部署或推出了 5G 独立组网（SA）服务。服务提供商面向消费者推出的最常见的 5G 服务包括增强型移动宽带（eMBB）、固定无线接入（FWA）、游戏和一些基于 AR/VR 的服务。按用户数量计算，5G 将在 2028 年成为最主要的移动接入技术。[②]

"万物互联"是智能互联网的一个重要特征。物联网技术赋予了终端连接能力，成为智能互联网的神经末梢节点，接收各项数据并及时反馈。在智能家居、工业制造、交通物流、能源电力等各个领域，物联网发挥着越来越重要的作用，也创造了巨大的价值。全球物联网连接数在迅猛增长，并且在这些连接中有很大一部分是来自蜂窝物联网连接，特别是以 NB-IoT/Cat-M 为代表的大规模物联网技术。这些技术具有低复杂度、低成本、电池寿命长等特点，在世界各地广泛普及。在全球范围内，已有 128 家运营商部署或推出 NB-IoT 商用网络，60 家已推出 Cat-M。蜂窝物联网连接的总数量，在 2023 年底预计达到 30 亿左右。大规模物联网技术的发展得益于网络功能的

---

① 德勤：《人工智能基础数据服务白皮书》，2023 年 3 月 9 日，https：//www2. deloitte. com/content/dam/Deloitte/cn/Documents/technology-media-telecommunications/deloitte-cn-tmt-ai-basic-data-services-zh-230309. pdf.

② Ericsson, Ericsson Mobility Report 2023, 2023-11, https：//www. ericsson. com/4ae12c/assets/local/reports-papers/mobility-report/documents/2023/ericsson-mobility-report-november-2023. pdf.

增强，通过频谱共享，大规模物联网可在频分双工（FDD）频段与4G和
5G并存。① 2017～2029年按分区和技术划分的蜂窝物联网连接数如图2
所示。

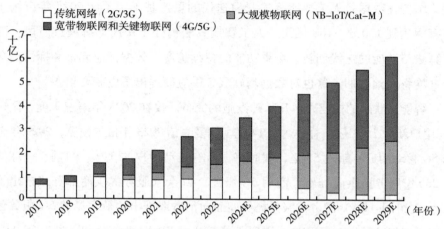

图2　2017～2029年按分区和技术划分的蜂窝物联网连接数

资料来源：Ericsson Mobility Report 2023。

智能互联网能够赋能社会发展的各大领域，从可穿戴设备到智能汽车、
智能家居、智能城市，甚至工业设备。各个领域的产业升级对大模型的需求
持续走高，例如在自动驾驶、智能座舱、运行管理优化等多个方面为汽车行
业创造价值；医疗方面提高疾病检测的效率以及医学影像领域的智能化分析。
沙利文《AI大模型市场研究报告（2023）》显示，2022年中国人工智能行业
市场规模为3716亿元，预计2027年将达到15372亿元，人工智能有望在制
造、交通、金融、医疗等多领域不断渗透，实现大规模落地应用。

随着人工智能向着生成式、大模型化演进，人工智能生成内容（AIGC）
冲破了数字域和认知域的藩篱，在进一步释放人工智能活力的同时，也带来
极大的安全挑战和风险。《AI指数报告2023》（Artificial Intelligence Index

① Ericsson, Ericsson Mobility Report 2023, 2023-11, https：//www.ericsson.com/4ae12c/assets/local/
reports-papers/mobility-report/documents/2023/ericsson-mobility-report-november-2023.pdf.

Report 2023）对 127 个国家的立法记录进行的分析表明，包含 AI 的法案成为法律的数量从 2016 年的 1 项增长到 2022 年的 37 项。对 81 个国家的人工智能议会记录进行的分析同样显示，自 2016 年以来，全球立法程序中提及 AI 的次数增加了近 6.5 倍。[①] 全球各个地区的国家都已制定人工智能治理相应的法律法规，着重点有所不同，也造就不同地区人工智能治理的不同风格。未来需要更深层次的全球协作，以促进智能互联网以人为本的可持续发展。

二 世界主要国家和地区智能互联网发展特点

（一） 美国：硅谷再度引领全球浪潮

美国智能互联网在全球具有引领性的影响力，营造了优质的前沿技术研发氛围。其中主要体现在全球化的先进企业、卓越的基础设施以及巨大的投资总额。毕马威联合中关村产业研究院共同发布的《人工智能全域变革图景展望：跃迁点来临（2023）》报告显示，截至 2023 年 6 月底，全球人工智能企业共计 3.6 万家，中、美企业数量名列前茅。以 OpenAI、微软、谷歌等为代表的美国人工智能企业数量约 1.3 万家，全球占比达 33.6%，凸显了其在引领全球浪潮上的能力及影响力。仅以 2023 年 3 月为例，OpenAI 发布 GPT-4，在准确性和减少幻觉方面有明显改进，与 GPT-3.5 相比性能提升 40%；微软随即宣布将 GPT-4 整合到其 Office365 套件中，大力提升工作效率；谷歌发布基于对话应用的语言模型（Language Model for Dialogue Applications，LaMDA）的 AI 聊天机器人 Bard；以及彭博社宣布以金融数据训练大语言模型，以支持金融行业的自然语言任务，等等。

在智能互联网所必需的关键基础设施方面，截至 2022 年 11 月美国拥有榜单上速度排名前十的 5 台超级计算机，其中包括第 1 台（名为"Frontier"），

---

① HAI, Artificial Intelligence Index Report 2023, 2023 - 04, https：//aiindex. stanford. edu/wp - content/uploads/2023/04/HAI_ AI-Index-Report_ 2023. pdf.

而中国拥有前十名中的两台，之后是日本、芬兰和意大利，各有 1 台。根据最大计算性能 Rmax（以每秒百万亿次浮点运算或 TFLOPS 为单位）对 Top500 榜单按经济体进行的分析，美国在榜单上的计算性能总量中所占比重最高（44%），之后是日本（13%）和中国（11%）（见图 3）。这充分体现了美国超级计算机的强大能力。[1]

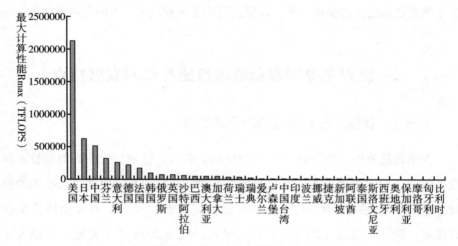

图 3　2022 年 11 月不同地区 TOP500 经济型超级计算机总 Rmax 值排序

资料来源：A Blueprint for Building National Compute Capacity for Artificial Intelligence。

美国所拥有的设备不仅限于超级计算机，还有英伟达（Nvidia）等企业提供的各类优质硬件。最先进的人工智能系统越来越依赖于高性能计算，研究人员估计，尽管算法和软件的改进降低了计算能力需求，但以每秒浮点运算次数（FLOPS）计算，训练现代机器学习（Machine Learning，ML）系统所需的计算能力自 2012 年以来增长了数十万倍。[2] 美国对这些硬性需求的

①　OECD, A Blueprint for Building National Compute Capacity for Artificial Intelligence，2023－02，https：//www. oecd. org/publications/a-blueprint-for-building-national-compute-capacity-for-artificial-intelligence-876367e3-en. htm.

②　Sevilla, J., Heim, L., Ho, A., Besiroglu, T., Hobbhahn, M., & Villalobos, P., Compute trends across three eras of machine learning, In 2022 International Joint Conference on Neural Networks（IJCNN）（pp. 1-8），2022 July，IEEE.

满足是智能互联网得以取得引领性成果的关键。

在智能互联网的研发上，私人领域及官方的大力支持和投资是美国研发智能互联网的充足燃料。麦肯锡的最新调研显示，近5年全球范围内企业的人工智能使用率大幅提升，2022年有50%的公司部署了人工智能，远高于2017年的20%。对人工智能的资本投入也随使用率的提升而大幅增长。5年前约有40%的公司对人工智能投入了超过5%的总预算，而2022年已有超过一半的公司有此投入比例。各行各业对于人工智能创新与研发的重视程度与日俱增。① 在2022年人工智能私人投资总额上，美国居世界首位，投资额为473.6亿美元，约是排名第二的中国（134.1亿美元）的3.5倍（见图4）。②

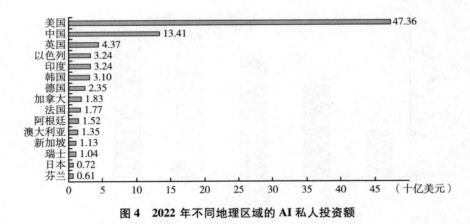

图4　2022年不同地理区域的AI私人投资额

资料来源：Artificial Intelligence Index Report 2023。

另外，美国在人工智能会议和资料库引文方面仍处于领先地位，世界上大多数（2022年占54%）大型语言和多模态模型仍由美国机构制作。在新

① QuantumBlack, The state of AI in 2022 and a half decade in review, McKinsey, 2022 - 12, https：//www. mckinsey. com. cn/wp-content/uploads/2023/02/the-state-of-ai-in-2022-and-a-half-decade-in-review. pdf.

② HAI, Artificial Intelligence Index Report 2023, 2023 - 04, https：//aiindex. stanford. edu/wp-content/uploads/2023/04/HAI_ AI-Index-Report_ 2023. pdf.

获投资的人工智能公司总数方面，美国也继续保持领先地位，是欧盟和英国总和的 1.9 倍，是中国的 3.4 倍。①

在美国官方的投资上，2022 年 12 月，美国国家科学与技术委员会发布了一份关于公共部门人工智能研发预算的报告，涉及参与网络与信息技术研发计划（NITRD）和国家人工智能计划的各部门和机构。如图 5 所示，2021 财年美国非国防政府机构共拨款约 17.5 亿美元用于人工智能研发支出。2022 财年的拨款额比 2021 财年略有下降，比 2018 财年增加了 208.9%。2023 财年申请的金额更大，达到 18.4 亿美元。美国国家人工智能研究资源任务小组（NAIRR）公布的一份计划显示，自 2023 年起的未来 6 年内，预计投入超过 26 亿美元，对生成式人工智能进行研究规划。② 从美国公布的

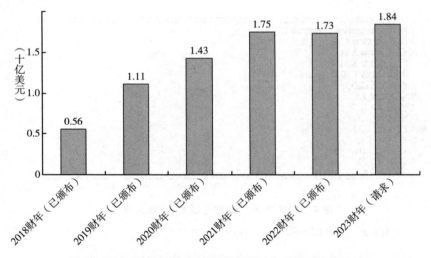

图 5　2018~2023 财年美国联邦非国防人工智能研发预算

资料来源：Artificial Intelligence Index Report 2023。

---

①　HAI, Artificial Intelligence Index Report 2023, 2023 - 04, https：//aiindex. stanford. edu/wp - content/uploads/2023/04/HAI_ AI-Index-Report_ 2023. pdf.

②　NAIRR, Strengthening and Democratizing the U. S. Artificial Intelligence Innovation Ecosystem：An Implementation Plan for a National Artificial Intelligence Research Resource, 2023 - 01, https：// www. ai. gov/wp-content/uploads/2023/01/NAIRR-TF-Final-Report-2023. pdf.

2024财年政府预算来看，包括国防部、能源部、国土安全部等多个机构，累计向人工智能领域计划投入超过2511亿美元（约合人民币1.80万亿元），以满足人工智能研究和软硬件服务。如果算上政府外部筹资、民间资本等，美国2024年在人工智能领域的投资预计超过数万亿美元。[①] 此外，美国正在不断探索和推进生成式AI技术在可控状态下的军事应用。[②] 如美国防部成立"利马"生成式人工智能特别工作组；美国防部信息系统局（DISA）将生成式人工智能技术纳入"技术观察清单"，等等。当前，生成式人工智能技术在情报分析与战场态势感知、战勤保障等军事作战领域已展现其独特的应用潜能。

（二）欧洲：重拾动能

2023年，欧洲智能互联网的发展聚焦于人工智能中心和枢纽的创建。这一战略举措旨在推动欧洲智能互联网技术的创新与进步，使之成为全球范围内的领导者。在5G等智能互联网基础技术应用上，虽然西欧5G用户渗透率落后于其他发达市场，但2023年欧洲5G用户规模增长强劲，从2022年的6700万增长到2023年底的预计1.39亿。这相当于该地区25%的渗透率，各国情况不同。英国和芬兰等率先推出5G服务的市场已经实现了相对较高的渗透率，而其他市场的渗透率则较低。未来4G用户将减少，而5G用户将大幅增加。预计到2029年底，5G用户将达到约4.8亿，届时普及率将达到85%。[③] 为了实现这一目标，欧洲各国政府和企业共同努力，在政策制定、人才培养和科研合作上取得了具有影响力的成果。

得益于通用数据保护法（GDPR）、数字市场法（DMA）等产生的"布

---

① 钛媒体：《高达1.8万亿投向AI技术，美国政府决心"阻止中国获得AI算力"》，2024年2月2日，https：//www.sohu.com/a/755902306_ 116132。

② Manson, K., The US Military Is Taking Generative AI Out for a Spin, Bloomberg, 2023-07-06, https：//www.bloomberg.com/news/newsletters/2023-07-05/the-us-military-is-taking-generative-ai-out-for-a-spin.

③ Ericsson, Ericsson Mobility Report 2023, 2023-11, https：//www.ericsson.com/4ae12c/assets/local/reports-papers/mobility-report/documents/2023/ericsson-mobility-report-november-2023. pdf.

鲁塞尔效应"①，欧洲在数字时代全球建章立制的浪潮之中脱颖而出，置身于全球新的中心位置。2023年6月，欧洲议会以499票赞成、28票反对和93票弃权，通过了人工智能法案（AI Act）谈判授权草案，推动该法案进入立法程序的最后阶段。2024年1月19日，欧盟委员会、欧洲议会和欧盟理事会共同完成了人工智能法案的定稿。人工智能法案将成为欧洲第一部专门的人工智能法律。它提出了一种基于风险的规则方法，并规定了与人工智能系统相关风险水平相称的法律义务，从而引入了监管创新。欧洲各国还将制定一系列政策和法规以确保人工智能技术的健康、可持续发展，为人工智能技术的应用创造良好的环境。同时，政府和企业共同探索创新的应用场景，推动智能互联网技术在社会各领域的广泛应用。

欧洲各国正携手创建一系列人工智能中心和枢纽，以促进技术研发和产业应用。英国成立了前沿人工智能工作组，并发布了首份进展报告，概述了关键的里程碑。英国主办了人工智能安全峰会，促成《布莱切利宣言》的发表，28个国家（8个在西欧）和欧盟在宣言中承认了与人工智能相关的各种风险；西班牙推出了"AI沙盒"，以帮助初创企业适应监管，同时在欧盟建立了首个人工智能监管机构——西班牙人工智能监管局（AESIA）；意大利于2023年2月成立了未来人工智能研究中心（Future Artificial Intelligence Research Center，FAIR），以实施其支持人工智能的政策；马耳他开设了欧洲数字创新中心，葡萄牙成立公共行政人工智能和数据科学中心（AI4PA），等等。欧洲在人工智能上的讨论达到新高潮。这些中心汇聚优秀的科研团队，开展跨学科研究，以解决现实生活中的重大问题。同时，它们还将与企业和政府部门紧密合作，为智能互联网的发展提供新动力。

此外，欧盟的支持对于国家智能互联网的发展发挥着重要作用。《政府人工智能就绪指数（2023）》（Government AI Readiness Index 2023）分析各地区政府人工智能就绪程度，其中东欧平均落后西欧12.05分，表明这两个

---

① "布鲁塞尔效应"的概念最初由阿努·布拉德福德（Anu Bradford）教授在2012年提出，并以欧盟立法机构所在地布鲁塞尔来命名。具体指的是，欧盟通过其庞大的内部市场和制度架构，单方面影响全球监管标准的能力。

地区之间存在明显差距。其中得分最低的5个国家均为非欧盟成员国，而得分最高的5个国家除俄罗斯联邦外均为欧盟成员国。该地区的一些欧盟成员国（保加利亚、克罗地亚、捷克、爱沙尼亚、匈牙利、拉脱维亚、立陶宛、波兰、罗马尼亚、斯洛伐克和斯洛文尼亚）受益于欧盟"恢复和复原力基金"（EU's Recovery and Resilience Facility）的支持，在数字化转型和改革中更为顺畅。

智能互联网正在迅速改变商业格局，欧洲重新拾取动能加速发展相应智能技术。2022年，德国约有34%的企业部署使用了人工智能。这一数据与全球平均水平相当，但低于中国、新加坡和印度等国家。投资人工智能似乎不是德国企业的优先考虑事项，64%的企业表示尚未投资人工智能，也不打算投资。这可能是由于企业在实施人工智能时面临着各种障碍，如人员不足、数据缺失和政策支持不够等。① 随着2023年欧洲人工智能法案的出台以及各大研究中心的成立，欧洲将突破过去所遇到的困境。例如，欧盟委员会通过的地平线欧洲和数字欧洲等系列计划，将带来约2027亿欧元的额外公共和私人投资总额。②

（三）亚洲：互联网新动能

在过去30年，亚洲拥有非常理想的人口结构，其年轻劳动力激增，主要经济体的生产率也实现了快速提升。新时代，亚洲在制造领域实现了技术创新，所拥有的竞争力正从细分行业内的特定技术向跨领域技术演进。目前，中国在许多方面已成为创新型经济体。例如，在电动汽车、消费电子产品等与制造业相关的行业，中国是不容忽视的创新力量。而随着制造业日益商品化，包括中国在内的亚洲经济体需要突破制造业的局限，在人工智能、物联网技术等多领域进行技术投资创新，从而搭建完整的智能互联网，为智能时代的发展注入新的动力。新时代，亚洲各经济体将在新的智能技术以及

---

① Statista, Artificial Intelligence in Germany-statistics & facts, 2023 - 12 - 21, https：//www. statista. com/topics/11207/artificial-intelligence-in-germany/#topicOverview.

② 《委员会推出人工智能创新计划以支持人工智能初创企业和中小企业》，https：// esgnews. com/zh-CN/。

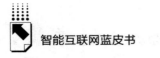

跨领域技术方面面临全新的挑战。

在与智能互联网相关的人工智能技术上，据 CB Insight 统计，2021 年是亚洲资金额和交易的高峰期，第一季度达到了 44 亿美元的最高值。随着技术需要深入地研发与攻关，亚洲的人工智能技术资金额反而不断下降，在 2023 年的第一季度仅为 5 亿美元（见图 6）。根据 ITU 制定的数字市场中法律文书的基准指标，全球只有略多于 1/3 的国家政策、法律和治理框架处于领先或先进的准备水平。亚洲部分地区的数字政策和法规仍然缺乏影响力，特别是在人工智能、云计算和金融服务相关的电子应用领域的国家政策或战略方面。①

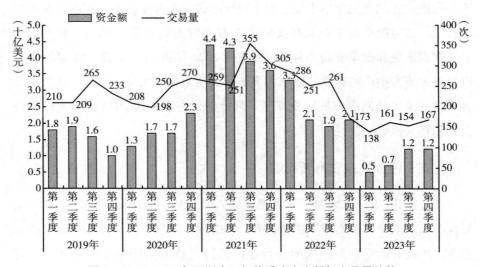

图 6 2019~2023 年亚洲人工智能季度资金额与交易量趋势

资料来源：CB Insight, State of AI 2023。

在智能互联网的实践方面，部分亚洲国家取得一定成果。印度的人工智能卓越中心（India's Centre of Excellence in Artificial Intelligence）正在开发国家人工智能资源门户网站，该网站将提供一个基于网络的系统，用于搜索和浏览人工智能资源。韩国正在规划一个 K-Cloud 项目，该项目将运营一个基于国内开

---

① ITU, Digital policy action areas for a connected ASEAN, 2023-01, https：//www.itu.int/hub/publication/d-pref-asean-01-2023.

发的半导体建立的云数据中心,以促进人工智能基础设施和服务的发展。泰国、菲律宾、新加坡和马来西亚等东南亚市场对5G基础设施进行初期投资后,目前的重点已转向为消费者和企业提供多样化的服务。提升客户体验、扩大互联网网络覆盖和促进企业数字化转型仍然是整个地区建设智能互联网的重中之重。服务提供商还强调加强网络安全措施以保护客户,并探索5G的新增长领域,以便将其产品扩展到其他行业。在越南和印度尼西亚等国,5G的发展受到限制或尚未启动,服务提供商正在为5G做准备,并升级其4G网络。[①]

(四)中国:追赶背后的警示与反思

中国智能互联网正在各个领域焕发活力,相关基础设施得到进一步完善升级,同时也具备巨大的市场潜力。斯坦福大学人工智能指数通过研究、开发和经济维度的多项指标,对全世界人工智能发展情况进行的评估显示,中国在全球人工智能活力度跻身前三。

根据IDC报告,2023年,中国人工智能市场支出规模将增至147.5亿美元,约占全球总规模1/10,预计2026年实现264.4亿美元支出,年复合增长率(CAGR)将超过20%。[②] 麦肯锡的研究显示,中国正从低成本的玩具和服装制造中心,转型成为处理器、芯片、发动机和其他高端零部件等精密制造领域的领导者。人工智能有利于促进制造业从生产执行向制造创新的转型,从而创造1150亿美元的经济价值。未来10年,人工智能将为中国一些新的行业带来巨大增长机会,尤其在如汽车、交通运输和物流,制造业以及医疗保健和生命科学、企业软件等创新和研发支出向来落后于全球同行的行业。[③]

---

① Ericsson, Ericsson Mobility Report 2023, 2023-11, https://www.ericsson.com/4ae12c/assets/local/reports-papers/mobility-report/documents/2023/ericsson-mobility-report-november-2023.pdf.

② IDC:《2026年中国人工智能市场总规模预计将超264.4亿美元》,2023年3月29日,https://www.idc.com/getdoc.jsp? containerId=prCHC50539823。

③ 麦肯锡:《探索人工智能新前沿:中国经济再迎6000亿美元机遇》,2022年7月,https://www.mckinsey.com.cn/wp-content/uploads/2022/07/CN_The-next-frontier-for-AI-in-China-could-add-600-billion-to-its-economy-v0714.pdf。

随着智能互联网各项基础设施的完善，5G 用户数、物联网用户数以及新型业务收入等都得到较大增长。2024 年工信部发布的《2023 年通信业统计公报》统计数据显示，我国数据中心、云计算、大数据、物联网等新兴业务快速发展，2023 年共完成业务收入 3564 亿元，比上年增长 16.5%（见图 7）。其中，云计算、大数据业务收入比上年均增长 37.5%，物联网业务收入比上年增长 20.3%。①

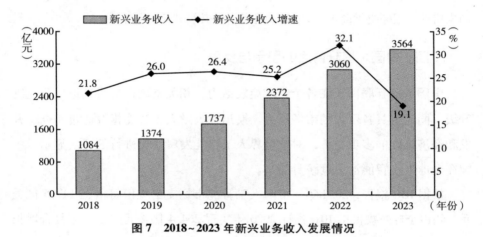

图 7　2018~2023 年新兴业务收入发展情况

资料来源：《2023 年通信业统计公报》。

截至 2023 年底，全国移动通信基站总数达 1162.0 万个，其中 5G 基站 337.7 万个，占移动基站总数的 29.1%，占比较上年末提升 7.8 个百分点（见图 8）。2023 年，5G 移动电话用户达到 8.05 亿户，占移动电话用户的 46.6%，比上年末提高 13.3 个百分点。② 固定互联网宽带接入服务持续在农村地区加快普及，截至 2023 年底，全国农村宽带用户总数达 1.92 亿户，全年净增 1557 万户，比上年增长 8.8%，增速较城市宽带用户高 1.3 个百分点。截至 2023 年底，三家基础电信企业发展蜂窝物联网用户 23.32 亿户，

---

① 工信部：《2023 年通信业统计公报》，2024 年 1 月 24 日，https://wap.miit.gov.cn/gxsj/tjfx/txy/art/2024/art_ 76b8ecef28c34a508f32bdbaa31b0ed2.html。

② 张辛欣：《我国 5G 移动电话用户达到 8.05 亿户》，新华社，2024 年 2 月 10 日，http://www.news.cn/fortune/20240210/d97cc5748ead43cb96cbca988fe8b345/c.html。

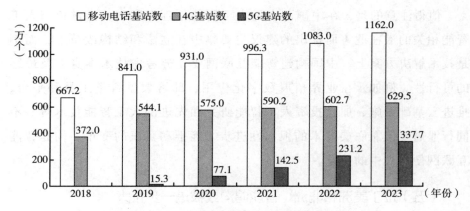

图8　2018~2023年移动电话基站发展情况

资料来源：《2023年通信业统计公报》。

全年净增4.88亿户，较移动电话用户数高6.06亿户，占移动网终端连接数（包括移动电话用户和蜂窝物联网终端用户）的比重达57.5%（见图9）。①

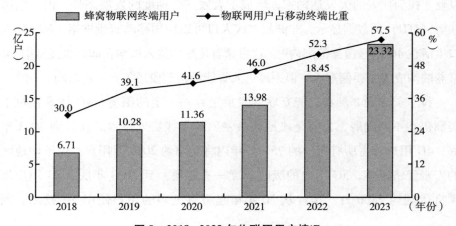

图9　2018~2023年物联网用户情况

资料来源：《2023年通信业统计公报》。

---

① 工信部：《2023年通信业统计公报》，2024年1月24日，https：//wap.miit.gov.cn/gxsj/tjfx/txy/art/2024/art_ 76b8ecef28c34a508f32bdbaa31b0ed2.html。

值得注意的是，在中国已有的人工智能伦理文献中，为避免与人工智能相关的潜在危害而提出的建议主要集中在立法和结构改革上，而不是技术解决方案上。中国构建智能互联网要充分考虑技术本身以及最终的可行性。例如，在业界拓展数字化应用、部署数据科学工具和平台、推进云基础设施、加大投资人工智能研究和先进的人工智能技术等。不同行业需要依靠底层技术的根本性进步才能推动真正的变革，构建智能互联网便是其中的关键。[1]

（五）拉丁美洲和非洲：智能鸿沟或被进一步拉大

随着数字传播驱动社会信息传播机制的范式转变，数字鸿沟基本同步地经历了特性鲜明的接入鸿沟、素养鸿沟和智能鸿沟三种范式。[2] 新范式超越旧范式的同时，新旧范式相互叠加与联动，但整体上呈现螺旋式上升的特征。尤其是以欧美为中心的发达国家、以中国等金砖国家为代表的新兴国家以及以亚非拉为代表的欠发达国家，形成了大致三个梯度的发展态势。国际电信联盟（ITU）的数据显示，非洲超九成人口可以使用移动宽带网络，50%的人口生活在4G信号覆盖范围内[3]，这意味着传统的接入鸿沟在非洲也逐渐缩小，素养鸿沟成为主要侧重点，但距离进入智能鸿沟阶段还需要一定时间。

拉丁美洲和非洲在智能互联网发展上存在一定的困境。4G技术在拉丁美洲仍在不断发展，目前是该地区最主要的无线接入技术。预计到2023年底，4G用户将占所有用户的75%，年内将新增约2000万用户。由于该地区的宏观经济困难，5G用户的吸收速度一直很慢。到2023年底，5G用户规模将达到约2800万。预计从2024年起将有更多的用户使用5G技术。到

---

① 麦肯锡：《探索人工智能新前沿：中国经济再迎6000亿美元机遇》，2022年7月，https：//www.mckinsey.com.cn/wp-content/uploads/2022/07/CN_The-next-frontier-for-AI-in-China-could-add-600-billion-to-its-economy-v0714.pdf。

② 钟祥铭、方兴东：《智能鸿沟：数字鸿沟范式转变》，《现代传播（中国传媒大学学报）》2022年第4期，第133~142页。

③ ITU, Measuring digital development：Facts and Figures 2022，2022-11-30，https：//www.itu.int/itu-d/reports/statistics/facts-figures-2022。

2029 年底，5G 用户将占所有移动用户的 51%。①

撒哈拉以南非洲地区的一些国家正坚定地致力于对其网络基础设施进行大量投资。对这一战略举措起到推动作用的是该地区年轻人口居多的人口优势，以及对增强型连接解决方案需求的显著激增。随着数字化及其带来的好处日益被接受，社会对全面的现代化网络系统的迫切需求变得显而易见。尽管撒哈拉以南非洲地区面临着资金挑战和高通胀问题，但该地区的电信业依然保持着活力。连接已成为语音和数据通信的基本需求，也是银行等传统渗透率较低的服务的基本需求。撒哈拉以南非洲地区的服务提供商也在探索在移动平台上提供更多服务，如医疗、教育和电子商务。作为用户总体增长率（3%）最高的地区，撒哈拉以南非洲地区预计在 2029 年将拥有 11 亿用户，其中 7.6 亿（67%）将是智能手机用户（见图 10）。②

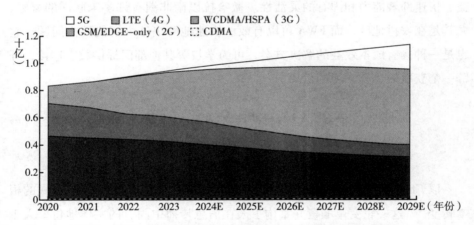

图 10　2020~2029 年撒哈拉以南非洲地区不同技术的移动用户

资料来源：Ericsson Mobility Report 2023。

① Ericsson, Ericsson Mobility Report 2023, 2023-11, https：//www.ericsson.com/4ae12c/assets/local/reports-papers/mobility-report/documents/2023/ericsson-mobility-report-november-2023.pdf.

② Ericsson, Ericsson Mobility Report 2023, 2023-11, https：//www.ericsson.com/4ae12c/assets/local/reports-papers/mobility-report/documents/2023/ericsson-mobility-report-november-2023.pdf.

此外，撒哈拉以南非洲的大部分人口居住在农村地区。当地的人口和经济状况对电信网络的建立构成了巨大挑战。在这些地区部署和维护基础设施所涉及的成本往往超过潜在的创收，这对实现广泛覆盖构成了巨大的经济障碍。向非洲农村地区提供连接以提高数字包容性需要创新的解决方案和协作努力。例如量身定制的无线电和传输解决方案，该方案专门针对农村地区的需求进行了优化，可包括100%太阳能和电池供电，以提供清洁能源和可靠性。

非洲日益增长的宽带需求主要由固定无线接入（FWA）来满足，FWA成为一项关键技术。4G FWA只是第一步，由于5G能够提供类似光纤的速度，其潜力正日益凸显。这一进步是对该地区传统固定宽带基础设施的补充。包括安哥拉、南非、尼日利亚、肯尼亚、赞比亚和津巴布韦在内的几个主要非洲市场已经推出了5G FWA服务。这种转变可归因于5G FWA成本效益、快速部署能力和固有的灵活性。撒哈拉以南非洲有许多未联网的家庭，尤其是在农村地区，而FWA可以有效、快速地解决这一智能鸿沟问题。它也是一种具有成本效益的解决方案，可为学校等其他部门提供数字连接，开辟一个获取信息和学习的世界。[1]

三　全球 AI 治理新挑战：幻觉、颠覆和碎片化的风险警示

以 ChatGPT 和 Sora 为代表的智能传播正在带来人类信息传播范式的根本转变。[2] 这一轮变革颠覆并重构了人在信息传播中固有的主体地位，人工智能生成内容将占据绝对主导，并将迎来全新的人机融合的合成社会。[3] 同时，这也意味着旧有治理范式的失效和缺失。这些智能系统容易令人产生幻

---

[1] Ericsson, Ericsson Mobility Report 2023, 2023-11, https：//www. ericsson. com/4ae12c/assets/local/reports - papers/mobility - report/documents/2023/ericsson - mobility - report - november - 2023. pdf.

[2] 钟祥铭、方兴东、顾烨烨：《ChatGPT 的治理挑战与对策研究——智能传播的"科林格里奇困境"与突破路径》，《传媒观察》2023 年第 3 期，第 25~35 页。

[3] 方兴东、钟祥铭：《谷登堡时刻：Sora 背后信息传播的范式转变与变革逻辑》，《现代出版》2024 年第 3 期，第 1~15 页。

觉，自信地输出不连贯或不真实的回应，因此在关键应用中很难依赖它们。此外，人工智能还面临着来自伦理等方面的挑战。文本到图像的生成器通常会在性别维度上产生偏差，而像 ChatGPT 这样的聊天机器人则可能被诱骗达到不良目的。根据跟踪人工智能伦理滥用相关事件的 AIAAIC 数据库，自2012 年以来，人工智能事件和争议的数量增加了 26 倍。[①] 这种增长既证明了人工智能技术得到了更广泛的应用，也证明了人们对滥用可能性的认识有所提升。2018~2022 年 FACCT 收到人工智能（公平、问责和透明会议）材料的数量如图 11 所示。

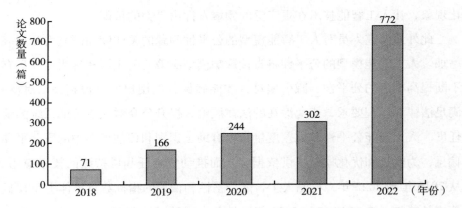

图 11 2018~2022 年 FAccT 收到人工智能（公平、问责和透明会议）材料的数量

资料来源：Artificial Intelligence Index Report 2023。

AI 是资本逻辑在当代的重要体现。技术性"幻觉"问题或许可以通过算法的改进等技术的方式予以解决。但面对生成式 AI 的炒作，以及它可能带来的巨大经济潜能的无限遐想则更需要理性的研判。麦肯锡将生成式 AI 视为"下一个生产力前沿"，它对生产力的影响可能为全球经济增加数万亿美元的价值。据 Statista 预测，2024 年生成式人工智能的市场规模将达到666.2 亿美元，预计将以 20.80% 的年增长率（2024~2030 年复合年增长率）

---

① HAI, Artificial Intelligence Index Report 2023, 2023-04, https：//aiindex. stanford. edu/wp-content/uploads/2023/04/HAI_ AI-Index-Report_ 2023. pdf.

增长，到 2030 年市场规模将达到 2070 亿美元。在全球范围内，最大规模的市场将在美国（2024 年为 232 亿美元）。[①] IoT Analytics 研究报告显示，到 2030 年，生成式人工智能基础模型和平台市场预计将占全球软件支出的近 5%。[②]

随着人工智能技术的快速演进，一个现象逐渐显现——AI 碎片化。所谓 AI 碎片化，不但包含了人工智能技术在各个应用场景中分散的特点，还包含整体治理的碎片化问题，从而降低了人工智能技术的整体效能。针对这个问题，除了加强人工智能技术的研究与开发，还亟须构建完善的人工智能生态系统，建立健全人工智能伦理和法律规范体系，以此逐步克服 AI 碎片化现象，让人工智能技术在更广泛的领域发挥出更大的价值。

此外，研究人员对人工智能模型的公平性问题的关注度和研究力度显著增加。人工智能模型的公平性将直接影响模型决策的公正性和透明度。只有不断提高模型的公平性，减少偏见，才能确保各类用户群体得到公平对待，满足法律和伦理要求，避免潜在的法律风险，提升公众对人工智能系统的信任度。人工智能公平性和偏差度量指标有助于识别和评估模型中的不公平和偏见，为改进和优化模型提供依据，从而推动负责任和可持续的技术应用。从 2016 年到 2022 年，检测人工智能公平性和偏差的指标数量整体上呈现显著增长趋势，在 2019 年和 2022 年增长尤为明显（见图 12）。

在产业界，风险治理问题也是生成式人工智能应用面临的挑战。德勤对全球企业生成式人工智能应用的调研显示，仅 1/4 的企业领导者认为其企业"有准备"或"有充分准备"来应对生成式人工智能相关的治理问题及风险。受访者最关注的治理问题包括对结果缺乏信心（36%）、知识产权问题（35%）、客户数据滥用（34%）、监管合规问题（33%）、缺乏可解释性/透明度（31%）。逾半数受访者认为，生成式人工智能的普及会导致全球经济集中化（52%），加剧经济不平等（51%）。此外，49% 的受访者认为，生成

---

① Statista, Generative AI-Worldwide, 2023-06, https：//www.statista.com/outlook/tmo/artificial-intelligence/generative-ai/worldwide#value.

② Wegner, P., The leading generative AI companies, 2023-12-14, https：//iot-analytics.com/leading-generative-ai-companies.

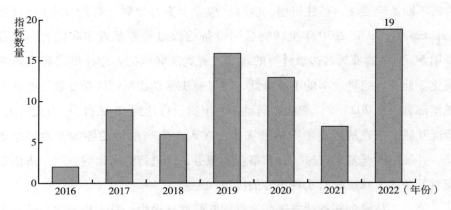

图 12　2016~2022 年人工智能公平性和偏差度量指标的数量

资料来源：Artificial Intelligence Index Report 2023。

式人工智能工具和应用的崛起，可能会降低人们对国家和全球机构的整体信任度。为解决这些问题，大多数受访者认为有必要加强全球监管（78%）和协作（72%），以负责任的方式推动生成式人工智能的广泛应用。[①]

　　人工智能仍然是一个新生事物，它将对社会产生怎样的影响在很大程度上还是个未知数。尽管现如今已产生幻觉、碎片化等多种明显的缺陷，但人工智能终将融入日常生活中，并展现独一无二的优势，这些优势包括进一步解放人类的生产力等。因此，全球应当协同合作，共同推进人工智能的健康发展，将可能产生的风险进一步可控化，从而为全人类作出更大的贡献。

四　展望：2024年全球智能互联网趋势预测

　　2024 年全球智能互联网将继续保持快速发展态势，技术创新、应用场景拓展、政策监管将成为智能互联网发展的关键词。在此背景下，企业和个

---

① Deloitte，Now decides next：Insights from the leading edge of generative AI adoption，2024-01，https：//www2. deloitte. com/content/dam/Deloitte/us/Documents/consulting/us-state-of-gen-ai-report. pdf.

人需不断适应变化，抓住机遇，应对挑战，以更好地融入智能互联网时代。Statistics 预计，到 2030 年全球物联网设备的数量将增至近 300 亿台；随着专用 5G 网络的部署与边缘计算的落地，智能互联网的处理速度将发生质的变化。此外，组件成本的不断降低，将进一步推动物联网终端在各行业的大规模部署；到 2025 年，智能家居设备的出货量将达到 18 亿台。[①] 由此可见，智能互联网正在从理论走向落地实践，在人类生产生活的各大方面日益普及，并最终改善基础设施、公共事业和服务，促进智能城市的发展，进而在应对复杂的全球挑战时实现更好的决策和创新。

第一，技术创新持续推进。在智能互联网建设中，技术创新将继续成为推动产业发展的核心动力。以下几项技术将成为关键发展趋势。①网络传输技术：随着 5G、6G 等新一代通信技术的发展，网络传输速度将大幅提升，为智能互联网应用提供更为广阔的空间。②半导体技术：由半导体制成的集成电路或计算机芯片是"现代电子设备的大脑，存储信息并执行逻辑运算，使智能手机、计算机和服务器等设备能够运行"。③智能计算：边缘计算与云计算的融合将使得网络资源分配更为合理，提高整体网络性能。英伟达公司利用人工智能强化学习代理改进了为人工智能系统提供动力的芯片的设计。同样，谷歌利用其语言模型 PaLM，提出了改进同一模型的方法。自我完善的人工智能学习将加速人工智能的进步。④网络安全技术：随着网络攻击手段的不断升级，智能互联网中的网络安全技术将融入人工智能技术，利用更高效的方法保障用户数据和隐私安全。

第二，应用场景不断拓展。在技术创新的推动下，智能互联网的应用场景将不断拓展，深入各个领域。①智能家居生态：随着物联网技术的发展，智能家居将成为智能互联网应用的重要领域，实现家庭设备的互联互通。②智慧城市：借助智能互联网技术，将进一步提高城市管理效率，优化城市各项资源的配置，增强城市在国内甚至国际上的科技、经济、文化竞争力。

---

① Vailshery, L., Internet of Things（IoT）-statistics & facts, statista, 2024-02-13, https://www.statista.com/topics/2637/internet-of-things/#topicOverview.

③智能工业：智能互联网将进一步促进产业转型升级，将人工智能与工业紧密结合，能够提高高技术含量产品的生产效率，降低成本。另外，智能互联网将全方位拓展工业生产领域，完成过去受限的生产任务。④自动驾驶：自动驾驶技术将在 2024 年得到新突破，以智能体为核心实现人工智能的全链路应用。

2022 年最常采用的人工智能用例是服务运营优化（24%），其后是创建基于人工智能的新产品（20%）、客户细分（19%）、客户服务分析（19%）和基于人工智能的新产品增强（19%）。而在人工智能实施后的主要成果上，降低成本（37%）占据首位，其后是改善了项目跨业务/组织的协作能力（34%）。人工智能渗透到社会的多个方面，并已具备不同程度的增益效果。此外，未来最有可能嵌入企业的人工智能能力包括机器人流程自动化（39%）、计算机视觉（34%）、NL 文本理解（33%）和虚拟代理（33%）。①

第三，政策监管逐步完善。在全球范围内，各国政府将逐步加强对智能互联网的监管，确保网络空间的安全与稳定。欧洲的人工智能法案将成为持续的焦点。围绕智能互联网的发展，各国政府主要会从隐私保护、内容审查、网络安全、跨境数据流动等方面制定更为细分且有力的保护政策，不但为了防止数据泄露和滥用，也为了确保网络空间的健康发展，完善信息传播的合规性，使人工智能、物联网、5G 等技术最终构成的智能互联网以人为本，为人所用。

与 PC 革命、互联网热潮类似，这一轮智能互联网浪潮，美国依然一马当先，创新突破持续震动世界，再次证明美国科技创新的底蕴依然深厚。而中国处于被动追赶态势，这也符合自身的特点和历史经验。擅长在主流化阶段后发制人的中国，需要以更大力度加大创新投入，避免差距进一步扩大，同时，立足全球而不仅仅是中国市场，走出 14 亿人思维，立足 80 亿人思

---

① HAI, 2023 AI Index Report, 2023 - 04, https：//aiindex. stanford. edu/wp - content/uploads/2023/04/HAI_ AI-Index-Report_ 2023. pdf.

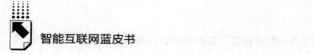

维，才可能后来居上。这是这一轮智能互联网竞赛与 20 世纪 90 年代互联网热潮最大的不同之处。

参考文献

钟祥铭、方兴东：《智能鸿沟：数字鸿沟范式转变》，《现代传播（中国传媒大学学报）》2022 年第 4 期。

钟祥铭、方兴东、顾烨烨：《ChatGPT 的治理挑战与对策研究——智能传播的"科林格里奇困境"与突破路径》，《传媒观察》2023 年第 3 期。

方兴东、钟祥铭：《谷登堡时刻：Sora 背后信息传播的范式转变与变革逻辑》，《现代出版》2024 年第 3 期。

基础篇 ⟩

B.7
2023年5G应用与融合态势分析

杜加懂 周洁 杜斌[*]

摘 要： 2023年，5G已成为数字化的通用目的技术，5G应用呈现百花齐放、千企争春的发展格局。5G应用从初期开放性、创新性探索进入寻求商业闭环、规模性复制的阶段，呈现行业梯次发展、全流程、核心化发展态势。5G应用技术产业体系初步形成，定制化、低价高质成为产业主题。

关键词： 通用目的技术 5G应用 5G融合产业

---

* 杜加懂，中国信息通信研究院5G应用创新中心副主任，高级工程师，主要从事5G应用技术、标准化及产业化推动工作；周洁，中国信息通信研究院技术与标准研究所工程师，主要从事5G行业应用、标准制定及出海政策研究；杜斌，中国信息通信研究院技术与标准研究所，高级工程师，主要从事5G融合终端技术及标准研究工作。

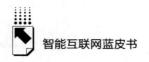

一　5G 成为数字化的通用目的技术，融合构建新质生产力

（一）5G 加速与行业技术融合，构建行业新质生产力

5G 等信息与通信技术（ICT）成为工业 4.0 时代的通用目的技术。通用目的技术是对人类经济社会产生巨大、深远而广泛影响的革命性技术。它具有广泛适用性、强烈互补性和外部性，不但自身能够完善和提升，而且能够促进行业本体技术创新及变革、生产方式转变以及组织管理方式的优化。5G 等 ICT 技术促进通信技术（CT）、信息技术（IT）、数据技术（DT）深度融合，就像工业 1.0 时代的蒸汽机、2.0 时代的电力、3.0 时代的计算机等通用目的技术一样，驱动行业的控制技术、应用技术及管理技术等本体技术变革，构建了行业发展的新质生产力。5G 等 ICT 技术从外围辅助环节向核心生产领域渗透，涌现 5G 云化可编程控制器（Programmable Logic Controller，PLC）、远程岸桥吊、无人矿卡等新型设备及系统，有效地促进了行业朝着数字化、网络化、智能化方向发展。

（二）数字化转型进入窗口期，5G 加速行业数字化基础设施重塑

由于国内外经济环境变化以及工业产业升级新周期的到来，我国进入产业结构优化调整和产业驱动力更迭的关键时期。我国的增长模式正由粗放式向集约化转变，由以传统的投资和劳动力等资源大量投入拉动为主模式转向利用数字化技术提升全要素生产率的模式。5G 作为新一代信息技术与原有技术及产业深度融合，改变和重塑工业原有信息化基础设施，打破层级分明的工业五层架构（现场层、控制层、操作层、管理层、企业层），构建更加扁平化、融合化、全程化的工业信息基础设施，以便促进数据的跨层级、跨环节流通，充分发挥数据的价值。5G 构建的信息化基础设施横向打通了工业的供应链、生产链和营销链，实现供应、研发、生产、产品服务的数据闭

环；纵向实现了工业领域人、机、料、法、环的全面贯通，实现订单、排产、物料、产线的实时联动。目前全国5G行业虚拟专网数量超2.9万个，形成了服务行业的一张"打底网"，有效地加速了行业信息化基础设施的重构，有利于构建全周期、全流程、全产业环节的数据流通环境，推动厂内柔性化、无人化、智能化，厂外供应协同化、服务实时化，促进制造业数字化、绿色化转型升级，全面提升工业发展质量、效率、环保和安全水平。

二 扬帆远航四年，5G应用百花齐放、千企争春

（一）5G应用成绩斐然，呈现量质齐升的良好态势

2023年是5G应用"扬帆"行动计划（2021～2023年）的收官之年，5G应用呈现门类、数量、主体、范围、价值"五提升"的发展态势。我国5G应用已融入97个国民经济大类中的71个，占比超七成。[①] 2018年以来，工业和信息化部连续举办"绽放杯"5G应用征集大赛。2023年第六届"绽放杯"5G应用征集大赛的数据显示[②]，在行业门类方面，智慧城市、工业互联网、医疗、教育、能源、文化旅游等居于前列。在应用数量方面，我国5G应用案例数超9.4万个，第六届"绽放杯"5G应用征集大赛项目数达到45728个，与2022年相比，增速达到60%以上。在应用主体方面，5G应用涉及的企事业单位数量近30000家，第六届"绽放杯"5G应用征集大赛参评企业达到16000余家（见图1），包括2149家医疗机构、6948家工厂企业、691家采矿企业、547家电力企业。在覆盖范围方面，5G应用覆盖32个省（区、市）和香港特别行政区、澳门特别行政区，并首次实现了所有地市的覆盖。在应用价值方面，5G为各行各业高质量发展带来明显的经济

---

① 《2023年5G直接带动中国经济总产出预计达1.86万亿元》，中国新闻网，2024年1月19日，https：//www.chinanews.com.cn/cj/2024/01-19/10149198.shtml。

② 《5G应用创新发展白皮书——2023年第六届"绽放杯"5G应用征集大赛洞察》，2024年1月3日，http：//221.179.172.81/images/20240103/2241704245701785.pdf。

效益和社会价值。在煤矿行业，借助 5G 技术实现矿区机器替人，现场作业人员平均减少至少 30%。在电力行业，依托 5G 提升光伏消纳能力，浙江一省预计每年可减少约 1340 万吨二氧化碳。

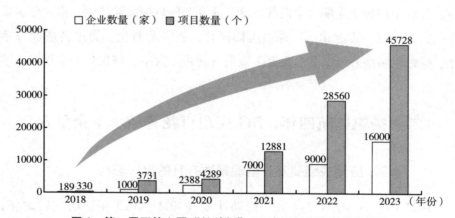

图 1　第一届至第六届"绽放杯"5G 应用征集大赛参赛情况

资料来源：中国信通院历年"绽放杯"5G 应用征集大赛所有参赛项目数据。

（二）5G 应用商业价值初显，牵引数字化成为运营商第二增长曲线

商用 5 年来，5G 用户普及率稳步提升，商业价值日益彰显。截至 2023 年底，我国 5G 移动电话用户达到 8.05 亿户，占移动电话用户的 46.6%，全年移动互联网月户均流量（DOU）达 16.85GB/（户·月）。[①] 在营收方面，To C（To Customer，指面向个体消费者）业务虽仍是运营商业务的主流，占比在 70% 左右，但由于平均每用户收入（ARPU）值变化不大，呈现总体增速放缓、占比下降的趋势。截至 2023 年第三季度，中国移动 ARPU 为 51.2 元，同比增长 1%，中国电信 ARPU 为 45.6 元，同比增长 0.2%，中国联通 ARPU 达到 44.3 元。[②] 而在 To B（To Business，指面向企业或特定用

[①] 《2023 年通信业统计公报》，2024 年 1 月 24 日，https：//www.gov.cn/lianbo/bumen/202401/content_ 6928019. htm。

[②] 《三大运营商三季报出炉》，21 经济网，2023 年 10 月 26 日，https：//www.21jingji.com/article/20231026/1ff0d48a8a2c167bad1a8fddf477847d. html。

户群体）领域，三大运营商持续在产业数字化方面发力，5G 成为运营商向
行业拓展的名片。从 2023 年前三季度的财报来看①，三大运营商共实现产
业数字化营收 2407.31 亿元，增长率都达到 13%以上，成为营收增长的第二
曲线。中国电信以"网络+云计算+AI+应用"推动千行百业"上云用数赋
智"，促进数字技术和实体经济深度融合，产业数字化业务收入达到 997.41
亿元，同比增长 16.5%。中国移动强化"网+云+DICT"一体化拓展，充分
发挥云网资源禀赋优势，保持强劲增收动能，DICT 业务收入为 866 亿元，
同比增长 26.4%。中国联通开启行业军团模式，面向重点垂直行业成立 16
个行业十八大军团，探索形成"快速集结精锐资源、集中力量重点突破"
的发展路径。5G 行业应用项目累计超过 2 万个，5G 虚拟专网累计服务客户
超过 8009 个，产业数字化业务实现收入 606.9 亿元，占主营业务收入比重
达到 24%。

（三）5G 开启出海新征程，向全球讲好中国故事

我国 5G 应用整体发展处于国际领先梯队，依托在国内形成的良好经验
走向国外。"绽放杯"5G 应用征集大赛连续两年开设国际赛道，第六届大
赛国际专题邀请赛共收到来自南非、法国、俄罗斯、印尼、沙特、新加坡、
日本、柬埔寨和澳大利亚等 23 个国家和地区的共计 126 个参赛项目。

中国的 5G 应用解决方案商积极拓展海外市场。中国联通的 5G+智能矿
山解决方案应用到俄罗斯诺永达拉果露天矿区，基于 5G 网络实现露天矿生
产的智能化监测，打造少人无人化开采。中国移动为宁德时代的德国工厂打
造 OneCyber 5G 专网运营平台，该平台下沉部署至德国图林根州，助力宁德

---

① 《中国电信股份有限公司 2023 年第三季度报告》，第 9 页，2023 年 10 月 21，https：//
file. finance. sina. com. cn/211. 154. 219. 97：9494/MRGG/CNSESH_ STOCK/2023/2023 - 10/
2023-10-21/9580204. PDF；《中国移动有限公司 2023 年第三季度报告》，第 9 页，2023 年
10 月 21 日，https：//file. finance. sina. com. cn/211. 154. 219. 97：9494/MRGG/CNSESH_
STOCK/2023/2023-10/2023-10-21/9580251. PDF；《中国联合网络通信股份有限公司 2023
年第三季度报告》，第 4 页，2023 年 10 月 25 日，https：//file. finance. sina. com. cn/211.
154. 219. 97：9494/MRGG/CNSESH_ STOCK/2023/2023-10/2023-10-25/9587353. PDF。

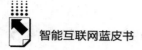

时代实现国际 5G 专网运营管理。基于 5G 网络建设、5G 应用推广等经验，我国与阿联酋、柬埔寨、孟加拉国、马来西亚等国政府合作，共同开展 5G 发展研究，实现中国 5G 经验交流及出海。中国信通院联合阿联酋电信和数字政府监管局、哈利法大学、阿联酋信息通信技术创新中心共同编写《阿联酋 5G 助力垂直行业数字化转型白皮书》，向阿联酋方分享 5G 应用推进经验，推动阿联酋数字化转型。另外，针对柬埔寨、孟加拉国等发展 5G 过程中的问题，中国信通院与其共同开展 5G 应用调研及交流，帮助提升信息通信技术能力，推动中国 5G 经验走向世界。

三　5G 应用呈现行业梯次发展、全流程、核心化发展态势

（一）5G 应用呈现行业梯次发展、从行业龙头向中小企业拓展态势

5G 应用的拓展呈现"行业—企业"双渗透的发展格局。行业层面，5G 从成熟行业走向新兴行业、从垂直大类走向细分集群。从传统工业、医疗、文旅等成熟行业，到海洋、低空、农业等领域，涌现了一批优质的 5G 项目，如江苏南通的"5G 助力海上风电场智能高效化运维"、内蒙古的"5G 赋能祖国边境银根苏木高质量发展"等。成熟行业中的 5G 应用逐步深入，覆盖的细分子行业越来越多，比如从传统钢铁、家电制造等大行业，渗透到纺织、零部件制造等细分行业，从传统的医院向中药制造等领域拓展。

在企业层面，5G 应用从头部向腰部渗透、从单企业向集群企业园区探索。之前，5G 应用中行业头部企业的占比很高，在煤矿、港口，龙头企业的项目占比超过了 70%。2023 年，三大运营商重视行业腰部及以下企业的 5G 渗透，积极探索服务中小企业的模式。考虑到中小企业都以集群园区为主，买单能力较弱，运营商探索共享+分成的多种商业模式和策略。在服务企业方面，5G 应用"芝麻开花节节高"，5G 服务的企业数量逐年递增。

（二）5G应用从外围、单环节、点状部署，向核心、全流程、整体化应用方向发展

5G行业应用呈现"外围向核心、单环节向全流程、点状部署到片状应用"发展态势。一是5G应用从外围辅助逐渐向核心生产拓展。以工业领域为例，5G应用从机器视觉质量检测、现场辅助装配、无人智能巡检等辅助环节可复制场景逐步向5G云化PLC、5G无人驾驶、5G协同控制等核心控制环节渗透，如上海施耐德的5G PLC项目。二是5G应用从单环节向全流程拓展。以电力领域为例，5G应用从输送环节延伸到发、输、变、配、用各个环节。在工业领域，5G应用从质检、运维管理环节向研发设计、生产制造、产品服务等全环节覆盖。5G融入行业原有系统，在节能减排、安全生产、提质降本等方面显示较高的商业价值。三是5G应用从点状部署向片状应用扩展。以格力工厂为例，2021年，格力工厂以5G点状试点为主，落地5G+机器视觉、5G+AGV（自动导引车）、5G+VR（虚拟现实）远程指导等应用场景；2023年，格力工厂的5G应用贯穿家电生产全流程，覆盖原料质检、原料上线、成品组装、成品质检、成品仓储、园区管理等6大核心工序、25个应用场景。

（三）5G应用场景从遍地开花探索，向高价值、核心化方向发展

5G与我国各个经济门类中不同细分行业、同行业不同环节都实现了融合创新，融合应用场景繁多，融合程度有深有浅。不同场景对于应用的实施方案需求差异较大，例如在电力行业，5G融合应用覆盖电力发、输、变、配、用五大环节的50多种业务场景，各类应用的关键技术、特征及需求差异化明显，应用需求离散化严重。经过前期无差别、开放性的探索，运营商和行业从创新思维转向更加聚焦于5G应用带来的商业价值。因此，5G应用场景从前期遍地开花逐渐转为聚焦，初步呈现两大发展趋势。一是聚焦高价值场景，实现商业快速变现。主要是经过前期探索可以形成商业闭环的应用场景，如5G+AGV、5G+机器视觉等。二是渗透到重点行业的核心生产环节，给行业带来价值增长，为行业智能化生产提供新型手段，如5G矿山远程掘进、5G无人驾驶等。

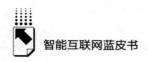
四 5G 融合技术产业体系初步形成，
形成数智发展新空间

（一）5G 构建全链条的融合产业空间，定制化、低价高质成为产业主题

5G 应用规模化发展推动我国面向消费市场的 5G 产业衍生出面向行业的 5G 融合技术产业，构建"共性与个性并存、通用和定制协同"5G 产业体系，已初步形成以 5G 行业终端、网络、应用解决方案为代表的全链条 5G 融合产业体系。

在 5G 行业终端方面，GSA 统计数据显示，截至 2023 年底，全球共发布 5G 终端 2358 款，其中手机 1255 款，客户终端前置设备（CPE）308 款，模组 243 款，工业网关/路由器 179 款①。随着《工业和信息化部办公厅关于推进 5G 轻量化（RedCap）技术演进和应用创新发展的通知》出台，5G RedCap 产品进入市场，轻量化模组开始抢占物联网等场景市场，5G 融合终端的类型更加丰富，行业终端的价格也由千元级下探到百元级。

在 5G 网络方面，我国 5G 行业虚拟专网构建了行业信息化的基础网络，从"补充网"向"打底网"转变。5G 行业虚拟专网数以每年 5000 张的增幅高速扩充，2023 年底达到 2.9 万张。在网络产品方面，5G 原有大容量、功能齐全、通用化的网络设备向低容量、定制化、高性价比的行业定制化设备转变，轻量化 5G 核心网、定制化基站（如矿山行业的 5G 隔爆基站、电力行业的 5G 高精度授时基站等）、行业定制化边缘计算、对外能力服务平台等已实现商用部署。

在 5G 应用解决方案方面，从简单的 5G 连接服务向"5G+AI+算力"端到端的整体解决方案模式转变，形成通用解决方案和定制解决方案并行发展

---

① 5G – Ecosystem January 2024 Summary, Global Mobile Suppliers Association, https://gsacom.com/paper/5g-ecosystem-january-2024-summary/。

的态势。5G+数采、5G+AGV、5G+视频监控等通用解决方案已在多行业复制，工业领域 5G+云化 PLC、5G+柔性产线等，采矿领域 5G+远程掘进、5G+智能综采等行业定制解决方案在工业、矿山、电力、医疗、港口等先导行业实现小规模商用。供给侧涌现一批 5G 应用解决方案供应商。在第一批 5G 应用解决方案供应商征集工作中，有 201 家供应商参与申报，覆盖 23 个省、自治区及直辖市。

（二）5G 应用解决方案成为跨界融合的价值彰显点，场景化、标品化成为未来发展趋势

从"绽放杯"数据分析来看，各领域 5G 应用落地成效有所提升，2023 年实现"商业落地"和"解决方案可复制"的项目数量占比超六成①。5G 应用解决方案已经成为 5G 与行业融合的契合点，是 5G 与原有行业系统横向、纵向的集成以及各个子系统之间的融合点。但是由于每个行业业务和系统具有很大的差异性，解决方案需要根据不同的行业、不同的企业需求定制化研发和部署，成本较高。单个行业市场规模小、渗透部署周期长，导致解决方案必须走场景化、标品化路线，这样才能节省研发成本，形成较大"碎片化"规模市场。面对参差不齐的各类解决方案，由于缺乏统一的成熟度评价标准，行业用户面临方案选择难的问题。

为解决 5G 应用解决方案研发投入成本高、选择难等系列问题，5G 应用产业方阵联合产业界共同开展《十大 5G 应用解决方案部署指南》研究，梳理应用价值高、具备规模化复制推广条件的 5G 应用解决方案，助力供给侧集中研发力量，降低研发成本，同时还推出 5G 应用解决方案成熟度评估体系，为用户提供客观、真实、可靠的选择依据，助力成熟 5G 应用解决方案的规模复制推广。

---

① 《5G 应用创新发展白皮书——2023 年第六届"绽放杯"5G 应用征集大赛洞察》，2024 年 1 月 3 日，2241704245701785. pdf。

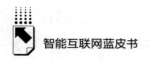

五 5G 应用规模化，聚焦商业可行性、系统化、协同化推进

中国 5G 商用以来，5G 应用已从初期开放性、创新性探索转向寻求商业闭环、规模性复制。但是受 5G 融合成本较高、市场碎片化、商业价值彰显度不够等因素的限制，5G 应用仍处于爬坡过坎期，需要供给侧和需求侧"双向奔赴"，在需求侧持续拓展 5G 融合的广度和深度，在供给侧降低成本，建立高价值供给体系。

需求侧一方面需要推动 5G 与新型工业化融合，构建新质生产力，以 5G 为切入点，实现 5G、人工智能等新一代信息技术与行业原有基础设施融合，打造新型信息化基础设施，实现在"一张网、一片云"上构建本行业各企业的信息化系统，破除传统点状更新、系统化推动缓慢的痛点，使得行业未来能够享受信息化技术周期更新变革的红利。另一方面，要加快 5G 与行业核心系统以及全流程的融合，实现企业全流程、全周期的数据流通，聚焦高价值、核心场景应用，分行业形成可以规模复制的典型应用模板库和标准化解决方案，通过行业龙头向中小企业渗透。

供给侧要解决 5G 与行业系统深度融合问题，从补丁式融合转向嵌入式融合，带动行业核心理论（如控制理论等）和行业装备的革新，实现行业原有系统升级，向远程化、无人化、智能化方向演进。另外，需要构建低成本、高质量的供给体系，持续推动 5G RedCap 技术、行业轻量化设备等方式，降低 5G 使用成本。通过总结聚焦高价值应用场景，在重点行业形成通用型及定制化、标准化、平台化的解决方案，实现底座复用、部分定制的模式，通过形成行业标准等方式来聚拢碎片化市场，实现 5G 应用的规模化推广。

参考文献

工信部等十部门：《5G 应用"扬帆"行动计划（2021-2023 年）》，2021 年。

中国信息通信研究院、5G 应用产业方阵（5GAIA）和 IMT-2020（5G）推进组：《5G 应用创新发展白皮书——2023 年第六届"绽放杯"5G 应用征集大赛洞察》，2023 年。

B.8
2023年人工智能大模型发展态势
及挑战应对

刘乃榕*

摘　要： 2023年，人工智能大模型在关键要素突破、市场规模增长、垂直领域应用落地、产业政策支持等方面都取得了显著成就。大模型能力不断提升，推动人工智能技术、服务和人类生产力水平向前所未有的高度发展。然而，我国大模型发展仍面临基础积累不足、产业生态不完善、安全可控性亟待加强等问题。建议从夯实发展基座、加强政策扶持、倡导科技向善等方面，营造人工智能大模型发展的良好生态。

关键词： 人工智能大模型　算力　产业生态　科技伦理

在技术进步、资本投入、市场需求和政策支持的有力推动下，全球人工智能大模型及相关领域呈现蓬勃的发展势头，实现了从概念验证到实际应用的巨大飞跃。2023年是我国实施"十四五"规划承上启下的关键之年，我国大模型不仅在技术水平、规模数量上加速赶超国际先进水平，也在产业应用方面展现广泛的融合与赋能潜力。我国大模型行业正迈向智能化、集成化和生态化的高质量发展新阶段。

一　2023年人工智能大模型发展概况

2023年，人工智能大模型实现了跨越式发展，复杂语义理解、内容高

---

* 刘乃榕，博士，传播内容认知全国重点实验室助理研究员，研究方向为主流价值计算。

质量生成、人类价值对齐等能力得到显著提升，算法、数据、算力等关键要素均取得重要突破，随着资本涌入和研发端、应用端的积极投入，市场规模也呈现爆炸式增长，大模型广泛赋能传媒、金融、生活服务等多行业的数智化转型升级。面对大模型飞速发展带来的机遇和挑战，多国政府采取扶持与监管并重的策略，推动大模型产业健康发展。

（一）关键要素取得重要突破

2023年大模型实现了跨越式发展，算法、数据、算力三大关键要素通过前期的积累与技术突破，为生成式人工智能的飞跃发展奠定了坚实基础。

在算法方面，Transformer架构[1]、GPT系列[2]实现快速迭代优化，BERT[3]等预训练模型的微调和迁移学习技术不断进步。这些算法通过引入更高效的参数调整、更深层次的语义理解和更精细的上下文捕捉能力，显著提升了大模型的生成质量和处理速度。

在数据方面，数据质量、规模、多样性等方面的进步，提升了大模型的知识、理解和推理能力。例如，2023年9月智源研究院发布的MTP数据集旨在解决中文模型训练数据集缺乏的问题，是面向中英文语义向量模型训练的大规模文本对数据集，数据规模达到3亿对。[4]

在算力方面，高性能AI芯片和AI计算集群的推出，如基于Hopper架构的英伟达（NVIDIA）H100和H200 AI加速卡以及华为的昇腾AI计算集群等，为大规模预训练模型提供了重要算力支撑。GPU、FPGA、NPU、TPU等不同技术路线的芯片齐头并进，训练算力达到以往的10~100倍。云边端算力的多

---

① Vaswani, A., Shazeer, N., Parmar, N., et al., Attention is all you need. Proceedings of 31st International Conference on Neural Information Processing Systems, NIPS 2017.

② Radford, A., Narasimhan, K., Salimans, T., and Sutskever, I., Improving language understanding by generative pre-training, OpenAI Blog, 2018.

③ Devlin, J., Chang, M. -W., Lee, K., and Toutanova, K., Bert: Pre-training of deep bidirectional transformers for language understanding, arXiv preprint arXiv: 1810.04805, 2018.

④ 北京市科学技术委员会：《智源研究院发布全球最大中英文向量模型训练数据集》，2023年9月，https://kw.beijing.gov.cn/art/2023/9/20/art_1136_647768.html。

样化配置为大模型提供了灵活的计算支持。AI 计算集群持续提高算力资源利用率，提升数据存储和处理能力，加速提升了大模型训练和推理效率。

在算法、数据和算力的共同突破与加持下，GPT-3.5 等大语言模型，Stable Diffusion、DALL-E3 等视觉生成模型，以及 GPT-4、PaLM-E 等多模态模型纷纷问世。随着架构的优化迭代，模型的参数规模也呈现指数级上升，模型能力实现了质的飞跃。以 GPT 系列模型为例，2020 年发布的 GPT-3 参数规模达 1750 亿，而于 2023 年发布的 GPT-4 参数规模达到了 1.8 万亿。[①] 此外，2023 年上半年以来，大模型开始探索外部插件与基础模型的集成模式，以灵活适应搜索、数据处理等多种应用场景，丰富了功能的扩展与定制。

（二）市场规模迎来爆发式增长

2023 年，全球大模型研发主体和用户数量急速攀升，大量资本纷纷涌入，市场持续火爆。

从模型数量看，截至 2023 年 7 月底，国外大模型发布数量累计达 138 个。[②] 受 ChatGPT 驱动，国产大模型也呈现爆发式增长态势，截至 2023 年 10 月，我国拥有 10 亿参数规模以上大模型的机构共计 254 家，[③] 研发主体广泛分布在互联网、独角兽、传统大数据系统开发等科技企业以及高校、科研机构等。

从用户规模看，2023 年 1 月，ChatGPT 发布仅两个月，其线上活跃用户规模超 1 亿人，[④] 截至 2023 年 11 月，ChatGPT 周活跃用户数仍保持在 1 亿

① 都芃：《这一年，我们力促人工智能行稳致远》，中国科技网，2023 年 12 月，http://www.stdaily.com/index/kejixinwen/202312/996acb7e2a4b44ec9f66968f3bff2ddc.shtml。
② 赛迪顾问：《2023 大模型现状调查报告》，2023 年 8 月，https://baijiahao.baidu.com/s? id=1775063259580702525&wfr=spider&for=pc。
③ 北京市科学技术委员会、中关村科技园区管理委员会：《北京市人工智能行业大模型创新应用白皮书（2023 年）》，2023 年 11 月，https://www.beijing.gov.cn/ywdt/gzdt/202311/t20231129_3321720.html。
④ 《透视"风口"，把脉 ChatGPT》，新华网，2023 年 2 月，http://www.xinhuanet.com/mrdx/2023-02/17/c_1310698281.htm。

人以上。[①] 国内大模型市场同样繁荣，2023 年 8 月，文心一言面向公众开放，到 2023 年 12 月底其用户规模已突破 1 亿。[②]

从市场规模看，大模型的技术突破创造出了新的商业模式和商业机会，吸引大量资本涌入市场。2023 年上半年，全球 AIGC（Artificial Intelligence Generated Content）企业融资规模达到了 1000 亿元人民币，相比 2022 年的 96 亿元人民币有了显著增长。[③] 在美国，2022 年，硅谷的风投资本向生成式 AI 公司共投入 13.7 亿美元，2023 年则飙升到 21 亿美元。[④] 在我国，2023 年大模型市场规模为 50 亿元人民币，预期 2024 年市场规模将持续大幅增长，达到 120 亿元人民币。[⑤]

（三）垂直领域加速应用落地

2023 年，从对大模型的概念认知到落地应用，充分表明大模型的研发与革新日益得到业界认可。全球范围内，美中两国主导着大模型领域的发展，中国在基础大模型方面奋力追赶，在产业应用层面则展现出了更强的势头。

从大模型业态模式来看，一类是面向 C 端用户（Consumer），提供图文生成、音视频生成、虚拟人生成等多模态产品；另一类是面向 B 端企业客户（Business），提供基于特定领域的专业服务。目前，相关大模型应用已率先在互联网与高科技、传媒、金融和专业服务等知识密集型行业中崭露头角，为产品设计、市场营销、投研项目、客户服务、风控合规等多个

① 《OpenAI 宣布 ChatGPT 周活跃用户破亿》，《北京商报》2023 年 11 月，https：//baijiahao. baidu. com/s？id＝1781869243672899720&wfr＝spider&for＝pc。
② 郑新钰：《百度文心一言用户数破 1 亿 专业版用户开测智能体模式》，人民网，2024 年 1 月，http：//paper. people. com. cn/zgcsb/html/2024-01/15/content_ 26037244. htm。
③ 《AI 企业集体赴港 IPO 背后：普遍亏损，抢抓行业风口期》，证券时报网，2023 年 7 月，https：//www. stcn. com/article/detail/924361. html。
④ 中国质量认证中心、中关村智用人工智能研究院：《产业大模型应用白皮书》，2023 年 12 月，http：//www. aizgc. org. cn/node/377。
⑤ 爱分析：《中国大模型市场商业化进展研究报告》，2023 年 10 月，https：//baijiahao. baidu. com/s？id＝1779980363491911763&wfr＝spider&for＝pc。

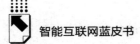

领域提供了新动能。例如，文心一言能够依据指令撰写产品策划，Sora能够根据文案自动生成惟妙惟肖的视频内容。在当前数字化程度不高的农业、材料、建筑业、能源等传统行业，尽管大模型落地相对滞后，但利用大模型技术积极探索智能化转型途径的进程始终在推进。例如，农业领域正在尝试使用大模型进行作物病虫害预测和精准农业管理，建筑业积极探索如何利用大模型优化建筑设计和施工流程。随着大模型技术生态的逐步完善，行业应用门槛的持续降低，未来大模型的进步性价值必将在更广泛的行业领域显现，有效赋能生产质量与效率变革，推动数字经济高质量发展。

（四）产业政策扶持监管并举

在全球进入大模型时代的窗口期，许多国家纷纷出台产业政策，在大模型落地过程中因势利导，全面统筹，以期在全球科技竞赛中获得优势。与此同时，为应对大模型快速发展带来的潜在风险和挑战，生成式人工智能治理也成为全球共同的紧迫议题。

在国际层面，国际组织和各国政府从人工智能伦理准则等基本共识出发，逐步深入推动大模型政策法规监管和产业发展实践落地。2023年11月，中国、美国、英国等28个国家和欧盟共同签署了《布莱切利宣言》，通过国际伦理和相关倡议促进合作，共同应对人工智能风险。[①] 2023年12月，联合国高级别人工智能咨询机构发布临时报告《为人类治理人工智能》，将包容性、公共利益等伦理原则作为设立人工智能国际治理机构的指导原则。[②]

2023年6月，欧盟发布《人工智能法案》，提出根据人工智能系统对人的健康、安全和基本权利构成的风险程度对其进行监管。[③] 相较而言，美国

---

① 《首个全球性AI声明：中国等28国、欧盟签署〈布莱切利宣言〉》，环球网，2023年11月，https：//baijiahao.baidu.com/s？id=1781452710017612000&wfr=spider&for=pc。
② 联合国高级别人工智能咨询机构：《为人类治理人工智能》，2023年12月，https：//www.un.org/zh/node/210870。
③ 吕归亚：《AI欧盟法案如何平衡监管与发展》，《环球时报》2023年12月，https：//baijiahao.baidu.com/s？id=1785212859799423460&wfr=spider&for=pc。

的政策更侧重于服务人工智能及相关联动行业的发展。2023 年 5 月，白宫发布《国家人工智能研发战略计划》，鼓励在控制安全风险的前提下，持续探索创新，促进研发投资，鼓励人才培养和产业合作。2023 年 10 月，美国总统拜登签署人工智能行政令，旨在加强监管，发展可信赖的人工智能。亚太地区多国也在积极制定和推动国家人工智能战略。韩国政府重视人工智能基础设施和产业生态建设，积极推动应用落地；日本政府通过向企业提供资金补助，推进高算力基础设施的建设等。[1]

我国政府不断加大对生成式人工智能研究的支持力度，在监管方面主张"包容审慎"原则，领先出台了规范和扶持人工智能产业健康发展的系列政策，在监管的同时给予最大限度的发展空间。2023 年 7 月，国家网信办等七部门联合发布《生成式人工智能服务管理暂行办法》，鼓励生成式 AI 技术在各行业、各领域的创新应用，生成积极健康的优质内容，探索优化应用场景，构建应用生态体系。[2] 地方政府也先后出台政策鼓励大模型产业应用。北京[3]、上海发布促进人工智能创新发展的相关措施等文件，对大模型未来发展和应用提出了明确目标与规划。深圳计划搭建全市公共数据开放运营平台，建立多模态公共数据集，打造高质量中文语料数据，优化大模型数据要素供给。

二 2023年人工智能大模型发展特点

2023 年，人工智能大模型的发展为人类社会带来巨大变革和机遇。一是大模型实现智能跃迁，推动人工智能技术向更高层次发展。二是全新的生产传播模式和商业服务生态正在形成，生成即传播，模型即服务。三是大模

---

[1] IDC、浪潮：《2023-2024 年中国人工智能计算力发展评估报告》，2023 人工智能计算大会（AICC），2023 年 11 月，https：//www.aicconf.net/。

[2] 国家互联网信息办公室等七部门：《生成式人工智能服务管理暂行办法》，2023 年 7 月，http：//www.cac.gov.cn/2023-07/13/c_1690898327029107.htm。

[3] 北京市人民政府：《北京市促进通用人工智能创新发展的若干措施》，2023 年 5 月，https：//www.beijing.gov.cn/zhengce/gfxwj/202305/t20230530_3116869.html。

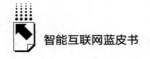
型的泛在赋能带来了人机关系的变革，人工智能从工具变为与人类共生共创的智慧伙伴。

（一）智能跃迁：向 AGI 时代进发

大模型拥有传统深度学习所不具备的迁移学习能力和通用性，涌现推理、思维链等人类智慧，并灵活应用到跨领域的任务中。这种由感知智能向认知智能转变的巨大跃迁，加速了通用人工智能（Artificial General Intelligence，AGI）时代的到来。

大模型作为通用人工智能技术的重要探索，一是涌现了与人类智能相媲美的综合智能能力。这种能力使大模型能够在没有明确编程的情况下，通过学习数据中的模式和结构，自主地完成知识储备、内容理解、内容生成、指令遵循、价值对齐等任务，甚至在某些情况下，创造出前所未有的解决方案，这些是传统编程难以实现的。二是具备了通用技术所必需的泛化能力，使大模型能够从大量数据中学习知识，灵活地应用到新情境和多样化的任务中，打破了传统人工智能系统在特定任务上的局限，展现出跨领域的通用应用潜力。大模型作为构建新应用生态和用户接口的核心技术，可以通过接口调用帮助不同领域的企业快速集成智能化功能，而无须从头开始研发复杂的AI系统。这些显著的进步为人工智能迈向通用智能时代铺平了道路。

（二）全新生态：生成即传播，模型即服务

在大模型技术的加持下，传统的信息传播和商业服务模式得以重塑，催生了生成即传播、模型即服务的全新生态，极大压缩了从生产到消费的周期。

大模型技术变革了信息传播方式，通过实时产生并向用户一对一传递信息，实现了信息生产与传播的一体化整合。"生成即传播"标志着信息传递从传统的"集中式、自上而下"转变为"去中心化、定制化"的智能传播。大模型基于大数据，通过深度学习，能够跨越地域、时间和语言界限，精准匹配用户内容需求。在这种新模式下，信息的生产成本和传播门槛大幅降低，信息传播的针对性和有效性大幅增强，极大地提升和扩大了信息的传播

效率和覆盖范围。

大模型作为一种新型生产要素，也在改变着传统的商业模式。基于"模型即服务"（Model as a Service，MaaS）的核心理念，将模型设计、开发、部署、运行和管理的全生命周期封装为一种服务，使企业能够按需调用AI能力，快速集成到自己的业务流程中。这种模式有效降低了技术门槛，使创新应用和市场响应变得更加便捷和高效。MaaS模式体现了AI服务的民主化，使中小企业和初创公司也能够享受到AI带来的红利；同时也促进了跨行业跨领域的知识与资源共享，加速了新的合作模式与生态系统的形成，为社会发展提供了不竭的创新动力。

（三）人机关系：共生共创，智慧协同

大模型的快速发展使人工智能的生产力被充分激发，将人类从单一的"工具使用者"转变为拥有无限创造力的"超级生产者"。在这一过程中，人工智能从技术"工具"进化为人类的"伙伴"，带来了新的人机关系的嬗变。

不同于早期人工智能仅能提供较为固定的功能与服务，新一代人工智能不仅能提供更高级的定制化服务，还能追随人类的需求不断学习进步。人工智能助手通过与人类的紧密协作来实现共同目标，大模型可以在信息收集、筛选、整合、推理等流程中，帮助节省大量人力资源，也可以通过分析个体和团队的行为与结果等数据，提供针对性的建议与反馈，帮助提升决策能力，优化工作模式与效率。这使得个体对于大模型的信任程度增加，并将其应用于工作任务的全流程中，进而为大模型拓展功能场景创造了更多机会。随着AGI进程演化，人机协作关系也将步入共生共创的全新阶段。

三　我国人工智能大模型发展面临的问题与挑战

当前，我国人工智能大模型发展面临着人工智能基础积累不足、产业应用生态尚不完善、大模型风险问题日益突出、安全可控性亟待加强等一系列问题与挑战。

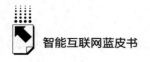

（一）人工智能基础积累不足

算力是大模型发展的重要基础。当前我国算力资源总量不足、地域分布不均，在资源利用与配置、能耗与成本控制等方面面临多重挑战。高性能AI芯片的供应紧张，国产芯片的性能差距，加剧了算力资源的紧张局面；AI芯片架构多样性导致评测标准不一，增加了算力效能的评估难度；地域经济政策差异则可能导致算力过剩或短缺，影响AI区域发展；算力的高能耗和高成本也制约了资源的可持续利用。

数据是大模型的知识源泉。当前，我国大模型发展面临优质数据稀缺、行业数据供给不足等问题。一是互联网中文数据稀缺，数据质量参差不齐，导致有效数据匮乏；二是高质量数据的清洗和标注工作烦琐且成本高，导致数据供给不足；三是行业数据，特别是在医疗、金融等敏感领域，数据壁垒和隐私保护等问题限制了数据共享，专业领域数据获取困难制约了大模型在特定场景的精准迭代。

基础研发是大模型的创新引擎。尽管我国大模型研发取得了一定进展，但与国际领先水平相比，总体仍处于跟跑状态，关键核心技术有待进一步突破。目前，国产大模型多依赖于国外架构，自主研发的底层框架生态建设尚不成熟；国产大模型更多集中在应用的适配和产业化，创新性和革命性的理论研究不足；产研结合能力不足，研究成果的应用转化存在多维困境；人工智能领域的人才培养尚处于起步阶段，前沿理论和关键共性技术兼备的高端复合型人才相对匮乏。

（二）产业应用生态尚不完善

我国大模型发展在深度应用、生态协同、商业化探索等方面均存在不同程度的困难。一是应用深度和广度不足。实际落地过程中缺乏针对性的优化与调整策略，致使大模型在特定行业和场景下的应用效果不够理想。二是生态协同效应不足。大模型产业的生态构建需要政产学研等多方面的协同合作，而当前这些主体之间的合作机制尚未完全建立，不同行业间的信息孤岛、利益分配不均等问题仍然存在，影响了大模型技术的快速迭代和应用推广。三是商业模式探索不足。一方面，大模型的研发和维护成本高昂，而市场对于大模型服务的支付意愿和支付能力有限，限制了企业的盈利空间和再投入，也使中小企业难以入局，影响整个产业的创新活力和竞争格局。另一方面，大模型技术的商业化路径不明确，企业在将技术优势转化为可持续的商业价值方面面临重大挑战。

（三）安全可控性亟待加强

随着大模型的广泛应用，其风险问题也逐渐凸显，训练安全可控、可信赖的大模型成为人工智能健康发展的当务之急。数据规模的急剧扩大、模型参数配置复杂性以及工程实施难度的增加，放大了人工智能固有的算法缺陷和技术风险。例如，加剧数据泄露、知识侵权、技术滥用等安全问题；大模型的透明度局限性使模型输出结果难以预测和解释，引发"幻觉"问题；模型在遭遇诱导、干扰和蓄意攻击时的稳定性、鲁棒性问题等。其中，生成式人工智能模型可能生成虚假、误导、违法违规等内容，必须对由此产生的不良价值导向风险给予高度重视。此外，大模型重构人机关系可能引发科技伦理失范，其强大的任务处理能力和拟人化服务容易使人类产生思维和情感依赖，使人逐渐丧失主体性而被机器所支配。

四　推进我国人工智能大模型发展的对策建议

推进我国人工智能大模型健康有序发展，可以通过加强算力统筹、数据整合和自主创新，补齐要素短板，构筑核心优势；通过政策扶持，优化发展环境和发展路径，激发各主体创新活力；通过倡导科技向善，确保 AI 发展符合伦理规范，构建负责任的人工智能生态。

（一）要素驱动：夯实大模型发展基座

针对我国大模型基础积累方面存在的问题，可以从算力数据的统筹整合、算法研究的自主创新等方面加以应对与完善。首先，在算力统筹方面，加快构建智能芯片标准化评测认证体系，全面推进以智算中心、超算中心等为代表的算力基础设施建设，打造算力集群。积极构建普惠化算力体系，通过全国算力资源的统筹调度和优化配置，降低中小企业和科研机构的算力使用成本。积极发展绿色算力，推动构建高效、可持续的数字未来。其次，在数据整合方面，当前数据分散在各行业机构中，数据的版权分享机制尚未形成，需要探索在保障安全基础之上的开放合作的体制机制，着力打造一批提升通用大模型知识储备的高质量中文语料数据集、提升垂直领域服务专业性的多模态公共数据集等优质语料库。最后，在基础研发方面，应坚持完善人才体系建设，吸纳高端领军人才及跨领域复合型人才，培养具有深厚理论基础和实践经验的大模型专家与技术骨干。坚持基础研究攻关与应用生态建设并重，从基础理论、算法研究到平台建设、场景应用等方面，打造有深度、广度的大模型技术创新网络。凝聚政产学研各界力量，加强跨界融合与通盘规划，实现政策指引、需求牵引、理论产出、技术攻关、成果转化的全链路高效协同。

（二）政策扶持：营造良好产业生态

当前我国大模型及相关产业正值高速发展的黄金期，应充分发挥新型举国体制优势，强化国家战略科技力量，通过自上而下的顶层设计和系统规划，为构建具有全球竞争力的大模型产业生态注入强劲动力。一方面，应充分统筹协调，在支持大模型产业创新要素供给、新兴技术孵化的同时，着力引导重点领域用户向大模型厂商开放有价值的核心业务场景，打造关键领域大模型建设标杆示范工程。鼓励研发主体找准行业或场景数据优势错位发展，激发传统产业依托优势赛道转型升级动力。另一方面，引导资本和技术向关键领域集中，多层次、全方位增加研发投入，鼓励商业化研发与前瞻性研究并行。此外，人工智能发展在与地方经济增长等考核指标挂钩时应谨慎考量，避免各地陷入盲目发展困局。

（三）科技向善：塑造负责任的 AI

发展负责任的人工智能，应始终坚持以人为本，统筹发展与安全、平衡创新与伦理，在营造包容开放发展环境的同时，从法律法规、技术体系、主体认知等多个方面入手，推动形成安全、可控、可信的大模型产业生态。一是建立和完善人工智能科技伦理原则，加快构建人工智能知识产权治理等法律法规体系。二是开展价值对齐的理论技术研究和工具研发，推动大模型更好地理解人类意图、增强其与人类价值的一致性。三是坚持以人工智能技术化解人工智能风险。依据不同行业大模型用户对于风险敏感度的不同，针对性开发大模型伦理风险评估监测工具，构建科学公正、开放高效、分类分级的高标准评测及治理体系。四是提升各主体人工智能伦理风险应对能力。大模型的发展不应仅依赖于少数机构或企业，也需要社会公众的广泛参与。通过在高校开设科技伦理课程、在企业开展员工科技伦理培训等，引导从业人员和公众提升科技伦理自律意识。以多渠道、多形式的宣传方式，倡导科学使用 AI 技术工具，提升公众对技术风险的认识与甄别能力，增进全社会对大模型技术的理解和支持，共同推动人工智能大模型在伦理和法律框架内的健康发展。

参考文献

北京市科学技术委员会、中关村科技园区管理委员会：《北京市人工智能行业大模型创新应用白皮书（2023 年）》，2023 年 11 月。

国家互联网信息办公室等七部门：《生成式人工智能服务管理暂行办法》，2023 年 7 月。

IDC、浪潮：《2023—2024 年中国人工智能计算力发展评估报告》，2023 年 11 月。

Vaswani, A., Shazeer, N., Parmar, N., et al., Attention is all you need, Proceedings of 31st International Conference on Neural Information Processing Systems，2017.

B.9
智能化时代的数据产业发展分析

林峰璞 石志国*

摘 要: 数据产业的发展迎来智能化时代。2023 年国家数据局成立,地方版"数据二十条"陆续出台,国际数据跨境流动规则和数据伦理相关规定相继制定,"数据要素×"三年行动计划发布。数据中台、数据资产化、数据研发运营一体化、数据智能分析和数据安全风险评估管理增强了企业数据治理能力。湖仓一体的数据基础设施以及多样化的数据服务推动了数据要素市场建设和发展。

关键词: 数据要素 数据跨境 数据伦理 数据资产化 数据产业

2023 年我国数据产业进一步发展壮大,数据已成为经济社会发展的重要驱动力,成为各行业创新和竞争的核心要素。国家高度重视数据产业发展,2023 年针对数据要素和数据安全领域,出台了《关于促进数据安全产业发展的指导意见》等 24 篇政策、法规。①互联网、政务、金融等领域大数据快速发展。

---

* 林峰璞,北京市大数据中心平台管理部软件设计师,主要从事大数据的研究和项目管理工作;石志国,博士,北京市大数据中心副主任,教授,长期从事大数据与人工智能的教学、研究与管理工作,主持建设北京市大数据平台、目录区块链等重点项目。
① 《政策盘点:2023 年数据要素、数据安全领域政策汇总!》,搜狐号"五度易链",2024 年 2 月 8 日,https://news.sohu.com/a/757019729_ 121179845。

一　政策标准

（一）数据基础制度

1. 相关机构和政策

2023 年 3 月，党中央决定组建国家数据局。国家数据局①由国家发展和改革委员会管理，负责协调推进数据基础制度建设，统筹数据资源整合共享和开发利用，统筹推进数字中国、数字经济、数字社会规划和建设。具体来说，就是将中央网络安全和信息化委员会办公室承担的研究拟订数字中国建设方案、协调推动公共服务和社会治理信息化、协调促进智慧城市建设、协调国家重要信息资源开发利用与共享、推动信息资源跨行业跨部门互联互通等职责，国家发展和改革委员会承担的统筹推进数字经济发展、组织实施国家大数据战略、推进数据要素基础制度建设、推进数字基础设施布局建设等职责划入国家数据局。2023 年 10 月 25 日，国家数据局正式揭牌。

该机构的设立是对国家数据治理体系的一次重大升级和完善，体现了我国对数据治理的高度重视，有望完善顶层制度立法，加速数据流通体系的建设，促进数据要素的流通和共享，有利于构建统一的数据要素大市场，释放数据活力，推动数字经济相关产业的快速发展。同时，刘烈宏、沈竹林、陈荣辉等领导的任命，也进一步强化了国家数据局的领导力量，为数据治理工作的顺利开展提供了有力保障。

2. "数据二十条"及地方制度

2022 年 12 月《中共中央　国务院关于构建数据基础制度更好发挥数据要素作用的意见》②（简称"数据二十条"）出台之后，多部门多地方多措

---

① 《国家数据局解读——数字中国建设迎来重大发展机遇》，中国日报网，2023 年 3 月 9 日，https：//baijiahao. baidu. com/s？id＝1759877930482243494&wfr＝spider&for＝pc。

② 《中共中央　国务院关于构建数据基础制度更好发挥数据要素作用的意见》，2022 年 12 月，https：//www. gov. cn/zhengce/2022−12/19/content_ 5732695. htm。

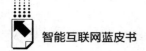

并举推进数据要素市场的基础制度建设，地方版"数据二十条"陆续出炉。各地因地制宜探索细化数据基础制度，先行先试构建市场，抢占先机培育产业。

北京发布的《关于更好发挥数据要素作用进一步加快发展数字经济的实施意见》① 涉及 20 项具体任务。按照该意见确定的总体目标，力争到 2030 年，北京市数据要素市场规模将达到 2000 亿元，基本完成国家数据基础制度先行先试工作，形成数据服务产业集聚区。

上海发布《立足数字经济新赛道推动数据要素产业创新发展行动方案（2023—2025 年）》②，提到到 2025 年，数据要素市场体系基本建成，国家级数据交易所地位基本确立；数据要素产业动能全面释放，数据产业规模达 5000 亿元，年均复合增长率达 15%，引育 1000 家数商企业。

《贵州省数据要素市场化配置改革实施方案》③ 明确，到 2025 年底，数据资源化、资产化改革取得重大突破，数据要素市场体系基本建成，建成国家数据生产要素流通核心枢纽，力争将贵阳大数据交易所上升为国家级数据交易所，数据要素实现有序流通交易和价值充分释放。数据流通交易走在全国前列，年交易额突破 100 亿元。

《海南省培育数据要素市场三年行动计划（2024—2026）》④ 提出，到 2026 年末，海南省数据要素基础制度体系建立完善，达到国内领先水平的数据要素市场培育基础设施基本建成。相比于其他省市，海南具有鲜明的"数据产品化"导向，行动计划围绕数据产品化建立数据供给、数据产品开

---

① 《中共北京市委　北京市人民政府印发〈关于更好发挥数据要素作用进一步加快发展数字经济的实施意见〉的通知》，北京市人民政府官网，2023 年 6 月 20 日，https：//www. beijing. gov. cn/zhengce/zhengcefagui/202307/t20230719_ 3165748. html。

② 《立足数字经济新赛道推动数据要素产业创新发展行动方案（2023—2025 年）》，上海市人民政府官网，2023 年 7 月 22 日，https：//www. shanghai. gov. cn/nw12344/20230814/ e946902bdcaf40e292602ac6e8818f61. html？from＝qcc。

③ 《〈贵州省数据要素市场化配置改革实施方案〉印发》，《贵州日报》2023 年 8 月 3 日，http：//xxzx. guizhou. gov. cn/gzdsj/202308/t20230803_ 81447972. html。

④ 《海南省人民政府办公厅关于印发海南省培育数据要素市场三年行动计划（2024—2026）的通知》，海南省人民政府官网，2023 年 12 月 5 日，https：//www. hainan. gov. cn/hainan/szfbgtwj/202312/ce2b388f25ad4b58b022e1fc810eef19. shtml。

发生产、授权使用、确权流通、安全保障等一系列市场制度规则体系。

《广西构建数据基础制度更好发挥数据要素作用总体工作方案》① 提出，2024 年底前，探索出台一批涵盖数据产权、数据要素流通和交易、数据要素收益分配、数据要素治理等方面的制度规范，数据要素供给数量和质量进一步提升，跨区域数据流通体系加快形成，面向东盟的数据跨境流动取得积极进展。

广州发布《关于更好发挥数据要素作用推动广州高质量发展的实施意见》②，提出要探索建立数据要素统计核算体系，制定数据要素价值评估指南，推动数据要素价值纳入国民经济核算，科学评价各区、各部门、各行业领域数据要素对经济社会发展的贡献度。

通过明确数据产权、流通交易、收益分配等方面的规则，地方版本的"数据二十条"探索细化了数据基础制度。这些政策的出台，不仅有助于推动数据要素市场的基础制度建设，还将激发数据要素市场的活力，促进数据产业的发展和数字经济的繁荣。

（二）数据跨境流动规则

2023 年是我国各项数据出境安全管理制度陆续落地实施之年，也是中国参与国际数据跨境流动规则制定的开局之年。

国际方面，我国正开启《全面与进步跨太平洋伙伴关系协定》（CPTPP）和《数字经济伙伴关系协定》（DEPA）等的谈判，推动国际数字贸易发展。2024 年，全球数据跨境流动的规模和价值有望进一步提升，对全球数据跨境流动现有规则的研究将深化，推动我国参与国际数据规则的制定。

---

① 《广西壮族自治区人民政府办公厅关于印发广西构建数据基础制度更好发挥数据要素作用总体工作方案的通知》，广西壮族自治区人民政府官网，2023 年 8 月 29 日，http://www.gxzf.gov.cn/html/zt/jd/szgxjszl/xgwj/t17407198.shtml。

② 《中共广州市委全面深化改革委员会印发〈关于更好发挥数据要素作用推动广州高质量发展的实施意见〉的通知》，广州市白云区人民政府官网，2023 年 11 月 28 日，https://www.by.gov.cn/ywdt/ztzl/byqygadwqfzghgyxczl/zcgaqnlsfzzc/content/post_9383814.html。

国内方面，2023年2月，国家互联网信息办公室发布《个人信息出境标准合同办法》，并于5月发布《个人信息出境标准合同备案指南（第一版）》，对个人信息出境标准合同备案方式、备案流程、备案材料等具体要求做出说明；9月，国家互联网信息办公室发布《规范和促进数据跨境流动规定（征求意见稿）》，拟对数据出境监管制度做出调整；12月，《粤港澳大湾区（内地、香港）个人信息跨境流动标准合同实施指引》发布，落实国家互联网信息办公室与香港特区政府创新科技及工业局签署的《关于促进粤港澳大湾区数据跨境流动的合作备忘录》中的有关要求。

此外，科技部于2023年6月1日发布第21号令《人类遗传资源管理条例实施细则》，就人类遗传资源的出境做出了单独规定，标志着特定领域的数据出境具体规则开始落地。

2023年2月以来，各地网信部门陆续公布了其辖区内企业提交申报材料和安全评估审查工作的进展和动态。据查询，[①] 截至2023年12月，成功通过数据出境申报（国家网信部门的"审批"或"备案"）的企业有29家，而与国家网信办和各地省级网信办已受理的千余件申报相比，数据出境申报通过率仅为1%。如何在保障安全的前提下在合理范围内促进数据跨境流动仍然有待探索。

（三）数据伦理

大数据、人工智能等新技术的蓬勃发展促进了科技创新和经济发展，但相关应用的负面效应也不容忽视。高速发展的人工智能大模型面临训练数据来源归属不明确、生成内容所有权难以界定、生成内容准确性难以保证、生成内容广泛传播污染公开数据等问题。制定数据伦理相关规定对大数据和人工智能技术的发展至关重要。

2023年6月，联合国秘书长古特雷斯表示支持人工智能行业一些高管

---

① 《29条数据出境申报成功案例》，中国大数据产业观察网，2023年12月15日，http：//www.cbdio.com/BigData/2023-12/15/content_6175930.htm。

的提议，成立一个像国际原子能机构的国际人工智能监管机构；10 月，联合国人工智能高级别咨询机构宣布成立，为国际社会加强对人工智能的治理提供支持。11 月，首届全球人工智能安全峰会在英国召开，包括中国在内的与会国共同达成《布莱切利宣言》，其中提出需要解决隐私和数据保护问题。12 月，欧洲议会、欧盟委员会和成员国就《人工智能法案》达成"里程碑式"协议①。七国集团领导人就《人工智能国际指导原则》和广岛人工智能进程下的《人工智能开发者自愿行为准则》达成一致②等。

我国就加强人工智能治理及其中涉及的数据治理采取措施，发布《全球人工智能治理倡议》③，提出要提升数据真实性和准确性，保障人工智能研发和应用中的个人隐私与数据安全等；发布《生成式人工智能服务管理暂行办法》，对数据处理活动提出多项要求。

（四）数据应用

国家数据局等 17 部门联合印发的《"数据要素×"三年行动计划（2024—2026 年）》④（以下简称《行动计划》）提出，到 2026 年底，数据要素应用场景广度和深度大幅拓展，在经济发展领域数据要素乘数效应得以显现，打造 300 个以上示范性强、显示度高、带动性广的典型应用场景，产品和服务质量效益实现明显提升，涌现一批成效明显的数据要素应用示范地区，培育一批创新能力强、市场影响力大的数据商和第三方专业服务机构，数据产业年均增速超过 20%，数据交易规模增长 1 倍，场内交易规模大幅提升，推动数据要素价值创造的新业态成为经济增长新动力，数据赋能经济提质增效作用更加凸显，成为高质量发展的重要驱动力量。

---

① 《欧盟人工智能立法取得进展》，《人民日报海外版》2023 年 12 月 23 日，第 6 版。
② 《七国集团就〈人工智能指导原则〉和〈行为准则〉达成一致》，WTO/FTA 咨询网，2023 年 11 月 20 日，http：//chinawto. mofcom. gov. cn/article/ap/p/202311/20231103455166. shtml。
③ 《全球人工智能治理倡议》，中国网信网，2023 年 10 月 18 日，https：//www. cac. gov. cn/ 2023-10/18/c_ 1699291032884978. htm。
④ 《"数据要素×"三年行动计划（2024-2026 年）》，2024 年 1 月 4 日，https：//mp. weixin. qq. com/s/YyhLQo4lZIFNMiyupdvO1A。

　　"数据要素×"是继"数据二十条"后又一重磅政策，与"数据二十条"相比，本次《行动计划》对数据要素的场景、供给、流通等领域的规划都更为细化，重点针对提升数据供给水平、优化数据流通环境、加强数据安全保障提出具体要求，比如在科研、文化、交通运输等领域打造高质量人工智能大模型训练数据集、支持在重点领域开展公共数据授权运营试点等。《行动计划》列出了12个数据要素的应用方向，分别是工业制造、现代农业、商贸流通、交通运输、金融服务、科技创新、文化旅游、医疗健康、应急管理、气象服务、城市治理、绿色低碳。[①]

　　《行动计划》为我国未来三年的数据应用发展指明了方向，有助于推动数据要素在各领域的广泛应用和价值释放。同时，通过加强国际合作与交流，我国将积极参与全球数据治理体系的完善和发展过程，共同推动全球数字经济的繁荣与进步。

二　数据治理

　　数据治理是数据产业发展的重要组成部分，也是数据应用的基础。数据治理指组织中涉及数据使用的一整套管理行为，目的是确保数据的质量、安全性、合规性和价值。《信息技术服务　治理　第5部分：数据治理规范》[②] 国家标准明确数据治理是数据资源及其应用过程中相关管控活动、绩效和风险管理的集合。数据治理能力的提升有助于企业用好数据资源。通过数据中台的能力支撑，将数据资源转化为数据资产；数据研发运营一体化对治理过程进行优化整合；而数据智能增强分析则进一步降低了数据分析的技术门槛，更好地发挥数据价值；数据安全风险评估管理为数据治理过程提供了安全保障。

---

① 《国家数据局：选取12个行业领域发挥数据要素乘数效应，适时研究推出新应用场景》，澎湃新闻，2023 年 12 月 29 日，https：//baijiahao. baidu. com/s？id=1786585752443493908&wfr=spider&for=pc。

② 中华人民共和国国家标准《信息技术服务　治理　第5部分：数据治理规范》，标准号 GB/T 34960. 5 - 2018，http：//c. gb688. cn/bzgk/gb/showGb？type = online&hcno = F3B2108863A2292F5AF0FA645CEE047F。

（一）数据中台

数据中台的概念由阿里巴巴首次提出。它的核心是避免数据的重复加工，通过数据服务化，提高数据的共享能力，赋能数据应用。[1] 数据中台的重要职能是面向业务方提供基于数据的自助分析、模型管理、接口调用、指标和标签管理等多样化的能力支持。

随着各方数据中台底层能力建设的成熟，数据服务成为数据中台建设的重点方向。中国建设银行、中国移动以及快手等头部企业的数据中台团队均将数据服务能力建设作为 2023 年工作的重点。[2] 2022 年 4 月至今，中国信通院牵头联合行业专家和头部企业共同编制《数据中台能力成熟度模型》系列标准，数据服务能力作为数据中台六大能力域之一纳入了该标准体系。2023 年上半年，浙江移动[3]、中国工商银行[4]完成了基于该标准的首批数据服务能力评估。

（二）数据资产化

数据资产化是企业完成数据存储和算力基础平台、归集数据资源建设后，将数据资源转化为数据资产的过程。企业将信息系统所积累的大量原始数据归集后，通常要经过清洗加工、分析建模和共享服务多个过程，最终将归集的数据资源按照不同业务逻辑封装成不同业务场景下的数据服务，并在共享和交易过程中为企业创造价值，从而发挥资产的作用。

在数据资产化的过程中，一系列相关的技术得到了广泛应用和发展。例

---

[1] 《万字详解数据仓库、数据湖、数据中台和湖仓一体》，阿里云开发者社区，2022 年 4 月 27 日，https://developer.aliyun.com/article/901674。

[2] 《2023 大数据十大关键词》，搜狐"物联网风向"，2023 年 6 月 29 日，https://www.sohu.com/a/692392111_ 99929649。

[3] 《首家！浙江移动完成数据中台成熟度-数据服务能力评估》，微信公众号"大数据技术标准推进委员会"，2023 年 4 月 27 日，https://mp.weixin.qq.com/s/XaKsCfLzoxdyPQ14idzVgg。

[4] 《金融行业首家！工商银行完成信通院数据中台成熟度——数据服务能力评估》，微信公众号大数据技术标准推进委员会，2023 年 7 月 27 日，https://mp.weixin.qq.com/s/sv1uMBb-tffMRPymZUTdPA。

如，大数据、云计算、区块链等技术为数据的收集、存储、处理和分析提供了强大的支持。人工智能技术可以自动化地处理大量数据并对数据进行智能分类和标注，极大提高了数据处理的效率，使得数据资产化的过程更加迅速，为企业的决策和运营提供及时、准确的数据支持。阿里云等企业都在数据中台产品中，加入人工智能技术，通过 AI 加持[1]，挖掘数据的价值，让数据从成本变为资产。

（三）数据研发运营一体化

数据研发运营一体化（DataOps）通过对数据相关人员、工具和流程的重新组织，打破协作壁垒，构建集开发、治理、运营于一体的自动化数据流水线。随着产业实践与理论研究发展，DataOps 已从模糊的概念期逐步演化至落地实践阶段。2022 年，中国信通院与多家头部的通信、金融、互联网企业共同成立 DataOps 标准工作组。2023 年上半年，工作组发布《DataOps实践指南（1.0）》，从最佳实践中抽象 DataOps 的理论框架，为产业界实践 DataOps 提供理论参考。中国信通院还发起了"DataOps 社区"，已有 130家机构加入。[2]

（四）数据智能增强分析

传统的数据分析离不开 IT 部门的支持，需要数据分析师对业务部门的需求进行建模，输出结果报表供业务部门使用。随着人工智能技术的发展，可通过基于大模型的增强分析，以对话形式降低业务部门使用数据的门槛，提升用户体验。智能增强型数据分析工具是通过机器学习、自然语言处理等智能化技术提升数据分析流程中的数据准备、洞察发现、结果输出共享三方面能力，从而提升数据分析工作的自动化程度。生成式人工智能技术在数据

---

[1] 《阿里云贾扬清：大数据+AI 工程化，让数据从「成本」变为「资产」》，CSDN 博主"阿里开发者"，2021 年 5 月 31 日，https：//blog.csdn.net/alitech2017/article/details/117412408。

[2] 《中国信通院发布〈2023 大数据十大关键词〉》，C114 通信网，2023 年 6 月 26 日，https：//www.c114.com.cn/news/16/a1235615.html。

分析领域的应用也受到了各方关注。微软 PowerBI、百度 SugarBI、观远 BI 等团队纷纷加快智能增强型数据分析方向的探索和布局，并推出以 BI（Business Intelligence，商业智能）+大模型为理念的智能增强型分析工具。

（五）数据安全风险评估管理

数据安全风险评估是数据安全治理能力提升的关键环节。国家层面高度重视数据安全，并于 2021 年 9 月 1 日实施《数据安全法》。①《数据安全法》第二十二条规定："国家建立集中统一、高效权威的数据安全风险评估、报告、信息共享、监测预警机制。国家数据安全工作协调机制统筹协调有关部门加强数据安全风险信息的获取、分析、研判、预警工作。"然而，数据泄露事件层出不穷。2023 年 2 月 12 日，Telegram 查询机器人被曝泄露我国 45 亿条个人信息。② 2023 年 9 月 15 日，上海一政务信息系统技术服务公司因泄露公民个人信息被行政处罚。③

全国信息安全标准化技术委员会官网发布《网络安全标准实践指南——网络数据安全风险评估实施指引》，④ 明确规定了数据安全风险评估工作的核心内容，包括评估准备、信息调研、风险识别、综合分析、评估总结五个阶段。在政策法规、标准指南的推动和指引下，各企业通过制定内部安全风险管理流程、增强人员安全风险意识，不断提升安全防护能力。

---

① 《中华人民共和国数据安全法》，中国人大网，2021 年 6 月 10 日，http://www.npc.gov.cn/npc/c2/c30834/202106/t20210610_ 311888.html。
② 《45 亿条个人信息泄露？公司回应！》，澎湃新闻·澎湃号·媒体，2023 年 2 月 16 日，https://www.thepaper.cn/newsDetail_ forward_ 21949411。
③ 《公民个人信息泄露遭境外披露兜售　上海市一政务信息系统技术服务公司被行政处罚》，财联社，2023 年 9 月 15 日，https://baijiahao.baidu.com/s？id=1777096200808214998&wfr=spider&for=pc。
④ 《网络安全标准实践指南——网络数据安全风险评估实施指引》，全国信息安全标准化技术委员会秘书处，2023 年 5 月，https://www.whcsa.org.cn/public/upload/default/20230530/b5496678d4f02b3c41a6edb1befabaf7.pdf。

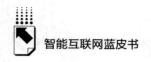

三　数据应用

（一）数据基础设施

随着数字化时代的快速发展，数据基础设施已成为支撑经济社会运行的重要基石。健全、高效的数据基础设施体系对于提升国家竞争力、推动产业转型升级、加强社会治理能力具有重大意义。当前，我国数据基础设施建设取得了显著成效。网络覆盖范围持续扩大，数据传输速度大幅提升，数据存储和处理能力不断增强。这些进步为各行各业的数据应用提供了有力支撑，促进了数字经济的快速发展。在这种背景下，产生了诸如湖仓一体等数据基础设施的创新实践。

（二）数字要素市场建设

当前，我国数据要素市场处于高速发展阶段。中商产业研究院发布的《2024—2029 年中国数据要素市场前景及投资机会研究报告》显示，2022年中国数据要素市场规模达到 1018.8 亿元，近五年年均复合增长率为48.95%。中商产业研究院分析师预测，2023 年中国数据要素市场规模将达到 1273.4 亿元，2024 年将达到 1591.8 亿元。[①]

我国正加快培育数据要素市场，促进数据要素价值释放。《工业和信息化部等十六部门关于促进数据安全产业发展的指导意见》[②] 提出，推动数据安全产业高质量发展，提高各行业各领域数据安全保障能力，加速数据要素市场培育和价值释放，夯实数字中国建设和数字经济发展基础。

与此同时，各地积极探索数据要素市场化配置的有效路径，深圳、天津、贵州等地在数据立法、确权、交易等方面已取得较大进展。

---

① 《2024 年中国数据要素市场规模及行业发展趋势预测分析》，中商情报网，2023 年 12 月 17 日，https：//baijiahao.baidu.com/s？id=1785483672907224295&wfr=spider&for=pc。
② 《工业和信息化部等十六部门关于促进数据安全产业发展的指导意见》，2023 年 1 月 3 日，https：//www.gov.cn/zhengce/zhengceku/2023-01/15/content_5737026.htm。

（三）数据服务

数据服务能力。数据服务是数据中台对外进行能力输出的出口。数据服务体系的建设可使业务方更为便捷地检索并获取所需要的数据内容，从而更好地发挥数据中台的赋能价值。越来越多的企业开始重视数据服务能力的建设，将其作为数字化转型的重要支撑。

数据服务方式。在公共数据开发利用领域，"数据二十条"的发布为解决所有权争议提供了合理思路，并为公共数据授权运营带来了新机遇。在此基础上，北京、海南、贵州、成都等地区积极开展各类创新实践探索，基本形成了公共数据的授权运营模式。公共数据管理机构进行资源整合，统一推进开发利用，授权运营机构或加工方进行数据处理加工，将数据以产品或服务的形式进入市场，并提供给应用方。

四 趋势展望

智能化时代的到来丰富了数据产业的应用场景，促进了数据产业的发展。基于人工智能技术的各类数据应用迅速进入人们的日常生活中，ChatGPT、Sora等一系列产品降低了数据获取和创作的门槛。未来，智能化的产品和服务会对各行业产生深刻影响，数据产业在获得高速发展的同时，也将面临着诸多挑战。

首先，隐私保护与共享应用相互矛盾，在智能时代，每个人都身处各类数据产品中，数据隐私保护的难度日渐增大。其次，数据壁垒和资源垄断逐步显现，部分头部企业掌握着大量的数据资源，受利益驱动，可能会形成新的行业垄断。最后，数据伦理和社会责任方面有待破题，面对人工智能应用生成的内容，需要进行约束和引导，避免机器人对社会伦理道德的冲击。

因此，需要发展与安全并重，加强数据合规和监管，促进数据共享与开放，培养数据技能和人才，强调企业的社会责任，建立健全的数据伦理和治理框架，推动数据产业的可持续发展。

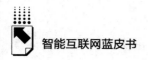
参考文献

国家标准化管理委员会：《数据管理能力成熟度评估模型》（GB/T 36073-2018），2018 年 3 月。

CCSA TC601 大数据技术标准推进委员会：《数据资产管理实践白皮书（6.0 版）》，2023 年 1 月。

《2023—2029 年中国数据中台行业发展深度调研及未来趋势分析报告》，中国产业调研网，2023 年。

B.10
从算力互联互通到算力互联网探索

栗蔚 闫丹*

摘 要： 随着人工智能大模型等应用爆发式发展，智能应用对算力的需求呈现指数级增长态势，同时也对算力普惠化提出需求。在此背景下，产业各方均高度关注算力互联并积极开展探索实践。未来，通过构建算力互联互通体系，探索算力互联网，将形成算力标准化、服务化的大市场和算力相互连接、灵活调用的一张逻辑上的网。

关键词： 算力互联互通 算力互联网 算力大市场

一 全球算力产业高速发展

数据、算法、算力是人工智能发展的三大要素，其中算力是助推人工智能进化的引擎。算力作为引领数字经济发展的重要基石，已成为全球科技发展的焦点。

（一）算力产业持续发展，算力规模稳定增长

各国和地区发布政策积极引导产业发展，全球算力基础设施规模平稳增长。政策支持方面，各国和地区向算力产业提供了大量政策和资金扶持。欧

---

* 栗蔚，中国信息通信研究院云计算与大数据研究所副所长、中国通信标准化协会 TC1WG5 云计算标准化组组长，主要从事云计算、开源、数字化、算力互联互通和算力互联网等方面研究；闫丹，中国信息通信研究院云计算与大数据研究所工程师，主要从事云计算、算力互联互通和算力互联网等方面研究。

盟发布了"欧洲高性能计算联合执行体"（EuroHPC）[①]、"地平线欧洲"（Horizon Europe）[②]和"欧洲共同利益重要项目（IPCEI）[③]"等一系列政策以及项目，以推动欧盟在算力领域的研究，如通过 EuroHPC 向下一代超级计算技术投资 80 亿欧元。美国通过科研项目、政策法案、税收减免等手段保证其在先进计算等重点方向的领先地位。

市场规模方面，据中国信通院统计，2022 年，全球新增投入使用服务器规模和净增加值稳定增长。全球计算设备算力总规模达到 906EFlops，增速达 47%，预计未来 5 年将以超过 50% 速度增长。2022 年全球算力相关市场规模（数据中心、云计算等相关市场收入）超过 4800 亿美元，增速保持在 20% 以上。

（二）我国算力市场快速扩张，算力产业生态构建加速

算力基础设施加快部署，我国算力资源规模不断扩大。据中国信通院统计，我国算力资源规模位居全球第二，2022 年计算设备出货量的算力总规模达 302EFlops，其中智能算力设备出货量的算力规模达 178EFlops，占比 59%，增速达 72%；运营中的算力规模达 197EFlops，智能算力占比 22.8%，约为 41EFlops。

（三）智能算力应用激增，算力服务新业态出现

随着人工智能大模型训练参数量达到千亿级别，各类应用对算力的需求也呈现指数级增长态势。算力的提升不仅能够提高人工智能大模型训练的速度，也是人工智能技术快速迭代和广泛应用的关键。随着企业数字化应用从互联网领域向工业制造等传统行业和实体经济领域不断扩展，智能制造、智

---

① 《欧盟奋力打造"超算军团"》，《科技日报》2022 年 11 月 29 日，http：//digitalpaper. stdaily.com/http_ www.kjrb.com/kjrb/html/2022-11/29/content_ 545174.htm。

② 《"地平线欧洲"项目：意在重塑"科研面貌"》，《科技日报》2021 年 3 月 3 日，http：// digitalpaper.stdaily.com/http_ www.kjrb.com/kjrb/html/2021-03/03/content_ 463450.htm。

③ 《欧盟批准 81 亿欧元公共资金支持芯片研发，首批产品 2025 年面市》，澎湃新闻网，2023 年 6 月 9 日，https：//www.thepaper.cn/newsDetail_ forward_ 23425360。

慧交通、云上医疗等领域对于算力的应用不断深化，算力已经渗透到普通人生活的方方面面。

算力服务作为互联网上的一种新型信息通信业务形态出现，亟须成为普惠化、基础性社会服务，以降低高性能算力获取门槛。传统行业中广泛应用的 AI 训练、音视频渲染等需求多数为计算需求短时高频的任务型，任务完成后资源即释放，弹性需求较高。为更好地服务于社会实际需求，结合云计算弹性扩展、按需获取、按量付费特征的算力服务这一新业务形态演化出来。算力服务模式逐渐从早期"资源交付"模式转向"结果交付"模式，在新模式之下，算力服务产业链得以完善，技术能力提供方作为新角色得以参与到产业链中。同时，"后付费"模式促进平台优先交付计算结果，有助于提升服务质量，"任务式"服务模式能够使用户只关注计算结果，有助于提升算力服务效率。

二　算力互联促进算力普惠化

未来算力将成为像水、电一样的普惠化社会公共服务。但算力的应用方式与水、电不同，水、电等资源是从源头向用户单向流动，而算力资源固定于源头数据中心中，用户的计算任务和数据需要向源头流动，进行处理后返回结果给用户。因此，不同主体、不同架构、不同地域的算力资源标准化互联，使任务和数据在算力资源间高效流动互通，将实现集约化、普惠化的算力服务。当前产业各方积极探索算力互联，形成多条技术路径，为构建算力统一大市场，形成全国算力一张网，推动算力普惠化、集约化应用提供技术基础。

（一）全球主要国家关注算力互联

为进一步发挥算力对数字化社会的乘数效应，各国启动算力互联相关研究，以推进算力应用进一步下沉，提高算力普惠化程度，由此也加速了诸如 ChatGPT、Claude、Midjourney 等人工智能工具的迭代升级和广泛应用。

在标准方面，国际标准化组织已在云间互联和互操作技术领域开展研究工作，如 IEEE 组织 P2301、P2302 等工作组推动云间互联等技术标准，定

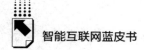

义了云计算平台之间的接口和协议，为不同云服务提供商之间的资源互操作与数据迁移提供指南；统一云间操作规范，为算力任务与数据的灵活部署和协同调度提供高质、安全的互联通道。

在研究项目方面，2023 年 3 月，美国能源局发布《高性能数据基础设施计划》[1]，推动实现东西海岸 40 余个机构算力互联互通，并开展 RDMA 长距离传输规划。欧盟委员会发布《2023—2024 年数字欧洲工作计划》[2]，通过政策支持以及项目投资提高欧洲可互操作的计算能力，在欧洲推动构建互联可信的统一算力。英国开展"灯塔项目"，研究实现不同算力间的互相访问、互操作和共同计算，改善对算力资源和重要数据集的可访问性以促进英国科研和民生发展。

（二）我国产业各方积极探索算力互联

当前，我国产业各方通过地方算力调度平台、算力并网、中国算力网和超算互联网等积极探索算力互联。地方政府自主构建算力调度平台，聚焦地域内算力统一汇聚和调度。地方政府牵头将区域内算力资源汇聚形成地域资源池，实现算力资源的供需对接、交易购买、使用调度等，形成了算力"块状"局域网。

电信运营商大力推行算力并网行动，实现对多方算力并网整合和统一运营，如中国移动发起"百川社会算力并网行动"、中国电信建设"息壤"平台，均实现了企业层面多方算力资源并网整合，构建了算力的统一运营体系，形成企业算力"条状"局域网。

鹏城实验室牵头建设中国算力网[3]，现阶段侧重智算中心互联，通过构

---

① 《信通院栗蔚：标准、开源、平台"三位一体"，助力算力互联互通》，C114 通信网，2023 年 6 月 25 日，https：//www.c114.com.cn/cloud/4049/a1235444.html。

② 《欧盟〈2023-2024 年数字欧洲工作计划〉将投 1.13 亿欧元提升数据与计算能力》，《网络安全和信息化动态》2023 年第 5 期，http：//www.ecas.cas.cn/xxkw/kbcd/201115_129816/ml/xxhzlyzc/202306/t20230608_4939869.html。

③ 中国算力网，鹏程实验室，2023 年 9 月 7 日，https：//www.pcl.ac.cn/html/1030/2023-09-07/content-4292.html。

建自主创新的算力网络技术体系，一期工程"智算网络"以"鹏城云脑"为枢纽节点，跨域纳管了 20 余个异构算力中心，形成算力"智算局域网"。

中科曙光深度参与"超算互联网"建设，构建一体化超算网络和服务平台，用互联网思维运营超算，将全国众多超算中心通过算力网络连接起来，实现算力资源统筹调度，降低超算应用门槛，打造全国超算资源池，形成"超算局域网"。

中国信通院开展算力互联网体系研究与实践，推动算力普惠化标准化互联。算力互联网以实现全国算力一张网和统一大市场为目标，将算力服务视为互联网上的一种新业态，通过算力互联互通技术实现算力泛在互联，已开展试验验证工作，初步实现算力标准化互联，业务和数据高效流动互通。

（三）参考互联网发展，加速算力互联进程

在互联网时代，全球计算机通过信息技术（IT）和通信技术（CT）等技术实现了计算机局域网间互联互通，用户通过浏览器等入口即可突破地理限制，访问互联网中任意一台主机或应用程序并获取信息。这一突破性的变革对信息传播速度的提升前所未有。各类信息、服务与应用资源得以在全球范围内快速流动和共享，极大地拓宽人类知识获取边界，推动了社会信息化进程。

信息技术与数字技术持续演进与发展带领社会迈入以算力为关键生产要素的全新时代。算力互联意味着不同地域、不同主体、不同架构间的算力资源能够实现有效整合与协同，形成高效普惠的算力一张网，使全社会都能通过高效、便捷、灵活的算力加速创新，推动经济高质量发展。算力互联不仅是技术层面的升级迭代，更是对数字经济全新生态格局的构建，对于我国乃至全球数字化转型和创新发展将带来深远影响。

算力时代下，各类算力局域网并存。在互联网的发展历程中，统一的网络和协议、网站地址等标准，对于局域网由线到面形成互联网至关重要。当前多条算力互联技术路线催生算力局域网，无意中形成多个算力孤岛。各技术路线在协议、架构、接口等方面都存在显著差异，迫切需要一套通用的标

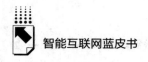

准和协议打通各算力局域网间屏障，实现全国算力互联成网，释放算力潜能。

（四）算力互联仍面临三大挑战

虽然产业界积极推进算力互联研究，形成了多条技术路径，但是尚未形成标准化普惠化的全国算力服务统一大市场，存在算力不能满足业务需求的同时部分算力不能有效利用的矛盾。算力新质生产力作用未充分释放，亟须通过算力互联促进算力普惠化发展。让供给和需求精准适配，还面临以下三大挑战。

第一，算力市场"度量衡"不同，算力资源感知成本待降低。随着以生成式人工智能为代表的人工智能应用爆发，大模型训练、科学计算、音视频生成等新应用不断涌现，算力应用需求猛增，但由于算力度量标准不一，依赖汇总市场零散数据，算力感知获取成本高，用户难以快速找到位置、成本和性能等均合适的算力资源。

第二，现有网络服务弹性能力不足，任务数据传输速度待提升。大规模数据的频繁传输成为常态，任务和数据需要通过网络在不同算力资源池之间流动。网络数据传输弹性能力不足，导致任务流动和数据传输耗时极长。

第三，算力协议接口存在差异，应用架构适配部署待优化。不同类型、不同主体间应用接口、协议架构等标准不一，在不同环境部署计算时，需要对任务的语言、架构、接口等进行大量改造适配工作。

三　算力互联网已现雏形

（一）算力互联网初步认识

充分结合产业各方的认识和实践，我们可以认为：算力服务是互联网上的一种新型信息通信业务形态。算力互联互通是将不同主体、不同类型、不同地域的公共算力资源标准化互联，具备可查询、可对话、可调用的服务能力，实现应用和数据在算力间高效供需匹配、流动互通、迁移计算。算力互联网是互联网面向算力应用与调度需求进行能力增强和系统升级形成的新型基础设施和技术产业体系，其本质是在互联网体系架构上构建统一算力标识符，以算网云调度操作系统和高性能传输协议为基础增强计算和网络能力、形成弹性网络，具备智能感知、实时发现、随需获取能力，形成算力标准化、服务化的大市场和算力相互连接、灵活调用的一张逻辑上的网，使应用和数据在算力资源间高效供需匹配、流动互通、迁移计算。

算力互联互通和算力互联网实现跨架构、跨主体、跨地域算力资源互联感知和业务数据流动。异构算力资源优势不同，跨架构互联互通可加速计算任务运行。在人工智能推理、大模型训练等场景中，使用通算算力进行数据预处理等工作，智算、超算算力负责任务训练等工作，能最大化训练效率。算力互联网环境下，跨架构的资源感知、架构适配等环节的工作量和时间将大幅缩减，从而加速计算任务运行。业务应用向多算部署演进，跨主体互联互通降本增效。Flexera 数据显示，全球 90% 以上的企业将数字化应用部署于多个算力资源池中。在多算部署场景下，不同主体的算力资源并入算力互联网，将降低业务数据在算间流转的时间以及适配成本。各地域算力资源优势不同，跨地域互联互通有助于平衡供需。随着工业边缘计算、东数西算、东视西渲等场景铺开，算力用户为节约成本、缩短处理时间，亟须通过算力互联网实现高带宽、低延时、稳定的跨地域数据传输，充分发挥地区算力优势。

（二）算力互联网产业实践

中国信通院自 2023 年起在标准制定、工程实践、生态构建等方面持续开展研究实践工作，初步构建了算力互联网体系架构，促进形成高效互补和协同联动的算力产业发展生态。

标准制定方面，中国信通院积极跟踪产业发展痛点热点，牵头中国通信标准化协会及中国互联网协会围绕算力互联网的算力标识、编排调度等多个方向开展标准研究，规范技术产业发展。工程实践方面，在多地开展算力互

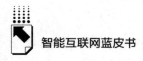

联互通实践验证，通过统一算力标识符、算网云操作系统等技术接入 10 余家算力提供商，在业务和数据高效流动互通方面取得阶段性进展。生态构建方面，由中国信通院牵头筹建了算网云协同系统工作委员会并组织算网云开放社区，推动产业协同与算力互联网落地应用合作，促进形成繁荣有序的产业生态。

四 算力产业发展展望

算力产业已成为全球数字经济的重要支柱和驱动力。未来，算力产业将在技术融合、创新应用以及产业升级等多个层面展现更为广阔的发展前景。

（一）促进技术融合

随着云计算、大数据和人工智能等技术的快速发展，算力产业正加速 IT 与 CT 的深度融合。未来，融合将更深入地体现在互联网架构层面：通过构建算力互联网体系结构，实现算力资源在全网范围内的标识注册、编排调度及动态分配，对现有基础网络进行高性能传输协议升级；演化出具备智能感知、自动优化能力的算网云操作系统，实现算力资源与网络资源的统一管理和协同工作。

（二）创新算力应用

随着技术融合不断加深，算力的应用场景将不断拓展，形成能够引领行业发展的"杀手级"应用。例如，AI 大模型领域，互联形成的海量算力资源池将极大缩短模型训练周期，并提高模型精度；媒体内容创作和分发领域，基于云端的高性能计算服务将革新云渲染和音视频处理效率，满足日益增长的高清、实时互动内容需求。

（三）实现产业升级

算力作为数字经济的核心驱动力，使海量信息得以高效利用与转化，其深化应用将催生新的商业模式和服务形态。一方面，算力不断革新传统服务形态，成为驱动服务模式转型升级的重要引擎。以互联形成的海量算力为基础，对数据进行深度挖掘和分析，大幅提高传统服务的质量和效率，催生传统行业新业态，发展出更高效、更新颖的商业模式和服务形态。另一方面，算力产业处于不断演化阶段，催生算力供需匹配、算力接入调度等新业态、新角色、新模式，通过促进多元算力服务业态发展，优化市场供需匹配，形成普惠规范的算力统一大市场，做强做优做大数字经济。

参考文献

中国信息通信研究院：《中国算力服务研究报告（2023 年）》，2023 年 7 月。

中国信息通信研究院：《云计算白皮书（2023 年）》，2023 年 7 月。

中国移动通信集团有限公司：《2023 算力并网白皮书》，2023 年 8 月。

中国信息通信研究院：《中国算力发展指数白皮书（2023 年）》，2023 年 9 月。

European Commission：2023–2024 Digital Europe Programme，2023 年 3 月。

B.11

人工智能发展现状与趋势

李兵 刘雨帆 张子琦*

摘 要： 近年来，随着高性能计算能力的提升、大数据的积累以及深度学习技术尤其是大模型技术的突破，人工智能技术取得了巨大进展，发展日新月异。本文从大模型、类脑智能、具身智能、受限资源下的人工智能以及人工智能算法与数据安全五个人工智能的核心研究领域出发，分析人工智能在科学研究、技术实现以及产业化应用方面的发展现状。并简要研判人工智能的未来将聚焦于跨模态大模型的安全与商业化、具身智能的真实环境实用化，以及模型优化与效率提升，同时重视数据安全、公平性和伦理问题，以实现更广泛、更可靠的应用。

关键词： 人工智能 大模型 类脑智能 具身智能 算法与数据安全

人工智能（Artificial Intelligence，AI）概念提出于 20 世纪 50 年代，也是研究利用计算机模拟和执行人类智能任务的理论、方法、技术及应用系统的一门综合性科学。近年来，随着图形处理器（Graphics Processing Unit，GPU）等高性能计算资源的快速发展，尤其是深度学习技术的兴起，人工智能迎来了爆发。当前人工智能研究涵盖多个重要的研究领域和方向。基于大模型的 AI 研究旨在构建具备多模态推理能力的模型，这被视为通向通用

* 李兵，中国科学院自动化所研究员，博士生导师，人民中科研究院院长，国家自然科学基金优秀青年基金获得者、北京市杰出青年科学基金获得者，研究领域为跨模态人工智能与安全；刘雨帆，博士、中国科学院自动化所助理研究员，人民中科研究院研究员，研究方向为大模型加速与压缩；张子琦，博士，中国科学院自动化所助理研究员，人民中科研究院研究员，研究方向为跨模态大模型。

人工智能的重要途径；类脑智能的研究致力于模拟人类大脑的工作原理，以探索人类智能的本质；在具身智能领域的研究中，研究人员试图将智能与物理实体相结合，使机器能够通过感知、交互和行动来理解和适应环境，完成各种任务；在受限资源下的人工智能则重点研究资源约束下提高智能任务完成效率的方法；人工智能算法与数据安全的研究则致力于保护机器学习模型免受对抗性攻击，并确保训练数据的完整性和可信性。这些研究领域共同构成了当前人工智能研究领域的核心，并为人工智能技术在各个领域的广泛应用提供了重要的理论和技术支持。

一 基于大模型的 AI 研究

大模型（Large Model，LM）通常是指具有大规模参数和复杂结构的机器学习模型，能够处理海量数据、完成各种复杂的智能任务。2022 年底，由美国 OpenAI 公司发布的大语言模型 ChatGPT 引起了社会的广泛关注，推动了学术界和工业界对大模型的研究和落地应用。[①]

（一）语言大模型

在"大模型+大数据+大算力"的加持下，ChatGPT 能够通过自然语言交互完成多种任务，具备了多场景、多用途、跨学科的任务处理能力。大语言模型正引领着新一轮的技术革命，众多科技巨头纷纷围绕大语言模型进行布局，进一步推动大语言模型向前发展。

大语言模型服务平台正向个人开放及商业落地应用延伸，不同公司各有侧重，提供了多种途径以获取大语言模型的能力。OpenAI API 是较早面向公众开放的大模型服务平台，用户可以通过 API 访问不同 GPT 模型来完成下游任务。"文心一言"是基于百度文心大模型的知识增强语言大模型，提

[①] Zhang，Duzhen，et al.，"Mm-llms：Recent advances in multimodal large language models"，arXiv preprint arXiv：2401. 13601，2024.

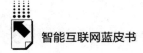

供 APP、网页版、API 接口等多种形式的开放服务。智普 AI 的 GLM 系列大模型采用空白填充等多任务联合训练方式，提升了模型的生成能力。Baichuan 系列模型支持中英双语，使用高质量训练数据，在多个基准测试上表现优秀，该系列模型还开源了多种量化版本。

大语言模型技术具有广泛的应用场景，可以用来赋能不同行业。"大模型+传媒"可以实现智能新闻写作，降低新闻的生产成本；"大模型+娱乐"可以加强人机互动，增强互动的趣味性和娱乐性，激发用户参与热情；"大模型+教育"可以赋予教育教材新活力，让教育方式更加个性化、智能化；"大模型+金融"可以帮助金融机构降本增效，让金融服务更有温度；"大模型+医疗"可以赋能医疗机构诊疗全过程，提升诊疗效率和准确率。

（二）视觉大模型

受到语言大模型成功的启发，研究人员开始探索在计算机视觉领域使用自监督预训练的方法训练视觉大模型。一些早期的工作如 ViT、Swin Transformer 等放弃了传统计算机视觉领域的卷积核，而采用 Transformer 的自注意力网络结构进行训练。通过大量数据自监督训练的视觉模型可以有效提取深度视觉特征，进而更好地处理和理解视觉信息，完成相应的下游任务。Meta 公司 2023 年提出的分割一切模型（Segment Anything Model，SAM）产生了一种解决下游任务的新范式，带有提示工程模块的模型可以通过提示完成各种下游任务，如交互式分割、边缘检测、实例分割等。这些模型显著的零样本泛化能力突显了提示工程在下游任务中的重要性。在纯视觉领域，UC Berkeley 提出的视觉大模型尝试使用纯粹的视觉提示来引导模型完成各类任务，通过数个示例的提示，模型就可以了解使用者的意图，并完成诸如目标检测、深度估计、风格迁移、图像修复等多种视觉任务，展现了强大的上下文学习能力和拓展能力。

由扩散模型引导的视觉生成模型也是视觉大模型研究的另一大热点。其基本原理是通过神经网络学习由纯粹的噪声数据逐步对数据进行去噪，由此来产生新的图像或视频。而为了控制生成图像的内容，又引入了 CLIP 等模型使之可以被自然语言控制，以达到文生图、文生视频的效果，目前火爆的 Stable Diffusion 绘图模型、OpenAI 发布的 Sora 视频生成模型都属于这一范畴。

总体来看，视觉大模型发展迅速，不论是通过自监督预训练来实现的视觉大模型，还是基于扩散原理的扩散模型，都展示出了强大的性能和泛化能力。视觉大模型仍然有其局限性，有效发掘视觉大模型的应用场景也是一个亟待探索的方向。

（三）跨模态大模型

大语言模型的成功促使研究者在视觉—语言任务中使用自回归语言模型作为解码器，实现语言模型知识到多模态模型的迁移。例如，最近提出的 PaLM-E 拥有 5620 亿个参数，将现实世界的传感器模态整合到大语言模型中，建立了现实世界感知和人类语言之间的联系。

鉴于模态间的互补性，单模态大语言模型和视觉模型同时朝着彼此运行，最终产生了跨模态大模型的新领域。跨模态大模型展示了一些令人惊讶的实用能力，例如，基于图像编写网站代码，理解图像的深层含义，以及无字符识别（Optical Character Recognition，OCR）的数学推理。无论是 OpenAI 发布的 GPT4-V 还是 Google 发布的 Gemini 都展示了惊人的跨模态智能能力，可以输入文本、图像、音频、视频任意一种模态，再对人类的意图进行分析，得到相应的输出。

从发展人工通用智能的角度来看，跨模态大模型可能比大语言模型向前迈出一步，表现为以下几点。首先，跨模态大语言模型更符合人类感知世界的方式。作为人类自然地接受的多感官输入，这些输入往往是互补和合作的。因此，多模态信息有望使跨模态大模型更加智能。其次，跨模态大模型提供了一个更友好的用户界面。得益于多模态输入的支持，用户可以以更灵活的方式与智能助手进行交互。最后，跨模态大模型是一个更全面的任务解决者。虽然大语言模型通常可以执行自然语言处理任务，但跨模态大模型通常可以支持更大范围的任务。

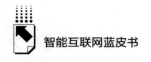

二 类脑智能研究

作为人工智能另一个重要的研究范式，类脑智能是受脑神经机制和认知行为机制启发，并通过软硬件协同实现的机器智能，使机器以模拟人脑的方式达到或超越人类智能水平。[①]

（一）基于脉冲神经网络的类脑智能

脉冲神经网络（Spiking Neural Network，SNN）通过模拟神经元的脉冲通信，提升了对生物大脑行为的仿真精度，并增添了时空数据处理功能，因其结构简单、计算成本低而广受欢迎。脉冲神经网络已在机器视觉领域展现出独特优势，凭借对时序信息的优秀提取能力，可以很好地处理如 LiDAR 传感器和事件相机生成的带有时间信息的视觉数据。目前 SNN 不仅在简单数据集如 MNIST 上实现了图像分类，在更复杂的对象检测任务中也取得了与深度神经网络相当的性能，同时大幅减少了能量消耗。最近 SNN 被成功应用于目标跟踪的实验进一步验证了 SNN 在高效计算和能耗管理方面的潜力。SNN 提供了一种节能且高效的机器视觉解决方案，其快速发展预示着在未来的视觉处理任务中可能取代传统技术。

随着技术的不断进步，SNN 将在人工智能领域扮演更加关键的角色。SNN 在处理时序信息和精确模拟生物神经行为方面的能力将展现无与伦比的优势，这些特性不仅使 SNN 成为深度学习技术的重要补充，而且预示着其在提升智能系统能效和性能方面的巨大潜力。随着 SNN 架构和学习算法的持续优化，未来将实现更快的推理和更低的能耗，这将为智能设备、自动化系统以及人机交互等领域带来创新突破，推动下一代人工智能技术的发展进程。

---

① Roy K., Jaiswal A., Panda P., "Towards spike-based machine intelligence with neuromorphic computing", *Nature* 2019 （7784）：607-617.

（二）脑机接口

脑机接口由美国教授 Jacques Vidal 在 1973 年提出，首次尝试利用脑电图在人脑和计算机之间进行交流。进入 21 世纪以来，得益于脑科学、认知科学以及相关技术的飞速进步，脑机接口技术实现了跨越式发展。2000 年，关于脑机接口系统的研究和论文数量大幅增加，2012 年《自然》杂志上发表了两项具有开创性的研究，探讨了脑机接口系统如何实现瘫痪后的神经手臂控制和手臂运动恢复。脑机接口技术分为侵入式和非侵入式两大类。侵入式脑机接口通过手术将微电极植入大脑，实现直接记录神经活动并解码意图，已在机械手控制和触觉恢复等领域取得进展。非侵入式脑机接口通过头部表面设备记录大脑活动，适用于脑电图监测，无须手术，安全性高，适合疾病康复和机器人控制等应用。

目前，主流的消费级脑机接口研究主要运用非侵入式的脑电技术，尽管非侵入式技术相对侵入式技术容易获得分辨率更高的信号，但风险和成本依然很高。不过，随着人才、资本的大量涌入，非侵入式脑电技术势必往小型化、便携化、可穿戴化及简单易用化方向发展。而对于侵入式脑机接口技术，在未来如果能解决人体排异反应及颅骨向外传输信息会减损这两大问题，再加上对于大脑神经元研究的深入，将有望实现对人的思维意识的实时准确识别。

（三）神经形态芯片

神经形态芯片是一款全新的小型半导体芯片，灵感源自人类大脑能够复制信息并思考的处理方式。人体的 1000 亿个脑神经元能通过 100 万亿个突触实现互联互通，使大脑能快速处理并保存信息。这些突触采用并行连接方式，因而神经元网络能以较低的功耗（约 20 瓦），同步进行记忆、演算、推理和计算。神经形态芯片尝试通过物理硬件模拟神经元和突触的行为，通过并行处理大量数据，模拟神经网络中的信息传递过程。这种设计能够在处理复杂的模式识别和数据处理任务时，大幅度提高效率和速度。

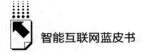

神经形态计算的概念可以追溯到 20 世纪 80 年代。但直到最近几年，随着微电子技术的进步和深度学习算法的发展，神经形态芯片的研究才取得了显著进展。早期的神经形态系统主要侧重于模拟单一神经元的行为，而现代的神经形态芯片则能模拟数十亿个神经元和突触之间的复杂相互作用。近年来，许多科研机构和科技公司都在神经形态芯片领域投入了大量资源。例如，IBM 的 TrueNorth 芯片和英特尔的 Loihi 芯片，代表了当前神经形态计算技术的最前沿。这些芯片在模拟神经网络方面的高效能和低能耗表现，为完成诸如自然语言处理、图像识别等复杂任务提供了新的可能性。

三 具身智能研究

具身智能是指一种智能系统或机器能够通过感知和交互与环境进行实时互动的能力。具身智能系统通常具备感知、认知、决策和行动的能力，能够通过感知器和执行器与环境进行交互，并根据环境的变化做出相应的决策和行动。[①]

（一）具身智能研究现状

随着 Alpha Go 的成功，研究人员开始用强化学习来打通智能体的"感知—决策—执行"过程，希望实现具身智能。大模型的出现让具身智能进一步发展。大模型为具身智能提供了关于任务的高级语义知识，通过语义分解得到足够多的任务的执行方案，在复杂任务理解、连续对话、零样本推理等方向有了突破性进展。与多模态的结合使具身智能有了进一步突破。谷歌研发的 PaLM-E 大模型将语言模型与视觉模型相结合，可以通过简单的指令自动规划计划步骤，实现在两个不同实体上的执行规划以及长距离的任

① Homanga Bharadhwaj, Jay Vakil, Mohit Sharma, et al., "RoboAgent: Generalization and Efficiency in Robot Manipulation via Semantic Augmentations and Action Chunking", arXiv preprint arXiv: 2309.01918, 2023.

务，颠覆了以往机器人只能实现固定路径行为或者需要人工协助才能完成长跨度任务的印象。PaLM-E 可以理解图像、语言并执行各种复杂的操作而无须重新训练，实现基于图像内容的逻辑推理。

图像—语言—动作多模态模型进一步实现了数据与处理任务的跃升。谷歌的 RT-1 通过吸收大量的真实数据，提升性能和泛化能力。特斯拉已经打通了完全自动驾驶和机器人的底层模块，实现了一定程度的算法复用，帮助其人形机器人 Optimus 在任务操作方面展现先进性。

多模态融合、语言大模型等技术的发展为具身智能带来了新的可能性。未来，具身智能的仿真环境需要突破更多物理交互与传感模拟，同时也需要更好地实现仿真到真实的迁移。

（二）人形机器人

人形机器人的演变可以分为三个阶段。20 世纪 60 年代末，人形机器人初显成果，研究的主要内容聚焦于人形机器人的行走与控制。21 世纪初，人形机器人的发展进入第二阶段，引入了初步的智能性。研究人员将高精度传感器与智能控制技术高度集成，使智能机器人能够根据环境的变化做出相应的动作。在此阶段，先进的人形机器人如"BIP2000"、索尼"SDR"系列等已经能够完成奔跑、爬楼梯、调整重心等高难度动作。经过 21 世纪前 10 年的发展，人形机器人进入了高速发展的第三阶段。随着控制理论的突破和人工智能的发展，人形机器人变得高度智能化，能够感知周围环境并做出相应动作。例如，特斯拉公司的 Optimus 搭载了自家的 DOJOD1 算力芯片，能够对周围环境进行建模，捕捉人类动作。小米的人形机器人 CyberOne 搭载视觉模组，能够识别人物身份、手势和表情等，在语音沟通方面也实现了情绪感知功能。

人形机器人的研究主要可分为运动控制和传感感知两大方面。运动控制是人形机器人的基础模块。人形机器人要求紧密模仿人类的运动特征，能够调整重心、步幅等。近年来，深度学习方法被运用于控制方法以学习运动策略，比如行为克隆。逆强化学习也被使用，以训练机器人的控制策略。传感

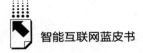

感知作为人形机器人的另一大模块，在与外界的交互中发挥着重要的作用。虽现有技术已经能够实现检测和避障，但仍存在立体成像等难题待解决。此外，一些研究关注对多种传感器的融合感知，使人形机器人能在复杂多变的环境中完成给定指令。

　　未来人形机器人的发展将进一步融合多学科技术，例如，适合人形机器人的材料，可延长其寿命并减轻其重量，提高适用性。同时，大模型技术在人形机器人上的应用将提升其人机交互能力，使之更具泛用性。

四　受限资源下的人工智能研究

　　数据和模型是当前人工智能技术的核心要素；可以从高效数据表示、深度模型压缩和高效模型设计方面，观察近年来受限资源下人工智能和大模型的研究现状。[①]

（一）高效数据表示

　　人工智能模型训练和推理流程的第一个步骤是数据的获取和预处理，将输入人工智能模型前的数据变换为适合受限资源环境的高效表示形式再输入模型可大幅节省成本。举例来说，视频通常以压缩编码的形式保存和传输，利用现代视频压缩算法的工作原理，直接提取压缩视频的中间表示（称为压缩域数据）输入模型，可极大节省视频的总处理时间，如图1所示。目前已有一些视频理解方法，通过设计专用模块提取压缩域数据中的时空信息，取得了精度和速度上的提升。然而，由于压缩域数据具有复杂的结构，现有方法尚未充分发挥其潜力。此外，现有方法需要重新设计和训练模型，提高了实际应用成本，因此，这类方法尚未用于大模型，有待进一步研究。

---

① Menghani G. ，"Efficient deep learning：A survey on making deep learning models smaller，faster，and better"，*ACM Computing Surveys* 2023（12）：1～37.

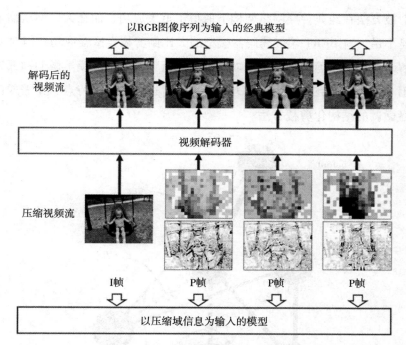

图1　压缩域方法与经典方法的区别

资料来源：C. Y. Wu, M. Zaheer, H. Hu, R. Mamatha, et al., Compressed Video Action Recognition, IEEE Conf. on Computer Vision and Pattern Recognition, 2018.

（二）深度模型压缩

在受限资源下训练和推理人工智能模型的可行途径之一是对已有的模型进行调整，显著降低其推理成本的同时保持相近的推理效果，这一途径称为模型压缩。主流模型压缩方法包括剪枝、量化、低秩分解和蒸馏。

剪枝指通过将神经网络中不重要的连接权重删除（设为零）来减少模型参数数量和计算量，剪枝方式可分为非结构化剪枝和结构化剪枝（见图2）。非结构化剪枝单独对每个权重进行剪枝，并微调剩余的模型。这类方法虽然灵活，但是得到的权重矩阵可能是稀疏的，因此，只能在专用软硬件平台上实现明显的加速。结构化剪枝则一次删除一组权重，如删除卷积神经网络的通道或权重矩阵的行或列，故无须修改现有软硬件推理设施即可实现加速。

现有剪枝方法在经典神经网络架构上取得了重大成功，而在大模型压缩上表现仍显不足。对 BERT 等仅编码器模型的大比例剪枝尝试较成功，但对 GPT 等仅解码器模型的剪枝则困难得多。考虑到巨大的模型规模给微调和部署带来的困难，未来研究的一个重要方向是探索更适合大模型特点、无需或仅需极少量微调的结构化剪枝方法。

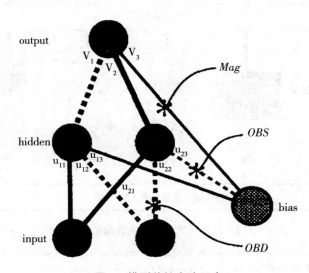

图 2　模型剪枝方法示意

量化（quantization）方法将权重或激活值量化为低精度数据类型以减少模型存储空间，降低推理延迟。量化常发生在训练之后（Post-Training Quantization，PTQ），将待量化值映射到目标数据类型的表示范围内，再舍入为目标数据类型。PTQ 的缺陷是训练和推理时的模型不一致，因而精度损失较大。大模型由于训练和微调成本极高，通常采用无须重新训练的 PTQ 方法。对大规模模型仅凭单一手段往往很难完全达成压缩目标，因此，探索能与其他模型压缩手段相结合，低成本、快速、低精度损失的大模型量化方法对大模型应用具有重大价值。

低秩分解（low-rank decomposition）方法通过奇异值分解和 Tucker 分解等矩阵或张量分解方法将权重矩阵或卷积滤波器近似为低秩矩阵或张量的组

合，使分解后的元素数量和计算量之和小于原权重矩阵。近年出现了一些针对大模型的低秩算法。第一类方法类似通用低秩分解方法，通过特殊设计的矩阵分解或张量分解模式降低大模型权重；第二类方法在模型中插入总参数量远小于模型的低秩适应器（Low-Rank Adaptor）来大幅度减少微调需要的存储空间。低秩方法在传统和大模型领域都取得了较大的成功，极大地推动了人工智能模型的应用。目前的一个重要研究方向是将低秩方法与量化方法结合，实现对量化模型的参数高效微调（Parameter-Efficient Fine-Tuning，PEFT）。

蒸馏（distillation）方法让学生模型学习或模仿教师模型的行为，从而将教师模型中蕴含的知识转移到学生模型中，学生模型的计算成本低于教师模型时可实现模型压缩的效果。蒸馏能提高学生模型的准确性和收敛速度，允许在受限资源下部署高质量小规模模型。蒸馏不要求同时更新教师和学生模型的参数，可以预先收集教师模型的知识，训练成本较低。考虑到蒸馏方法的潜力，针对大模型特点研究将预训练大模型的知识蒸馏至规模较小的推理模型的方法，将能极大促进大模型的推广和普及。

（三）高效模型设计

针对资源有限场景设计低计算成本的人工智能模型可以降低训练或推理开销。早期的高效模型设计主要针对卷积神经网络。近年来针对大模型所使用的注意力算子的高计算复杂度出现了众多高效设计，试图利用注意力矩阵天然的稀疏性结构，将注意力变换为可高效计算的形式，以降低整体计算复杂度。大多数高效模型都可视作更复杂模型的特例，追求的是准确性和高效性的最佳折中。然而，也有一些研究提出了全新的模型设计范式，试图在达到或超越现有大模型表现的同时将推理成本降低至线性级别。虽然这些工作尚处于早期阶段，但它们展现的潜力吸引了相当多的关注，值得进一步投入研究。

五　人工智能算法与数据安全

随着以大模型为代表的人工智能技术的迅速发展，人工智能算法和数据

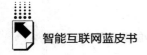

安全也面临着新的挑战。以下将从安全威胁和防御技术两个方面来简述人工智能算法和数据安全的发展现状。①

（一）安全威胁

大模型凭借其强大的学习和生成能力，在给人们带来便利的同时，也带来了潜在的个人和社会威胁，包括虚假信息威胁、数据泄露威胁和数据中毒威胁。

1. 虚假信息威胁

虚假信息威胁指通过大模型大规模生成虚假信息。通过对大模型生成的内容进行分析发现，与实际内容相比，大模型在生成的过程中添加了大量额外信息，该现象在新闻类文章的生成中尤为严重。实验表明，多数人难以识别由大模型生成的虚假内容。这些虚假信息可能误导公众对特定议题或事件的理解与判断，对公共舆论产生不良影响，进而影响民众的决策行为与社会稳定，并可能严重损害政府机构、企业或其他组织以及个人的声誉。

2. 数据泄露威胁

数据泄露威胁指大模型的训练数据可能会受到攻击从而泄露。最近一些研究工作表明，大模型能够记住它们的训练数据。大模型可以从模型中提取短语和训练语料库，进而检索出姓名、联系地址、电话号码和电子邮件地址等敏感信息。当前市场上的大模型记住了相当大一部分的训练数据，接近60%的训练数据可能因遭受攻击而泄露。大模型数据泄露还可能导致社会上敏感信息的暴露，尤其是政府机构、医疗机构或金融机构的数据泄露，会对国家安全、社会稳定或公众利益造成影响。

3. 数据中毒威胁

数据中毒威胁指通过刻意引入的方式，将恶意示例注入训练数据集中，以此来达到操纵学习结果的目的。该过程通过精心设计人为关联数据和特定

---

① Badhan Chandra Das，M. Hadi Amini，and Yanzhao Wu，Security and privacy challenges of large language models：A survey，arXiv preprint arXiv：2402.00888，2024.

标签之间的差异，将不正确的知识嵌入模型中，导致模型推理能力大幅下降。数据中毒不仅损害受害者模型的整体性能，也助长了后门攻击的实施。后门攻击利用中毒示例的训练，使模型在预测特定类别时，出现特定短语的频率升高。此外，利用大模型依靠指令训练的特点，通过指令调整中毒的方式，可以达到操纵大模型的效果。内容注入攻击和过度拒绝攻击等手段对用户产生极大的安全威胁。内容注入攻击促使受害大模型生成特定的内容。过度拒绝攻击试图使大模型频繁拒绝请求，并以不引起争议的方式提供可信的理由。

（二）防御技术

大模型的防御技术旨在应对大模型训练和推理过程中遇到的安全威胁，确保大模型在社会中的安全使用。下面介绍大模型滥用的防止措施、红队测试思想、记忆泄露攻击的防御方法和毒性数据攻击的防御方法。

1. 大模型滥用的防止措施

判别生成内容的来源是防止大模型滥用的主要措施。目前有三类主流的判别生成内容来源的方法：第一类方法是模型水印，该方法将机器可识别但人类难以识别的水印嵌入模型生成内容中；第二类方法将文字来源判别问题看作一个二分类问题；第三类方法是零样本方法，该方法利用生成模型依据概率生成的特点进行文字来源判别。例如，DetectGPT 通过判断文本扰动后，对数概率的变化程度进行来源判别。

2. 红队测试思想

红队测试思想指通过模拟敌方攻击，识别系统的安全漏洞和弱点，旨在增强目标系统的防御能力和安全性。大模型时代下，为了实现自动化的红队策略，研究人员探索了使用大模型代替人类组成红队进行测试的方法，并将红队攻击后形成的报告与基于反馈的强化学习技术相结合，迭代地提高大模型的安全性。

3. 记忆泄露攻击的防御方法

针对记忆泄露攻击的防御方法可分为基于强化学习的防御方法和隐私保护的防御方法。基于强化学习的防御方法的目标是降低从训练文本中直接

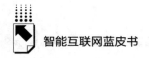

"摘抄"的概率，一般构建生成文本和训练文本的相似性度量，并依据强化学习算法最小化该度量，以减小记忆泄露的风险。隐私保护的防御方法是在训练时对数据做隐私化处理，引入了新的私有化令牌重构任务，在增强隐私保护的同时学习下游任务的表示。

4. 毒性数据攻击的防御方法

针对毒性数据攻击的防御方法旨在检测和识别出毒性数据。由于后门攻击中的毒性数据对于对抗性的扰动具有更强的鲁棒性，基于数据扰动的策略就根据这种现象来进行毒性样本的识别。基于特征的方法则提取不同类型样本在隐空间中的表示，计算已知干净样本和未知样本在隐空间中的马氏距离，以此来判断样本是否有毒。基于后门攻击中触发器的方法根据触发器对应的文本在被攻击模型训练时有更大的梯度这一特点来发现有毒样本。

六　总结与展望

人工智能技术的发展方兴未艾，在未来的发展趋势中，以下几个关键方面将进一步引领人工能技术的进步。

首先是大模型算法的后续发展。跨模态智能是人类智能最重要的特征之一。跨模态大模型一定是未来大模型技术最重要的方向。一方面，安全性是跨模态人工智能应用落地的重要保障，需要加强模型的安全性评估和防护措施并进行相关政策法规的完善，以确保其在实际应用中的稳定性和安全性；另一方面，跨模态人工智能应用的落地速度和变现节奏将成为人们关注的重点，特别是其对企业的收入增长和用户黏性的影响，能进一步判断其商业价值和变现潜力。

其次是具身智能技术的发展。目前该技术面临着在仿真环境到真实环境的迁移、学习效率和泛化能力等方面的挑战。未来的研究将融合多学科技术，突破物理交互与传感模拟，并实现良好的仿真到真实的迁移。同时，大模型技术的应用将提升具身智能的人机交互能力，增加其泛用性。这些进步将推动具身智能技术的广泛应用，促进其实用化和商业化。

最后是模型优化和效率提升。研究人员通过深入研究高效数据表示、模型压缩和高效模型设计等方面，提出了有效的方法来节约训练和部署的资源。然而，随着深度学习技术和大模型的发展，模型优化和效率问题将变得更加重要和复杂。未来的研究可以从多个角度展开，包括深入研究不同类型的数据表示方法、模型优化策略和技术手段，探索新的硬件平台和系统架构，如边缘计算和分布式训练，以适应多样化的应用场景和需求。同时，需要加强对模型公平性、安全性和伦理问题的研究，确保模型在受限资源条件下的可靠性和可信度。

综上所述，人工智能的未来发展需要关注、重视大模型算法与数据安全、具身智能技术的进展以及模型优化和效率问题。这些趋势将推动人工智能技术的进一步发展，为各行业和领域的应用提供更多可能性和机会。随着不断的研究与创新，人工智能有望成为未来社会的重要组成部分，为人类生活带来更多的便利和可能性。

参考文献

Zhang, Duzhen, et al., "Mm-llms: Recent advances in multimodal large language models", arXiv preprint arXiv: 2401. 13601, 2024.

Roy K., Jaiswal A., Panda P., "Towards spike-based machine intelligence with neuromorphic computing", Nature 2019 (7784).

Homanga Bharadhwaj, Jay Vakil, Mohit Sharma, et al., "RoboAgent: Generalization and Efficiency in Robot Manipulation via Semantic Augmentations and Action Chunking", arXiv preprint arXiv: 2309. 01918, 2023.

Menghani G., "Efficient deep learning: A survey on making deep learning models smaller, faster, and better", ACM Computing Surveys 2023 (12).

Badhan Chandra Das, M. Hadi Amini, and Yanzhao Wu, Security and privacy challenges of large language models: A survey, arXiv preprint arXiv: 2402. 00888, 2024.

市场篇

B.12
2023年自动驾驶发展状况与趋势

李 斌　公维洁　李宏海　张泽忠*

摘　要：　2023年，我国自动驾驶在技术研发、政策法规方面进一步取得突破，交通运输部和工信部通过试点示范推动自动驾驶在城市和城际典型交通应用场景落地。自动驾驶具备更广阔的发展空间，将引领交通运输系统数字化、网联化、智能化发展，形成交通领域的新质生产力，颠覆整个交通运输、运载工具及相关产业，促进社会现代化发展。

关键词：　自动驾驶　环境感知　智能网联汽车　交通强国

---

* 李斌，研究员，工学博士，交通运输部公路科学研究院副院长兼总工程师，长期从事智能交通领域的基础前沿性、工程性以及战略性创新研究；公维洁，国家智能网联汽车创新中心副主任、中国智能网联汽车产业创新联盟秘书长；李宏海，交通运输部公路科学研究院自动驾驶行业研发中心副主任、研究员；张泽忠，国家智能网联汽车创新中心战略研究部路线图研究业务线总监。

一　2023年自动驾驶发展状况

道路交通自动驾驶通过载运工具、基础设施与运行管控的有机融合，实现道路交通部分或完全自动化运行，是对传统运输模式和出行方式的一次深刻变革。自动驾驶是提升道路交通运输智能化水平、推动交通运输行业转型升级的技术途径，将有力带动交通、汽车、通信等产业融合发展。

（一）关键技术研发现状

汽车、信息通信、电子与集成电路、人工智能、互联网等领域单位以应用需求为导向，加强关键算法和核心零部件研制，自动驾驶系统产业进程由前期的研究验证转向更加务实的技术攻关。

1.环境感知系统

环境感知系统包括车载摄像头、毫米波雷达、激光雷达、超声波雷达和夜视仪等部件。从整体来看，环境感知部件已基本实现国产化，800万像素车载摄像头逐步成熟，国内企业已具备相关生产能力；毫米波雷达方面，国产毫米波雷达整机产品已经形成在量产车型上的前装搭载；MMIC（Monolithic Microwave Integrated Circuit，单片微波集成电路）芯片等毫米波雷达核心元器件完成自主开发；激光雷达方面，自主车载激光雷达占据全球绝大部分市场份额，2023年，速腾聚创、禾赛科技、图达通位列全球车载激光雷达出货量前三，多家车企、百余个车型实现半固态激光雷达上车。此外，2023年国产纯固态Flash侧向激光雷达初步成熟，开始在部分车型上前装应用。

2.车载芯片和操作系统

国产芯片厂商开发的芯片性能不断提升，并通过赋能或协同研发的方式与主机厂深度融合，同时积极布局面向中央计算架构的舱驾融合芯片，使用国产芯片的主机厂群体正逐渐扩大。2023年，超100TOPS的大算力芯片已经在多款量产车型上得到广泛应用，全年搭载数十万片。面向汽车电子电气架构演进进程与车辆智能化功能激增等需求，有关车载算力芯片企业正在积

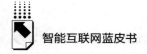
极规划更先进制程、更高性能产品，从而形成覆盖多个功能域、更高自动驾驶等级需求的产品序列。

智能驾驶操作系统处于发展初期，是智能汽车发展的重要支撑。智能驾驶操作系统基于QNX、Linux等内核开发，主要用于支撑智能驾驶的感知、决策等功能，对芯片算力和系统实时性、安全性均有很高要求。总体来看，当前智能操作系统处于发展初期，尚未有满足高等级自动驾驶要求的成熟技术方案。特斯拉、英伟达等国外企业的产品在高端车型上率先应用，我国华为、普华软件、斑马、国汽智控等企业推出的智能驾驶操作系统也即将实现量产应用。

3. 通信技术

我国信息通信产业具有较强先发优势，我国正依托先发优势，构建智能化与网联化相结合的智能网联汽车特色发展路径。一方面，我国已经在汽车通信功能方面具备全产业链的研发、设计制造能力，自主通信芯片、模组、终端性能满足行业需求。另一方面，伴随中信科智联、移远、华为、中兴、广和通、Autotalks等5G车载通信模组、直连通信模组的规模化降本效应显现，以及C-NCAP2024版规程制定，我国C-V2X（Cellular Vehicle-to-Everything，蜂窝车联网）市场化量产前装工作持续推进。5G和C-V2X直连通信方案有望在新车中不断提升渗透率，支撑更高速率、低时延需求的车联网应用，以及低时延、高可靠的直连通信安全效率应用。2023年1~12月，乘用车车联网前装标配1653.69万辆，同比增长23.55%，其中，具备C-V2X直连通信功能新车31.13万辆，同比增长83.12%。[①]

4. 高精度地图与定位技术

在高精度地图方面，有关图商已经完成全国30余万公里高速公路与城市快速路高精度地图采集工作；与此同时，相关高精度地图产品已经在众多量产车型上得到应用，能够配合高精度定位系统实现厘米级地理要素解析。在高精地图更新技术上，我国已经开始探索众包等多种采集方案及创新偏转加密模式，助力高精度地图快速更新。

---

① 高工智能汽车研究院统计。

在高精度定位技术方面，我国自主研发的北斗高精度定位芯片已实现规模化量产，全面对标国际先进产品千寻位置等差分定位服务商在全国范围内建设 RTK（Real-time kinematic，实时动态）地基增强站超过 2800 个，可优化高精度位置、速度、时间、姿态等信息的可靠性。与此同时，针对停车场等卫星定位信号不足场景，UWB（Ultra Wide Band，超带宽）等室内定位技术不断突破并即将面向应用。高精度车载定位系统上车应用加快脚步，2023年全年，搭载高精度车载定位系统的乘用车新车超过 50 万辆[①]，在蔚来、小鹏、理想等品牌新车型上逐步形成标配。

5. 测试技术

依托"多支柱法"，我国产业各界积极建设对应测试基础设施，提升服务能力，以满足自动驾驶测试主体对技术开发、道路和示范应用的测试需求。在虚拟仿真测试方面，基本建成了集成中国道路特征的自动驾驶场景库与仿真测试平台；驾驶辅助功能的场景库相对成熟，高级别自动驾驶场景数据初具规模；部分测试示范区提供开放的自动驾驶汽车开发平台服务，平台能够支持车辆数据采集及数据处理的模型训练及算力支撑、仿真场景库建设、交通流仿真、测试评价系统等工作。在封闭场地测试方面，工信部、公安部、交通部已支持建设 17 个国家级自动驾驶测试示范区。各示范区积极完善场地建设和基础设施布局，强化软硬件部署，对道路测试与示范应用提供检测支撑发挥重要作用。在开放道路方面，开放测试示范道路 22000 余公里，发放测试示范牌照超过 5200 张，累计道路测试总里程 8800 万公里，自动驾驶出租车、干线物流、无人配送等多场景示范应用有序开展。[②]

6. 路侧支撑技术

路侧基础设施主要包括路侧感知设备、路侧单元（RSU）、交通管控设施和路侧计算单位以及交通云控平台，主要实现环境感知、局部辅助定位以及交通信息实时获取，保障车与路、路与中心之间互联互通，实现交通信息

---

① 佐思产研、中国智能网联汽车产业创新联盟统计。
② 中国智能网联汽车产业创新联盟统计。

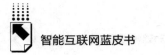

及时传递给车辆和驾驶人。路侧感知设备、路侧单元（RSU）、交通管控设施和路侧计算单位已经基本实现国产，但路侧设备中应用的芯片还部分依赖于国外芯片，主要在国产芯片软、硬件的适配性上还有一定的差距。国家以及地方政府积极推进路侧设备的国产化研究与应用，国内主要路侧设备研发企业也正在开展与寒武纪、地平线以及黑芝麻等芯片厂商的合作，逐步实现路侧设备的国产化替代。交通云控平台包括云控基础平台和云控应用平台，目前已经在城市和高速公路开展示范，逐步实现车路云一体化发展，并着手团体标准的研究和制定工作。

（二）试点应用现状

国内车企、自动驾驶公司、科研机构等创新主体纷纷结合具体场景开展自动驾驶应用示范与商业化探索，创造测试研发环境，加速技术迭代，不断加快商业模式探索。交通运输部组织开展了自动驾驶先导应用试点工程，推进具体场景应用加速落地。

1.辅助驾驶进入规模商用阶段

近年来我国自动驾驶产业发展迅速，多数主机生产商实现 L2 级（组合辅助驾驶）智能网联乘用车产品的大规模量产，终端市场规模和渗透率均多年连续增长。辅助驾驶系统已经实现大规模前装量产应用，自动驾驶系统也正在积极推动商业化探索。根据中国智能网联汽车产业创新联盟统计，在市场应用方面，2023 年，具备组合辅助驾驶功能的智能网联乘用车销量995.3 万辆，市场渗透率达 47.3%，产业发展已然驶入快车道。根据交通运输部公路科学研究院的统计，截至 2023 年 12 月，营运车辆中客车新车前装AEB（自动紧急刹车系统）市场渗透率为 41.73%，载货汽车新车前装 AEB的市场渗透率为 5.48%，牵引车辆新车前装 AEB 的市场渗透率为 17.13%。

2.智能交通先导应用试点[①]

2022 年，交通运输部组织开展了第一批智能交通先导应用试点（自动

---

① 交通运输部：《交通运输部办公厅关于公布第一批智能交通先导应用试点项目（自动驾驶和智能航运方向）的通知》，2022 年 9 月。

驾驶和智能航运）工作，面向部分场景的自动驾驶技术逐渐进入细分领域，特别是在城市出行服务、港口作业等场景中，自动驾驶技术已经实现了一定规模的应用，场景级解决方案加速成熟。其中道路自动驾驶项目有北京、长春、上海奉贤区、苏州城市出行服务与物流自动驾驶先导应用试点，合肥滨湖国家森林公园园区自动驾驶先导应用试点，济南天桥至淄博淄川分拨中心干线物流自动驾驶先导应用试点，天津港至马驹桥物流园公路货运自动驾驶先导应用试点，郑州快速公交自动驾驶先导应用试点，广州城市出行服务自动驾驶先导应用试点，西部（重庆）科学城园区自动驾驶先导应用试点等10个；港口区域集装箱自动驾驶项目有上海港港区集装箱水平运输与港口集疏运自动驾驶先导应用试点，厦门远海码头、妈湾港、天津港集装箱水平运输自动驾驶先导应用试点等4个。2023年9月，交通运输部启动第二批智能交通先导应用试点项目征集工作。

3. 智能网联汽车和智慧城市基础设施"双智"试点

住房和城乡建设部、工业和信息化部在2021年开始组织推动智慧城市基础设施与智能网联汽车（简称"双智"）协同发展试点。北京、上海、广州、武汉、长沙、无锡、重庆、深圳、厦门、南京、济南、成都、合肥、沧州、芜湖、淄博等16个城市先后两批成为试点城市。目前，两批试点城市均已到期，有序开展成果验收活动。经过2年建设，各城市取得积极成果。一是各地持续开展政策管理环境创新。各城市制定出台了"双智"发展顶层规划，多地通过地方立法或政策先行区先行先试，因地制宜探索智能网联汽车无人化测试、高速公路测试、商业化试点等，创造各具特色的发展条件，为智慧城市与智能网联汽车融合发展打造良好基础。同时各试点城市成功经验，不断辐射周边区域，例如形成了以北京为主的京津冀，以上海为主的长三角，以广州、深圳为主的粤港澳大湾区，以长沙、武汉为主的中部，以重庆、成都为主的成渝等创新发展区域。二是智能网联基础设施初具规模。经过两年左右试点，各地围绕感知、通信、计算等路侧基础设施展开了有效建设，形成各试点城市路侧基础设施近万套，有效支撑智能网联汽车多场景应用，深入探索车路协同技术发展路径。在建设模式创新上，各地基于"全域推进+分级建设""利旧复用""多杆合一"等方式积极探索，总结形成了良好经验。在"车城网"平台建设方面，各地积极构建具备实时感知能力的云端平台，融合汽车、道路、交管、停车场等多维度数据，在智慧出行、智慧交通、智慧城市等管理场景中产生了良好的社会经济效益。三是多场景示范应用取得实效。基于"双智"试点工作开展，各地在自动驾驶出租车（robotaxi）、智慧公交、干线物流、智慧停车、无人配送等多个场景下有序开展示范应用；部分地区因地制宜，积极探索城乡公交、农资物流、BRT 公交等特色应用场景。有关城市充分发挥自身优势，稳步推进试点建设，积极探索商业化运营新模式，呈现"各有特色、遍地开花"的良好局面。四是积极推进双智标准体系建设。各城市积极围绕"双智"发展推动标准体系建设，深入参与有关国、行、团标研制，积极开展地方标准建设。各城市形成了各具特色的标准体系，城市间也开始形成共建互认的共识。

4. 高级别自动驾驶从示范逐步走向商业化应用

在 Robotaxi（自动驾驶出租车）方面，小马智行、百度、文远知行、AutoX、滴滴等初创公司加速布局 Robotaxi 场景，各地逐步开放政策，开始出现车内真正无人的示范情况。2023 年 2 月，《广州市智能网联汽车道路测试实施工作指引（第一版）》印发，允许广州开始远程载客测试（即车内无安全员），并提出满足一定条件后可实现 1 名远程安全员监控 3 台车辆，小马智行成为获批企业。2023 年 9 月，北京市智能网联汽车政策先行区颁发首批乘用车"车内无人、车外远程"出行服务商业化试点通知书，小马智行、百度等成为获批企业。

在 Robobus（自动驾驶公交车）方面，2023 年 3 月，无锡市落地 50 辆智能巴士，致力于建成全国最大规模自动驾驶微循环接驳体系；截至 2023 年 6 月，广州市已陆续投入 50 台 Robobus，开通广州塔线、生物岛 1 号线、生物岛 2 号线、琶洲环线、雍景湾线等共计 5 条自动驾驶便民线路。2023 年 11 月，十堰智能网联项目线路试运营启动，首批投放 10 辆东风悦享无人驾驶公交车，打造一条往返 17km 无人驾驶运营线路，构建以"车+路+云+

站+场"为中心的公共交通全场景无缝化移动服务新模式。此外，内蒙古康巴什区、珠海横琴、九江、南京、青岛等都宣布新增无人驾驶巴士路线，用于接驳观光。浙江丽水市、成都经开区等均引入了无人驾驶公交接驳车，开启商业化示范运营，预计未来常态化运营后，将纳入城市公交体系。

在智慧物流方面，小马智行在北京、广州等地获得自动驾驶卡车测试牌照，并于2023年11月获得广州首个自动驾驶卡车编队行驶测试牌照，截至2023年11月，在复杂的城区公开道路中，已累计测试里程超2700万公里；友道智途于2022年7月在上海洋山港实现商业化试运行，2023年度累计测试里程超400万公里，实现1拖4编队行驶。①

无人矿山方面，开始进入"安全员下车"常态化阶段。露天矿山因为其场景较为封闭成为自动驾驶技术的重要应用场景。2022年3月，踏歌智行公司主导的"鄂尔多斯永顺宽体车无人运输项目"顺利进入"安全员下车"常态化阶段，目前已经实现7×24小时多编组宽体车无安全员作业，对比传统作业人员作业效率达到人工效率的80%以上；雷科智途联合矿企进行无人驾驶系统功能开发、验证、调试，完成了无人驾驶车辆井上/井下融合定位、感知识别、自主会车、自主避障、远程驾驶等车端功能，截至2023年末，共计累积数千公里井工煤矿无人驾驶路测数据；2023年7月，由易控智驾投放的102台百吨级增程式无人驾驶矿车正式交付特变电工新疆天池能源南露天煤矿使用，打造了国内单体矿山车辆规模最大的无人驾驶项目。②

（三）政策法规现状

国务院以及各地方政府先后出台了多项政策文件，大力支持自动驾驶技术及产业快速发展。

---

① 中国智能网联汽车产业创新联盟统计。
② 《科技助推产业高质量发展，易控智驾"御石"无人驾驶新能源线控平台首次亮相》，新华网，2023年10月，http://www.xinhuanet.com/auto/20231026/3591ba56c0d740ba9e2cb760269f826d/c.html。

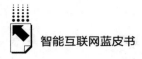

1. 国家层面持续布局

为深入贯彻《交通强国建设纲要》，推动落实《交通运输部关于促进道路交通自动驾驶技术发展和应用的指导意见》《智能汽车创新发展战略》有关任务，工业和信息化部、交通运输部持续深化政策，推动自动驾驶的落地应用和创新发展。2023 年 12 月，交通运输部发布《自动驾驶汽车运输安全服务指南（试行）》①，针对车辆要求、经营方资质、道路适用、人员要求、安全保障以及监督管理做出了明确的规定。2023 年 11 月，工业和信息化部会同公安部、住房和城乡建设部、交通运输部发布《关于开展智能网联汽车准入和上路通行试点工作的通知》②，在智能网联汽车道路测试与示范应用工作基础上，遴选具备量产条件的搭载自动驾驶功能的智能网联汽车产品，开展准入试点；对取得准入的智能网联汽车产品，在限定区域内开展上路通行试点，车辆用于运输经营的需满足交通运输主管部门运营资质和运营管理要求。基于试点实证积累管理经验，支撑相关法律法规、技术标准制修订，加快健全完善智能网联汽车生产准入管理和道路交通安全管理体系。

2. 地方政府快速推进

在国家政策和地方发展需求的引导下，北京、深圳、重庆等多地继续优化完善道路测试和示范应用政策，推动了我国自动驾驶道路示范向广度和深度发展。基于《北京市智能网联汽车政策先行区自动驾驶出行服务商业化试点管理细则（试行）》修订版，企业在达到相应要求后可在示范区面向公众提供常态化的自动驾驶付费出行服务。2023 年 11 月，深圳市工业和信息化局等 8 部门联合发布《深圳市促进新能源汽车和智能网联汽车产业高质量发展的若干措施》，明确要鼓励开展智能网联试点示范及商业运营。加

---

① 《交通运输部办公厅关于印发〈自动驾驶汽车运输安全服务指南（试行）〉的通知》，2023 年 12 月，https：//xxgk.mot.gov.cn/2020/jigou/ysfws/202312/t20231205_ 3962490.html。

② 《工业和信息化部　公安部　住房和城乡建设部　交通运输部关于开展智能网联汽车准入和上路通行试点工作的通知》，2023 年 11 月，https：//www.gov.cn/zhengce/zhengceku/202311/content_ 6915788.htm。

快建设功能齐全、特色突出的智能网联交通测试场，打造智能网联汽车与智能交通全面融合的测试环境，支持企业参与智能网联交通测试场测试。有序开放街区、道路、机场、港口等作为智能网联车辆示范及商业化应用场景，鼓励在场景内开展自动驾驶出租车、短途接驳、清扫车、物流运输等形式的应用。[①] 在此基础上，上海、广州、重庆等多个地方开展了智能网联汽车创新发展实施方案和行动计划制订工作。

二 自动驾驶发展面临的问题和挑战

当前，汽车安全辅助驾驶技术已开始规模商用，支撑封闭环境下的自动驾驶技术也已基本成熟，但是开放环境下的高级别自动驾驶技术应用仍然面临很多挑战。

在基础方法和关键技术方面，当前自动驾驶系统仍难以覆盖所有场景，有待在更复杂环境下进行验证。面对极端场景，环境感知依然是实现高级别自动驾驶功能的短板。此外，在复杂交通环境下，现有的预测模型针对动态物体的轨迹预测存在更大不确定性，成为更大难点。综合来看，面对高级别自动驾驶需求，在场景及事件识别认知的可靠性上仍存在较大技术瓶颈，有待数学理论突破及产品性能迭代。

在底层软硬件支撑方面，自动驾驶产业涉及与通信、芯片、地图定位等多产业的交叉融合，我国在自动驾驶底层核心技术及器件方面仍受制于人。一是基础软件与操作系统方面，目前相对成熟的内核系统及中间件等基本被欧美厂商掌握，国内尚且存在较大差距。二是在智能芯片方面，我国在车规级芯片的安全等级、性价比以及量产能力等方面仍有差距。车载摄像头、毫米波雷达、激光雷达等高精度传感器虽已基本实现国产化，但在产品稳定性、可靠性等方面，仍然需要长期验证。此外，在研发测试工具链等方面，

---

① 深圳市工业和信息化局等8部门联合发布《深圳市促进新能源汽车和智能网联汽车产业高质量发展的若干措施》，https://www.sz.gov.cn/cn/ydmh/zwdt/content/post_ 11009074.html。

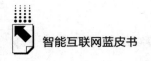

核心技术积累欠缺，产业链尚不完整。

在政策法规方面，我国对开放道路自动驾驶的应用仍持保守态度，国家层面法律修订仍需一定时间。封闭区域内和特定开放区域内的自动驾驶应用虽已得到支持，但围绕成熟应用场景的商业化运营政策仍在制定完善过程中，关于自动驾驶的准入和营运政策出台仍需要进一步的努力。

在安全管理方面，自动驾驶投入数量不断增加，对原有的交通系统运行带来了一定的挑战，自动驾驶运行安全事故不断出现，混行交通运行安全及应急保障体系亟须构建。在网络和数据安全方面，自动驾驶隐含重大安全风险，我国面向自动驾驶的信息安全方面标准仍需加快研制，低级别和高级别自动驾驶都需要信息安全监管，需要一套有公信力的网络安全评测体系与测评方法支撑自动驾驶信息安全监管。

在产业融合方面，自动驾驶是跨界融合产物，涉及汽车、通信、测绘、交通等各个领域，在部分专项领域的发展推进过程中，各部委的工作目标尚不统一，工作重点缺乏统筹，我国跨部门统筹协同仍有待加强。需要在国家战略指引下，形成跨部门、跨领域的协同合作，打造顶层协同机制。

三 未来发展展望

随着我国自动驾驶政策的不断优化、关键技术的不断进步、自动驾驶先导应用试点和"双智试点"的实施以及地方法律法规的突破，自动驾驶具备了更广阔的发展空间和更充沛的发展动力，势必将引领交通运输系统数字化、网联化、智能化发展，形成交通领域的新质生产力，颠覆整个交通运输、运载工具及相关产业。

一是 L2 级以下的低级别自动驾驶技术（安全辅助驾驶技术）将进一步加快规模商用步伐，渗透率快速提升。上海、广州等多个地方制订了自动驾驶创新发展实施方案和行动计划，到 2025 年具备组合驾驶辅助功能（L2 级）和有条件自动驾驶功能（L3 级）的乘用汽车占新车生产比重均将超过

50%。营运车辆控制类辅助驾驶实现中等规模运用，市场渗透率达到40%以上。[①]

二是高级别自动驾驶技术方面，一定场景下的营运车辆将有望率先商用落地。随着地方法规和政策的不断更新和完善，北京、武汉、上海、深圳、广州、重庆等多个城市具备了自动驾驶公交车、自动驾驶出租车的试点示范、商业化应用条件。此外，城际干线物流运输将是高级别自动驾驶技术最具商业化应用潜力的场景。

三是全天候、全场景的高级别自动驾驶技术测试热度依旧，进展速度却暂时进入了平台期，一方面亟须人工智能基础理论方法以及新一代传感等核心技术的创新突破，另一方面建议加强各企业、地区和部门之间测试数据的共享及工作的协同。

参考文献

中国汽车工程学会：《节能与新能源汽车技术路线图 2.0》，2021 年 1 月。

中国智能网联汽车产业创新联盟：《2022 年 1~11 月中国智能网联乘用车市场分析报告》，2023 年 2 月，https：//mp. weixin. qq. com/s/UD13bErcQD6yJfkmOmR8Gw。

交通运输部：《交通运输部办公厅关于公布第一批智能交通先导应用试点项目（自动驾驶和智能航运方向）的通知》，2022 年 9 月。

交通运输部：《关于〈自动驾驶汽车运输安全服务指南（试行）〉（征求意见稿）公开征求意见的通知》，2022 年 8 月。

工业和信息化部：《关于开展智能网联汽车准入和上路通行试点工作的通知（征求意见稿）》，2022 年 11 月。

中国智能交通产业联盟、道路运输装备科技创新联盟：《中国营运车辆智能化运用发展报告（2020）》，人民交通出版社，2020。

[①] 中国智能交通产业联盟、道路运输装备科技创新联盟：《中国营运车辆智能化运用发展报告（2020）》，人民交通出版社，2020。

B.13
2023年中国智慧医疗发展现状与趋势

杨学来　尹　琳*

摘　要：　2023年，我国智慧医疗的重点内容包括电子病历系统建设、医疗健康信息互通共享、医疗健康大数据建设、医疗机构临床决策支持系统建设和新一代信息技术应用促进工程等。智慧医疗的典型应用场景包括辅助诊疗、大数据及信息平台建设、个体化药学、智慧护理、远程医疗和互联网诊疗等。

关键词：　智慧医疗　电子病历　信息技术　公立医院

当前，我国医疗健康服务正处在从"信息化"向"智慧化"迈进的关键阶段。随着大数据、互联网、人工智能等信息技术在医疗领域的广泛应用，医院开启了由传统模式向"智慧医院"模式的转型。2019年3月，国家卫生健康委明确了对智慧医院的三大评价维度①，其中智慧医疗侧重于面向医务人员以电子病历为核心的临床系统建设和应用；智慧服务侧重于从患者端考察医疗机构信息化与互联网医疗建设的应用水平；智慧管理则是对医院综合管理（人、财、物等）的信息化应用。"三位一体"的评价标准为智慧医院建设提供了国家层面的指南。

　　智慧医疗是一种利用现代信息技术、通信技术和智能化设备，为医疗行

＊　杨学来，博士，中日友好医院发展办副主任，副研究员，国家远程医疗与互联网医学中心办公室副主任，研究方向为远程医疗、互联网医学；尹琳，中日友好医院发展办主任科员，副研究员，研究方向为互联网+医疗。
①　《卫健委举行信息化质控与智慧医院建设工作情况发布会》，国家卫生健康委官网，http：//www.scio.gov.cn/xwfb/bwxwfb/gbwfbh/wsjkwyh/202307/t20230703_721038.html。

为提供更加精准有效的支撑，实现医疗资源高效整合和优化配置的新型医疗服务模式。根据国家卫生健康委智慧医院建设顶层设计框架，智慧医疗包含临床诊疗、护理、药学、医技辅助、医疗决策支持等内容，它以电子病历建设为核心，以医疗大数据、通信网络和患者安全为基础，是公立医院高质量发展的新趋势之一。

一 党和国家在政策层面高度重视智慧医疗发展

党中央、国务院多次将信息技术的应用纳入医药卫生领域重要政策，以新一代信息技术重塑医药卫生管理和服务模式，优化医疗资源配置，提升医疗服务水平，更好地满足人民群众健康需求。近年来，国家和部委层面发布了一系列支持性政策，充分体现了国家在推进智慧医疗的标准与规范建设方面的决心，也让医疗机构信息化有规可循。

2010年，卫生部发布《电子病历基本规范（试行）》和《电子病历功能规范（试行）》，在22个省（区、市）开展电子病历试点；2011年，发布《电子病历功能应用水平分级评价方法和标准（试行）》。2016年，《国务院办公厅关于促进和规范健康医疗大数据应用发展的指导意见》强调充分发挥健康医疗大数据作为国家重要基础性战略资源的作用，同年发布的《"健康中国2030"规划纲要》提出全面深化健康医疗大数据应用。2018年，国家卫生健康委发布《关于进一步推进以电子病历为核心的医疗机构信息化建设工作的通知》和《电子病历功能应用水平分级评价方法和标准（试行）》，提出到2019年，所有三级医院要达到分级评价3级以上；到2020年，所有三级医院要达到分级评价4级以上，二级医院要达到分级评价3级以上。2019年，国家卫生健康委提出"智慧医院"建设思路，发布《医院智慧服务分级评估标准体系（试行）》和《医院智慧管理分级评估标准体系（试行）》。2020年，国家卫生健康委办公厅发布《关于进一步完善预约诊疗制度加强智慧医院建设的通知》，提出进一步推进以电子病历为核心的医院信息化建设，全面提升临床诊疗工作的智慧化程度，发挥智能化

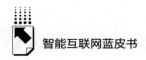
临床诊疗决策支持功能；同年发布《关于加强全民健康信息标准化体系建设的意见》，强调规范电子病历数据库建设，加强"互联网+医疗健康"、健康医疗大数据、医疗健康人工智能、医疗健康5G技术和医疗健康区块链技术等应用标准化建设。2021年，国务院办公厅印发《关于推动公立医院高质量发展的意见》，国家卫生健康委和国家中医药管理局发布《公立医院高质量发展促进行动（2021—2025年）》，明确重点建设行动之一是建设电子病历、智慧服务、智慧管理"三位一体"的智慧医院信息系统，鼓励公立医院加快应用智能可穿戴设备、人工智能辅助诊断和治疗系统等智慧服务软硬件。2022年，国家卫生健康委、国家中医药局和国家疾控局印发《"十四五"全民健康信息化规划》，提出要全面推进医院信息化建设提档升级，强化对健康医疗数据深度挖掘与分析应用，开展数字化智能化升级改造工程和新一代信息技术应用促进工程等。2023年底，国家卫生健康委会同财政部、国家金融监管总局等相关部门发起"全国医疗卫生机构信息互通共享攻坚行动"，提出了普及推广电子健康卡、推动检查检验结果互通共享和跨机构调阅、商业健康保险就医费用一站式结算、电子健康档案"跨省份查询"、完善国家及省统筹区域全民健康信息平台、建立统一的卫生健康信息传输网、推动医院信息化建设提档升级、提升网络和数据安全的防护能力8个方面的目标任务，力争用3年时间在信息互通共享上取得重大成果，推动卫生健康事业高质量发展。

二　我国智慧医疗建设重点内容

在政策引领下，近年来我国智慧医疗建设重点内容主要包括以下几方面。

（一）电子病历系统

电子病历系统以医生站为核心建设，在医生站集成如首页、病程记录、检查检验结果、医嘱、手术记录及护理记录等，既有结构化的数据，也有非结构化的文本和图形图像，不仅涉及病人信息的采集、存储和传输，还涵盖质量控制、统计等多个方面。此外，电子病历还包括智能辅助类功能，如结构化搜索、统一视图、知识库查询等。建设电子病历系统的核心是以医疗数据为支撑，利用信息化、智能化、网络化、自动化手段将诊疗行为监督制度、诊疗权限管理制度和诊疗质量评估制度固化在系统中，流程环节做到全员追踪和流程追溯，将事后纠错转变为事前预警和事中闭环管理，并推进系统整合和互联互通。

公立医院电子病历应用水平已经成为医院高质量发展业绩考核的重要内容。在国家卫生健康委、国家中医药管理局联合发布的《公立医院高质量发展评价指标（试行）》《公立中医医院高质量发展评价指标（试行）》中要求，根据公立医院电子病历系统功能应用水平分级评价智慧医院建设与应用成效，引导公立医院不断提升管理科学化、精细化、信息化水平。国家卫生健康委印发《电子病历系统应用水平分级评价管理办法（试行）》和《电子病历系统应用水平分级评价标准（试行）》，提出电子病历系统应用水平分为9个等级，每个等级包括了对电子病历各局部系统和对医疗机构整体电子病历系统的要求，建设高级别电子病历逐渐成为公立医院信息化建设的重要目标之一。

2022年，全国三级公立医院电子病历系统应用水平分级参评率达到99.0%，电子病历系统应用水平全国平均级别达4级。2023年7月，国家卫生健康委公示了通过电子病历系统功能应用水平五级及以上新增医疗机构的拟定名单，共计89家医疗机构电子病历高级别医疗机构评审结果为五级以上。越来越多的医院进入电子病历高级别医疗机构评级范围，体现了我国医疗信息化建设水准逐步提高的趋势。

（二）医疗健康信息互通共享

国家卫生健康委积极推进医疗健康信息互通共享，推动全面健康信息化向数字化跃升，对医疗健康信息跨医院、跨地域、跨层级服务起到支撑作用。根据国家卫生健康委公布数据，截至2023年11月，取得了如下成绩。

一是国家全民健康信息平台和省级统筹区域全民健康信息平台建设成果显著，基本实现国家、省、市、县平台的联通全覆盖。二是围绕不同层级的医疗机构和公共卫生机构信息化建设，国家卫生健康委发布了250余项信息化标准。三是强化联通应用，推动实现国家、省、市、县四级平台互联互通。全国超过8000家二级以上公立医院已接入区域全民健康信息平台，20个省份超过80%的三级医院已接入省级的全民健康信息平台，25个省份开展了电子健康档案省内共享调阅，17个省份开展了电子病历省内共享调阅，204个地级市开展了检查检验结果的互通共享。①

国家医疗健康信息互联互通标准化成熟度测评工作是推进医院信息化建设提档升级的重要指引。2023年，国家卫生健康委积极开展医院信息互联互通标准化成熟度测评，对电子病历与医院信息平台相关标准符合性以及互联互通实际应用效果进行综合测试和评价。根据国家卫生健康委统计信息中心2024年2月最新公布的测评结果，2015年到2022年，我国医院信息互联互通标准化成熟度测评通过四级乙等及以上的医院已达到936家，其中通过互联互通四级甲等的医院有737家，通过互联互通四级乙等的医院有124家，通过互联互通五级乙等的有75家，尚无医院通过互联互通五级甲等。

（三）健康医疗大数据建设

健康医疗大数据是国家重要的基础性战略资源。2015年国务院印发《促进大数据发展行动纲要》，提出要构建电子健康档案、电子病历数据库，建设覆盖公共卫生、医疗服务、医疗保障、药品供应、计划生育和综合管理业务的医疗健康管理和服务大数据应用体系。2016年国务院办公厅《关于促进和规范健康医疗大数据应用发展的指导意见》明确了健康医疗大数据应用建设的重点任务和重大工程。在数据收集及共享方面，国家卫生健康委印发《国家健康医疗大数据标准、安全和服务管理办法（试

---

① 《加快全民健康信息化建设　数据多跑路　患者享便利》，《人民日报》，https://www.gov.cn/lianbo/difang/202402/content_ 6934416. htm。

行）》等文件，发布《卫生健康信息数据元标准化规则》等推荐性卫生行业标准，明确健康医疗大数据的定义、内涵和外延，厘清健康医疗大数据应用管理过程中的边界权责，不断统筹推进健康医疗大数据中心及产业园建设国家试点工作。

在推进健康医疗临床和科研大数据应用方面，2023年，国家依托现有资源建设了一批心脑血管、肿瘤、老年病和儿科等临床医学数据示范中心，集成基因组学、蛋白质组学等国家医学大数据资源，深化医疗数据挖掘利用。推进基因芯片与测序技术在遗传性疾病诊断、癌症早期诊断和疾病预防检测方面的应用，加强人口基因信息安全管理，推动精准医疗技术发展。围绕重大疾病临床用药研制、药物产业化共性关键技术等需求，建立药物副作用预测、创新药物研发数据融合共享机制。优化生物医学大数据布局，依托国家临床医学研究中心和协同研究网络，系统加强临床和科研数据资源整合共享，提升医学科研及应用效能。加强国家级重大疾病专病数据库平台建设，制定专病数据集标准，积极推广建立以全员人口、电子健康档案和电子病历为核心的健康信息体系，探索重大疾病专病数据共享机制。建立国家级重大慢病专病数据库，建成人口死亡信息登记系统、重点慢性病监测信息系统、中国肿瘤登记平台、中国居民癌症防控行动工作平台、心血管病监测系统和筛查与干预系统、中国脑血管病大数据平台、全国慢阻肺疾病综合管理平台等重大慢性病防治与管理平台，提升慢性病防控管理质量和水平。制定完善分类、分级、分域健康医疗大数据开放应用政策规范，稳步推动健康医疗大数据开放。探索健康医疗大数据作为市场要素，建立健全社会化健康医疗大数据信息互通共享机制。

（四）医疗机构临床决策支持系统建设

医疗机构临床决策支持系统（Clinical Decision Support System，CDSS）是通过应用信息技术，综合分析医学知识和患者信息，为医务人员的临床诊疗活动提供多种形式帮助，支持临床决策的一种计算机辅助信息系统，是临床决策的辅助工具，其结果供医疗机构和医务人员参考、选择使用。

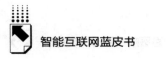
2023 年 7 月，国家卫生健康委办公厅印发《医疗机构临床决策支持系统应用管理规范（试行）》，明确了医疗机构实施 CDSS 应具备的信息化基础要求，包括应具备较为完备的医疗信息系统基础，各系统应实现系统整合、互联互通或数据共享，数据应统一、规范、完整、准确等。CDSS 系统植根于医院的临床系统，其临床知识来源具有权威性，包括但不限于法律法规、部门规章、规范性文件，国家认可的药品说明书、医疗器械注册证、临床路径、临床诊疗指南、技术操作规范、标准、医学教材、专家共识、专著、文献等。权威循证医学最佳实践库与电子病历系统深度整合，成为 CDSS 发展的最新趋势。

（五）新一代信息技术应用促进工程

2022 年 11 月，国家卫生健康委、国家中医药局和国家疾控局联合印发《"十四五"全民健康信息化规划》，提出要规范促进人工智能、5G、区块链、物联网等新一代信息技术在卫生健康领域深度应用，开展医疗健康机器人应用试点，并发起了新一代信息技术应用促进工程。2023 年，中共中央办公厅、国务院办公厅印发《关于进一步深化改革促进乡村医疗卫生体系健康发展的意见》，对加快推动人工智能辅助诊断在乡村医疗卫生机构的配置应用等作出明确要求，通过标准化的 AI 辅助诊断提升基层医生诊疗水平。

2022 年起，国家卫生健康委在全国 31 个省（区、市）开展了 987 项"5G+医疗健康"创新试点项目。北京、山东、海南等多地开展区块链创新应用试点，主要围绕健康档案共享查阅、药械流通信息追溯、医疗健康数据存证等 3 个方面，助力医疗健康信息化机构跨区域信息共享，深入探索区块链技术支撑医疗健康信息共享的具体应用场景和技术解决方案。医学人工智能建设方面，在国家卫生健康委和财政部共同推动下，部分省区构建了基层医学人工智能知识库与病历库系统，辅助医生对常见病和多发病进行诊疗，同时可对传染病、危重病等风险疾病进行提醒，对药物遴选中配伍禁忌、特殊人群等进行审查并给出相应的不合理用药提示，对于降低基层漏诊误诊和药物损害事故风险，提高基层诊疗能力发挥辅助支持作用。

三　智慧医疗典型应用场景

（一）辅助诊疗方面

中日友好医院创新开展"皮肤镜+人工智能"的应用新模式，医生选择体检者最担忧或身上看起来最可疑的色素痣，用皮肤镜采集图片，然后上传人工智能数据库进行分析和判断，为尽早发现皮肤癌提供技术支持。目前我国已有80多家医院组成联合体，共同组建了皮肤影像数据库，即中国人群皮肤影像资源库（Chinese Skin Image Database，CSID）[①]，已收集了40余万组多维度皮肤影像资料，并充分利用人工智能技术和皮肤影像数据库的资源，研发基于皮肤影像的人工智能辅助决策系统。医生可以应用人工智能辅助决策系统分析皮肤镜图片，提高了疾病诊断的准确率，使皮肤影像图片发挥出更大的价值。

此外，骨关节外科通过深度学习进行关节置换术前规划并模拟假体精准位置，快速、准确识别解剖位点并匹配所需假体型号；创伤骨科采用六轴智能外架技术治疗难治性陈旧骨折，通过计算机辅助精确地调整外架位置，根据患者的具体情况进行个性化定制。这两项技术极大地提高了骨科手术的精准性、标准性和安全性，减少了术后并发症。

浙江大学医学院附属浙江医院开发了智能重症医学辅助决策系统，1年来使用1600余次，重症患者评估准确率达到100%，脓毒症预测准确率达89%，死亡风险预测准确率达93%；系统还通过机器学习和知识图谱推导出符合循证医学的建议和方案，当临床医生决策不定时，为他们提供参考。上

---

① 沈长兵、薛珂、于瑞星等：《推动我国皮肤影像研究、教育与应用的系统平台——中国皮肤影像资源库项目（CSID）》，《皮肤科学通报》2018年第2期，第125~130+1页。

海瑞金医院集成视觉、触觉等传感器研制智能监测床,有效监测患者行为状态,无感获取患者呼吸、脉搏、心电等生命体征信息,实时提醒预警,两年来监测住院患者 1.33 万例,患者院内不良事件率下降 50%[①]。

(二)大数据与信息平台建设方面

中国医学科学院阜外医院依托大数据+人工智能技术,建立了综合智能高血压管理平台,把专家共识和临床指南转化为指导医生的知识系统,为医生赋能,提供个性化、本地化的药物治疗方案智能推荐,在诊断、转诊、检查、生活方式等方面给出指导性建议,打造规范高效的慢病管理模式,从而提升医生用药推荐遵从率、提高高血压控制达标率。

中山大学孙逸仙纪念医院通过智能健康平台(AI-MA),在不同院区间实现检验检查结果比对偏倚、数据公布情况、结果稳定情况、变异系数等指标的测算,评价其临床实验室质量风险识别与预测模型能力。结果显示,与人工识别手段相比,智能健康平台具有实时、快捷、稳定、客观、深度学习等显著优势。

杭州市第一人民医院构建了单病种全过程智能管理平台,借助数字技术实现医疗大数据自动采集和诊疗过程全程监控,实现单病种患者纳入临床路径管理后的质控指标智能分析和逻辑性校验[②],对住院时长明显超过住院平均值、围手术期预防抗菌药使用超过时限、急性 ST 段抬高型心肌梗死(STEMI)患者从进入医院大门到球囊扩张恢复冠脉血流的"门球时间"(D-to-B 时间)超过 90 分钟、肿瘤首次治疗患者未使用 TNM 评估的病例等均能自动提醒,并利用信息化手段实现高质量的病种质量分析。

中日友好医院病理科建设了智慧化综合病理平台,加强深度学习等技术

---

① 2022 年 9 月 2 日新闻发布会文字实录,国家卫生健康委员会官网,http://www.nhc.gov.cn/xcs/s3574/202209/22a6237b4c3045b29b391543509742f1.shtml。

② 《【智慧医院智慧行】杭州市第一人民医院:推动数字化转型 提升患者满意度》,中国卫生杂志微信公众号,https://mp.weixin.qq.com/s?__biz=MzA5OTgxODAzOA==&mid=2650634903&idx=2&sn=4e9f1558cd0c3ac3806735f78365af64&chksm=893de445ca12b46fc2b030dded0749be84ce7da611e0ebfbb04703de326f8b0c6137db29ace6&scene=27。

在病理辅助诊疗中的应用，实现了多模态智慧病理辅助诊断算法、全数字化病理信息系统、数字病理存储和压缩算法等关键技术的突破，开展筛选和诊断、治疗反应预测和预后预测，立体化、全方位地建设数字化智慧病理科。

（三）提升基层诊疗能力方面

安徽省应用智医助理系统，提供常见病辅助诊疗、医嘱和门诊病历质控、慢病个性化管理等功能，3年来已覆盖全省1699个基层医疗卫生机构和1.7万个村卫生室，提供辅助诊疗2.8亿余次，基层高血压控制率达到69.3%，有效提升基层医疗服务质量[1]。

中日友好医院中医肺病科开展基于影像人工智能技术的益肺散结解毒方治疗肺结节疗效评价研究，联合放射科、胸外科、病理科等学科开展多源多模态影像数据研究，为中医药治疗肺结节效果提供精准的临床证据。中西医结合肿瘤内科通过人工智能图像识别和深度学习技术抓取患者舌像大数据对应的疾病关键特征进行辨证论治，研发了中医临床辅助决策智能系统"望知先生"，完成了舌诊智能健康指导系统和智能舌诊机器人的研发。两项研究成果均有利于中医适宜技术推广和提升基层中医诊疗能力。

（四）其他方面

上海交通大学医学院附属新华医院通过人工智能技术多层次挖掘分析海量真实世界用药数据，筛选出更多影响药物作用的特征，从而构建实用性更强的个体化用药模型，同时也可用于药物不良反应预测等。该院基于真实世界的用药大数据研发的iPharma个体化精准用药系统可以实现个体化用药指导。

南京医科大学附属明基医院设计了智慧护理平台，将护理系统与医院信息系统（Hospital Information System，HIS）、实验室信息系统（Laboratory

---

[1] 《国家卫健委：多省开展医学人工智能应用已取得阶段性成效》，中国财经网，https://www.163.com/dy/article/HG941H2R0519A8ON.html。

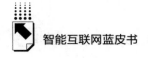

Information System，LIS）、医学影像系统（Picture Archiving and Communication System，PACS）等对接，推出护士站电子白板、智能床旁呼叫系统、电子交班单、生命体征量测站、互联网+护理呼叫平台等，整合大数据、物联网与人工智能技术，提升护理的品质与安全。

北京大学第三医院在北京市基层医疗卫生机构建立智能处方前置审核系统，在基层医生开具处方前对其进行实时审核，依托用药知识库的支持，通过处方自动审核、拦截不合理用药，减少了用药安全隐患，一年来审核处方30余万张，有效提升基层医疗安全和质量水平。

深圳市人民医院利用远程智能穿戴设备、互联网+AI智能等技术对门诊后糖尿病患者进行连续健康监测并提供健康管理服务，创建线上线下一体化、院内院外一体化、软件硬件一体化的互联网+AI数字全病程全周期糖尿病创新健康管理模式。

康复训练机器人是一种特殊的医用机器人，可以辅助人体完成肢体动作，实现助残行走、康复治疗、负重行走、减轻劳动强度等功能，能够针对患者的不同损伤程度和康复程度提供个性化的训练方案，以达到促进康复的目的。复旦大学华山医院、天津市第一中心医院、山东青岛大学附属医院等应用康复训练机器人，帮助近4万名瘫痪患者改善或恢复四肢运动功能，缩短了康复时间，降低了治疗费用。

四　智慧医疗发展面临的挑战与相关思考

（一）加强智慧医疗顶层设计

目前，智慧医疗建设存在以下问题：一是集成性不足，主要体现为基础数据以业务功能维度分散在各业务系统中，标准不一致，传输不顺畅，利用程度低；二是智能化不足，体现为患者信息缺乏智能化分类和标记，需要重构患者维度的新型诊疗数据模型，适应复杂多样的智能化规则；三是运维和安全问题，体现为缺乏统一及时的运维管理工具、缺乏预防预警机制、缺乏日常问题的追溯管理、存在数据共享安全性和互联网应用风险；四是数据共享难度大，跨院区协同和科研合作开展难。

医疗机构在进行以电子病历为核心的智慧医疗建设过程中，首先，要加强医院信息平台建设，使分布在不同部门的不同信息系统由分散到整合再到嵌合融合，逐步解决信息联通与共享问题。其次，积极发挥临床诊疗决策支持功能，在信息平台设计阶段就将临床路径、临床诊疗指南、技术规范和用药指南等嵌入信息系统，主动提高临床诊疗规范化水平。再次，厘清健康医疗大数据应用管理过程中的边界权责，完善数据开放共享支撑服务体系，制定标识赋码、科学分类、风险分级、安全审查规则和数据安全管理责任制度。最后，加快建设统一权威、互联互通的人口健康信息平台，鼓励医疗卫生机构推进健康医疗大数据采集和存储，加强应用支撑和运维技术保障，打通数据资源共享通道，推进大医院与基层医疗卫生机构、全科医生与专科医生的数据资源共享和业务协同。

（二）加强信息技术与诊疗业务深度融合

智慧医疗是一门典型的医学科学和信息科学的交叉学科。医学知识用于指导医疗业务的核心内容和流程，信息学技术则提供智能化、网络化和数字化的支撑，为智慧医疗提供实现手段。在我国的智慧医疗领域，目前信息技术与诊疗业务的结合仍然不够深入，对于更高级的技术如人工智能辅助诊断、大数据分析等应用程度仍然较低，在数据安全和隐私保护方面还存在不足，这些都限制了数据整合和共享的进程。下一步，应进一步推动互联网、大数据、人工智能、区块链、5G等新兴信息技术与卫生健康行业的创新融合发展。

加强医学人工智能应用标准研究。加快制定医学人工智能应用基础标准和管理规定，研究制定医学人工智能应用研究指南，推进医学人工智能应用标准样本数据库建设和标准医学术语库建设，加快数据和算法模型研发，有效提升医学人工智能应用的规范性和高效性。鼓励各地积极应用人工智能技术，针对公共卫生智能服务、临床辅助诊疗、机器人及医疗设备研究、药物研发等医学人工智能重点应用领域，开展应用场景探索，深入开展应用研究。坚持自主创新，总结可复制、可推广的应用场景，稳步推进医学人工智能应用，提升人工智能技术应用水平。结合基层医疗卫生机构的职能特点，不断完善人工智能产品的相关功能，探索有效提升基层服务能力的创新路径。

（三）加强对复合型人才的培养

作为一门新兴的医、理、工高度交叉的学科，智慧医疗的发展需要复合型专业人才的支持。当前我国在医疗信息化、大数据处理、人工智能等领域的专业人才较为匮乏，人才储备还有待提高。2023 年，教育部等 5 部门印发的《普通高等教育学科专业设置调整优化改革方案》明确提出，主动适应医学新发展、健康产业新发展，布局建设智能医学、互联网医疗、医疗器械等领域紧缺专业；瞄准医学科技发展前沿，大力推进医科与理科、工科、文科等学科深度交叉融合，着力培育"医学+X""X+医学"等新兴学科专业。

国家卫生健康委已经着手建立多学科融合的数字医疗人才培养体系，把临床需求作为出发点和落脚点，按照"医教研一体，医理工融合"的建设思路，布局医学与智能的交叉融合、转化创新，打通医学从"实验室"到"手术台"的通路桥梁。未来，国家卫生健康委将实施国家健康医疗信息化人才发展计划，强化医学信息学学科建设和"数字化医生"培育，着力培育高层次、复合型的研发人才和科研团队，培养一批有国际影响力的专门人才、学科带头人和行业领军人物。

加强多学科融合的智慧医疗人才培养是一个复杂且重要的任务，涉及多个领域的交叉融合。一是优化课程设置，建立完善的数字医疗学科课程体系，包括医学基础知识、信息技术、数据科学等方面的培养内容，提供跨学科的学习机会。二是加强实践教学，通过开设实验课程、实习和实训等形式，提高学生的实践能力，加强与医疗机构、科技公司等的合作，使学生能够亲身参与智慧医疗项目的开发和应用。三是建设跨学科师资队伍，鼓励教师跨学科合作，共同开展智慧医疗的教学和科研工作，为学生提供更优质的教学和指导。四是建立联合培养机制，与国内外高校、科研机构和企业建立联合培养机制，共同开展人才培养，通过互派学生、联合开展科研项目等方式，实现资源共享和优势互补，提高智慧医疗人才培养的质量和水平。

参考文献

宋凡、王毅、余俊蓉：《基于计量学方法的智慧医院国内外研究进展》，《中国医疗设备》2023 年第 8 期。

谷兰凌、田宝朋、库晓峰等：《基于词频分析的我国医疗卫生领域智慧服务政策研究》，《中国卫生质量管理》2023 年第 8 期。

《医疗机构临床决策支持系统应用管理规范（试行）》，《中国卫生资源》2023 年第 5 期。

李雅琴：《数字治理视域下健康数据利用权益制度构建》，《湖北大学学报（哲学社会科学版）》2024 年第 2 期。

刘辉：《推进医工融合科技创新与人才培养体系建设》，《产业创新研究》2023 年第 7 期。

B.14
2023年工业大模型赋能新型工业化的路径与趋势

智振　张奇　李森*

摘　要： 积极探索推进新型工业化是中国工业当前发展阶段的新任务，人工智能技术是新型工业化的重要驱动力、创新力和竞争力。以大模型为代表的新一代人工智能技术正加速推进新型工业化的变革进程，将深度参与新型工业化的全过程，推动工业生产的效率提升、能力加强和创新变革，持续担当起生产力颠覆性变革的着力点与风向标，引领工业企业朝着智能、高效、绿色的方向发展。

关键词： 工业大模型　新型工业化　人工智能

一　新型工业化的历史背景与现实机遇

改革开放以来，中国已建成完整的工业体系。2023年实现全部工业增加值399103亿元，比上年增长4.2%。规模以上工业增加值增长4.6%。①

---

*　智振，中工互联（北京）科技集团有限公司董事长，亚太经合组织中小企业信息化促进中心副理事长，主要研究方向为工业大模型、新型工业化、工业人工智能；张奇，复旦大学计算科学技术学院教授，博士生导师，中国中文信息学会理事，中工互联（北京）科技集团有限公司首席科学家，主要研究方向为自然语言处理和大语言模型基础技术及应用；李森，博士，中工互联研究院高级研究员，主要研究方向为大语言模型应用解决方案。

① 《中华人民共和国2023年国民经济和社会发展统计公报》，国家统计局，2024年2月29日，https：//www.stats.gov.cn/sj/zxfb/202402/t20240228_ 1947915.html。

制造业规模连续 14 年居世界首位①，工业化进程取得了举世瞩目的成绩。诚然，长期以来我国工业化发展路径以跟随发达国家为主，创新发展能力有待进一步提升，在诸多领域面临着高成本投入和尖端技术使用限制的两难问题。运用新思想、新技术推动中国新型工业化进程，积极主动适应和引领新一轮科技革命和产业变革，是当下工业领域的重要使命。

从国家战略视角，党的二十大报告提出到 2035 年基本实现新型工业化的目标，坚持把发展经济的着力点放在实体经济上，推进新型工业化，加快建设制造强国②，坚定不移把制造业和实体经济做强做优做大。《"十四五"数字经济发展规划》明确，增强关键技术创新能力，瞄准传感器、量子信息、网络通信、集成电路、关键软件、大数据、人工智能、区块链、新材料等战略性前瞻性领域，……以数字技术与各领域融合应用为导向，推动行业企业、平台企业和数字技术服务企业跨界创新③。2024 年 1 月 22 日召开的国务院常务会议指出，以人工智能和制造业深度融合为主线，以智能制造为主攻方向，以场景应用为牵引，加快重点行业智能升级，大力发展智能产品，高水平赋能工业制造体系，加快形成新质生产力，为制造强国、网络强国和数字中国建设提供有力支撑④。上述政策信号表明，新型工业化是中国工业当前发展阶段的新任务，更是我国经济高质量发展的必由之路。

人工智能自 1956 年诞生以来，相关理论和技术持续演进，人工智能应用在各个行业落地生根。近 10 年来我国人工智能产业迎来高速发展期，截

---

① 《中国制造业总体规模连续 14 年位居全球第一》，新华社，2024 年 1 月 19 日，http://www.news.cn/politics/20240119/d1f99b912cf44196a08e3abe0a2b5bd3/c.html。

② 《习近平：高举中国特色社会主义伟大旗帜　为全面建设社会主义现代化国家而团结奋斗——在中国共产党第二十次全国代表大会上的报告》，中华人民共和国中央人民政府网站，2022 年 10 月 25 日，https://www.gov.cn/xinwen/2022-10/25/content_5721685.htm。

③ 《国务院关于印发"十四五"数字经济发展规划的通知》，中华人民共和国中央人民政府网站，2022 年 1 月 12 日，https://www.gov.cn/zhengce/zhengceku/2022-01/12/content_5667817.htm。

④ 《推动人工智能赋能新型工业化》，《经济日报》2024 年 1 月 27 日，http://paper.ce.cn/pc/content/202401/27/content_288646.html。

至 2023 年，中国人工智能核心产业规模达到 5000 亿元，企业数量超过 4300 家①。以阿里云、华为云、百度智能云等为代表的传统科技巨头企业在工业人工智能的基础层大力布局，提供芯片、大数据、算法系统、网络等多项基础设施，截至 2023 年，我国提供算力服务的在用机架数达到 810 万标准机架，算力规模达到 230 EFlops（每秒百亿亿次浮点运算次数）②，人工智能算力需求快速增长。在人工智能的工业应用领域，以工业大模型为代表的创新技术不断涌现，实现传统工业领域 AI 赋能。工业大模型应用方向包括产品智能设计、系统智能人机交互、生产线自我优化、设备预测性维护、质量控制自动化、智能物流规划和智能供应链管理、能源消耗优化等，部分企业已崭露头角，如中工互联、羚羊工业、奇智创新等，竞争格局初步形成。未来，在工业领域精耕细作，主打"专而精"的工业大模型将成为新型工业化进程的核心驱动力。

国内外形势正在发生深刻复杂变化，在"加快建设科技强国，实现高水平科技自立自强"要求下，创新驱动引导产业高质量发展，工业领域"求新求变"的内生性动力愈发强劲。同时，以工业大模型为代表的人工智能浪潮意味着传统的工业竞争格局平衡将被打破，赛道中的各"玩家"被重新拉回起跑线，我国工业面临难得的"换道超车"机会。

二 新型工业化的理论内涵

新型工业化是一种全新的工业发展模式，它不仅仅包括传统意义上的产业结构升级和技术改造，更重要的是对生产效率、生产要素和生产组织形态等全面的深层次变革。

---

① 《我国人工智能蓬勃发展 核心产业规模达 5000 亿元》，中华人民共和国中央人民政府网站，2023 年 7 月 7 日，https://www.gov.cn/yaowen/liebiao/202307/content_ 6890391.htm。
② 《全国政协委员余晓晖：我国算力全球第二，"全国算力服务统一大市场"应适时而建》，环球时报-环球网，2024 年 3 月 5 日，https://3w.huanqiu.com/a/5e93e2/4Gr6sYsU4bo。

（一）生产效率的极大提升

新型工业化的内涵是多元的，其核心之一便是生产效率的极大提升。在过去的工业化进程中，经济体通过引进或者自行研发先进技术，实现了生产力的提升；而在新型工业化进程中，人工智能、大数据、工业大模型等新兴技术的广泛应用，使得生产活动可以更加精准、更加智能地进行。新兴技术可以改善产品设计和生产工艺，使之更加贴合市场需求和生产条件，通过智能调度和优化，提高生产流程效率和设备使用效率，减少故障。同时，基于海量数据的复杂分析计算将提高决策质量，分析并创造新的商业模式进而提升企业的生产效率。

（二）生产要素的高度整合

在数字经济时代，生产要素实现高度整合的特征正在逐渐显现。传统的生产要素如劳动、土地和资本正在发生深刻变化，同时出现了大量新的生产要素，例如数据、信息、知识等。这些生产要素通过数字技术实现高度整合。数字技术使原本分散的生产要素得以集中管理和高效利用。例如，云计算技术可以将分散的计算资源集中起来，供各类应用使用。这种资源共享的模式降低了企业的成本，提高了信息处理和决策的速度，为企业带来竞争优势。同时，数字技术对生产要素的高度整合也意味着更深层次的协同和联动。在数字经济中，各种生产要素不再是可替代的独立实体，而是相互依赖、共同发挥作用的网络结构。

（三）生产组织形态的深刻变革

在数字化、网络化、智能化趋势下，传统的线性、封闭、单一的生产组织形式逐步向网络化、开放、协同的方向转变。第一，从线性到网络化。传统的生产组织形式是线性的，各环节按照顺序进行，前后环节关联度低，信息流动不畅。而在新型工业化中，以网络为基础的生产组织形式将各个环节紧密连接起来，形成一个有机整体，使得信息能在其中畅通无阻地流动。第

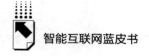

二，从封闭到开放。传统的生产组织形式是封闭的，企业往往依赖自身的资源和能力进行生产活动。而在新型工业化中，企业更愿意开放生产平台，将外部的资源、知识和技术引入生产活动中，从而提高生产效率和创新能力。第三，从单一到协同。传统的生产组织形式各个环节各自为政，协同性弱。而在新型工业化中，企业倾向于通过协同方式进行生产活动，例如通过与供应商、合作伙伴甚至竞争对手的深度协同，实现资源的整合、优化、利用。

三　工业大模型赋能新型工业化的作用机理

（一）工业大模型形成生产效率中心

新型工业化在全球范围得以推动和实践，工业大模型正在重新定义和重塑工业生产模式，形成了新型的生产效率中心。

首先，工业大模型的核心是工业领域专业能力与大模型技术深度整合，工业大模型使得传统工业领域由数据赋能升级到 AI 赋能，直接带来生产效率的显著提升。在生产过程中，工业大模型可以实现对大量信息数据的捕捉、分析和处理，再根据结果进行优化决策，提高生产管理水平。这一过程中的所有步骤都无须人工参与，减少了人为因素带来的误差。

其次，工业大模型在提升生产效率的同时可以降低生产成本。自动化和智能化的工艺和流程，为企业节省大量的人力、物力和财力资源，为新型工业化的生产模式提供了更强的经济效益。

最后，工业大模型创新和变革传统产业的发展模式。传统工业模式的优化和提升主要依靠人力资源的积累和利用，而新型的工业化模式强调的是技术和知识的积累和利用。工业大模型就是这种新模式的典型表现。它的发展和应用，将为新型工业化开拓出全新的发展方向和路径。

（二）工业大模型形成生产能力中心

工业大模型通过集成网络、自动化、机器学习和数据分析来提升生产能力水平，形成生产能力中心。

第一，工业大模型具备自我学习和自我调整的特性，使得生产过程从简单的自动化向自主化和智能化演进。这种演进帮助企业实现了由规模化、标准化生产向个性化、定制化生产的转变，极大地提升了多样性和灵活性，进而增强了企业的生产能力。

第二，工业大模型的引入可以大幅度提升设备的运行效率。工业大模型的 AI 能力可以通过监测和优化生产流程中的各个环节，预防设备故障、维持最佳运行状态，降低运维成本，并提高设备的使用寿命。在这种场景下，工业大模型成为提升生产效率和生产能力的重要推手。

第三，工业大模型能够深入分析大量复杂的生产数据，提供精准的决策支持。利用工业大模型，工业领域数据的分析维度将由单一纵向的模式演变为多元横向的模式，实现对整个生产过程、供应链网络、产品全生命周期等复杂系统的深度分析，企业可以对库存、物料、配送等问题作出快速且准确的预判和决策，减少资源和时间的浪费。

第四，工业大模型还具备通过不断迭代和学习提高生产效益的能力。工业大模型独有的"预训练+精调"范式决定了其自身具备强大的学习能力，可以根据历史数据和实时反馈，自我调整和优化生产策略，以实现持续的效率提升。工业大模型所带来的自我优化生产模式，将持续拓展企业生产能力。

第五，工业大模型还具有强大的创新和颠覆性。工业大模型是大模型技术与工业场景的应用需求深度融合，提供全流程、全要素、全场景的赋能，帮助企业实现从产品创新到商业模式创新的全面转型，打造出新的生产、销售、服务等业务模式，进一步加快生产型企业向服务型企业转型的进程。

（三）工业大模型形成生产创新中心

工业大模型实现了对传统工业人工智能技术的突破，引领工业领域的全域人机共智。工业大模型的创新理念、技术优势和应用价值，对推动新型工业化起到了至关重要的作用，逐步改变着工业生产和服务的方式，形成了新的生产创新中心。

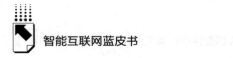

第一，在知识经济时代，生产创新不再是单纯的技术问题，更需要科学理论的支撑和引领。传统的生产模式通过流程和体系来实现效率的最大化，但这种模式在面对快速变化的市场环境时，往往力不从心。而在人工智能时代，通过工业大模型对大量数据的处理和学习形成的预测和决策支持，能够帮助企业应对未来的不确定性，实现更高水平的生产创新。

第二，工业大模型以其强大的自我学习和自我优化能力，可以在生产过程中发现并解决问题，从而推动生产流程的持续改进和优化。这种源于数据和算法的创新动力，使得生产活动不再受到人力资源的限制，也不再依赖于经验的积累，而是能够通过技术的力量，实现生产效率和质量的飞跃式提升。

第三，工业大模型将生产创新整合在一体化的平台上，面向工业产业链，从生产调度、设备管理、能源管理、安全环保、运行决策等多维度推动大模型技术与工业场景的应用需求深度融合，提供全流程、全要素、全场景的赋能。这种整合性的创新，使得生产行为不再局限于单一的产品或服务，而是能够基于对工业用户需求的深度理解，生成更加丰富和多元的价值体验，从而实现更高水平的创新生产。

第四，工业大模型拓宽了生产创新的空间和深度。在传统的工业化模式中，创新主要靠产品研发和市场推广来实现。工业大模型则可以推进在工业领域形成"能力杠杆+业务飞轮"双重效应，拓展出全新的创新领域和路径，如智能制造、精准营销、个性化服务等，从而将生产创新推向更高的层次。

四 工业大模型赋能新型工业化的重要抓手

（一）高质量工业数据集

理论层面，高质量工业数据集对工业大模型赋能新型工业化的重要性主要体现在两方面。一是为模型训练提供基础。工业大模型的建立和进化，需要足够量且多元化的数据驱动。数据是工业大模型的"养料"，有了高质量的工业数据，才能让模型学习到更精确、更深层次的逻辑关系和模式。二是提供衡量模型性能的标准。只有拥有了与应用场景匹配、覆盖多种情况的高质量数据，才能更好地评估工业大模型的性能，及时调整和优化模型，保证其在实际应用中的良好性能。

实践层面，高质量工业数据集对工业大模型赋能新型工业化的作用体现为以下几方面。首先，优化制造流程的依据。利用高质量数据设定参数，如机器人的动作序列、生产线的排程等，可实现精确调度，降低瑕疵率。其次，提升产品质量的依据。通过工业大模型分析历史和实时数据，可以预测并控制质量相关参数，实现生产过程自我优化，提高产品质量。再次，实施预测性维护的依据。通过收集设备运行数据，工业大模型能够提前发现异常，减少因设备故障带来的停工时间和维修成本。最后，利用高质量工业数据，工业大模型能够助力产品设计和模拟实验，加快新产品的研发速度，颠覆工业品的设计研发流程。2023年11月，中国工业互联网研究院发布《工业数据要素登记白皮书（2023年）》[①]，聚焦工业数据登记和数据资产化价值化的关键问题与应用实践，积极探索基于数字对象的数联网基础设施所支持的工业数据登记确权架构与发展路径，对构建和完善我国工业数据要素市场化配置体系、推动工业数据要素市场健康长效发展具有参考价值。

（二）工业大模型技术底座

理论层面，工业大模型技术底座主要支撑工业大模型能力的构建、训练和参数微调。第一，工业大模型基础能力支撑，提供自然语言处理、计算机视觉、跨模态等各类基础能力，是工业大模型的底层能力。第二，算法生成和模型训练支撑，工业大模型技术底座提供高效的算法和强大的计算能力，可以处理海量的工业数据，并支持多种深度学习框架和模型训练工具，使得开发者可以更加便捷地构建和训练各种工业AI能力。第三，模型管理和部署支撑，工业大模型技术底座作为工业AI应用的载体，提供模型管理和应用部署功能，帮助开发者管理和部署各种工业AI应用。

---

① 《工业数据要素登记白皮书》，中国工业互联网研究院，2023年11月。

实践层面，工业大模型技术底座是工业生产管理平台，是连接工业要素实现全局最优调度的资源平台，是沉淀工业数据与大模型实现数据高价值转化的智能平台，是承载工业应用与服务的行业标准化开放平台。工业大模型技术底座的AI开发平台、工具套件、大模型API等，实现大模型技术能力的封装和调用，让更多工业应用开发者可以零门槛或低门槛地将大模型能力与场景应用融合，以此全面释放大模型效能。

2023年6月，中工互联发布了中国首个工业大模型"智工·工业大模型"，通过工业大模型技术底座构建三个核心能力，包括工业领域问答式专家、工业数字化智能交互集成和工业代码自动生成①。随后，思谋科技宣布行业首个工业大模型开发与应用底座SMore LrMo正式发布。SMore LrMo是面向工业场景的大模型开发与应用平台，覆盖了应用层面、算法框架、基础设施服务等开发全场景，涉及算力资源调度管理能力、数据自动标注管理能力、应用开发管理能力、算法服务管理能力等人工智能模型全生命周期②。2023年12月，中工互联发布了"智工3.0"嵌入式多模态大模型产品以及轻量化的开源工业大模型预训练底座，面向边缘计算和智能终端，1.6B参数实现了模型参数的轻量级化。该底座产品提供高度灵活的预训练框架，可以将能力扩展至工业设备、智能设备和工业产品，为工业应用场景提供更高效的计算性能③。

（三）海量工业场景应用

理论层面，工业大模型的本质是工业领域知识与大模型技术深度整合，其核心价值是面向工业产业链，从生产调度、设备管理、能源管理、安全环保、运行决策等多个场景深度赋能，因此工业大模型能力的释放必须依赖具

---

① 《中国首个专注工业领域的智工·工业大模型在国家会议中心正式发布》，网易，2023年6月9日，https://www.163.com/dy/article/I6PDUNVC0538BXSF.html。

② 《思谋发布首个工业大模型开发底座，大模型开发成本直降40%》，搜狐号"思谋科技"，2023年6月30日，https://news.sohu.com/a/692765280_120830151。

③ 《中国工业领域首个轻量化开源大模型预训练底座面世，成功实现18种语言文字增强技术》，新浪网，2023年12月26日，https://news.sina.com.cn/shangxunfushen/2023-12-26/detail-imzzhzyc9980643.shtml。

体的工业应用。工业应用中深度融合了行业数据、知识特性和交互逻辑，是工业大模型在工业领域的具体落脚点，形成了"工业大模型技术底座+AI能力+场景应用"的全新工业软件形态。

实践层面，工业应用的广泛部署已经证明了工业大模型在新型工业化中的重要作用。例如，通过将实时的设备数据和环境数据输入工业大模型中，企业可以实时监控设备状态，预测设备故障，优化设备维护计划；再如，通过对生产数据的实时分析，工业大模型可以帮助生产指挥部做出更高效的生产决策，提高总体生产效率。因此，只有深度集成海量工业应用，才能更好地将工业大模型的AI能力与工业场景融合，在各行业的技术效果突破、产品创新、生产流程变革、降本增效等维度产生价值。

2023年9月，中工互联发布了"智工2.0"四款核心产品，智工·SCADA、智工·专家系统、智工·CodePlus和智工·X-MaaS，在工业领域构建核心场景应用簇，形成"1+3+N"的工业场景应用架构[①]。同月，科大讯飞等投资成立的羚羊工业互联网公司研发的羚羊工业大模型正式亮相，并发布5大工业场景行业应用，即"羚羊数字工匠""羚羊智能企服助手""羚机一动""羚羊iMOM（大企业版）"和"羚羊iMOM（SaaS 2.0版）"。[②]

五　工业大模型赋能新型工业化的应用场景

（一）智能设计

在工业设计场景，工业大模型对工业设计具有显著的赋能作用：通过工

---

① 《第23届中国国际工业博览会，中工互联重磅发布智工·工业大模型2.0》，搜狐网，2023年9月21日，https://www.sohu.com/a/722274432_121071694。

② 《2023世界制造业大会 | 羚羊工业大模型正式发布　5大场景应用赋能制造业转型》，百家号"中安在线"，2023年9月20日，https://baijiahao.baidu.com/s? id = 1777543797636 416173&wfr=spider&for=pc。

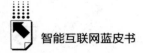

业大模型自动化生成文本、图纸和结构图，能够大大提高处理效率；基于数据分析和预测，提供更准确的设计参数和优化建议，能够提高设计效率和设计质量。同时，对大量数据的深度分析，挖掘出潜在的设计规律和趋势，能够提供新的设计思路和创新点，帮助设计师实现更大的设计创新。

（二）智能交付

在设备交付应用场景，针对现有设备交付中的时间和资源配置问题，可以运用工业大模型的高级预测和优化算法能力。通过构建设备操作手册、图纸指引和维护指导模型，同时，通过工业大模型与设备内嵌，形成贯穿设备交付、培训、使用、运维、维修全生命周期的数字交付体系，实现最小化设备交付时间和成本，解决设备交付过程中的时间延迟和资源浪费问题，并实现更高效、更经济的设备交付。

（三）智能生产

在生产管理场景，工业大模型通过 AI 算法实现制造执行和管理流程的优化。利用大量的数据和算法模型，对生产过程进行全面的分析和优化，对订单量、库存、工人数量、设备利用率等因素进行综合分析，以达到最佳的生产效率和资源利用率。利用传感技术和数据分析方法，实现生产过程的实时监测和可视化，帮助企业及时发现和解决生产过程中的问题，提高生产效率和产品质量。同时，通过分析生产过程中的大量数据，及时发现和预测安全风险，帮助企业采取相应的措施加强安全管理，及时发现和预测设备故障和人员安全问题，避免事故的发生。

（四）智能能源

在能源管理应用场景，针对工厂中的能源利用率优化和成本控制问题，利用工业大模型的数据分析和预测能力，收集和分析工厂的能源消耗数据，包括电力、天然气、水等资源的使用情况；利用机器学习算法深入分析这些数据，识别出造成浪费的关键环节和成本控制的潜在机会，预测在不同生产情况下的能源需求和消耗模式，帮助工厂管理者制订更为精确和高效的能源使用计划。最后，通过实时监控和调整，工业大模型能够优化能源分配，减少浪费，提升能源使用效率。

（五）智能通用识别

在制造业的通用智能识别应用场景，针对现有通用性异常识别中的数据分析复杂性和识别精度问题，利用工业大模型的深度学习和模式识别能力，构建一个多维度的数据分析框架，有效识别出不同场景和条件下的异常模式。结合实时数据分析和智能预警机制，工业大模型能够在异常发生之初快速识别并通知相关人员或系统采取措施，从而有效防止或减少异常带来的影响。在这一过程中，工业大模型的强大计算能力和智能分析功能，为各行各业的异常识别提供了强有力的技术支持，实现了更为智能、高效的监控和管理。

（六）智能供应链

在生产企业供应链管理的应用场景，运用工业大模型的预测分析能力，通过历史数据学习与模式识别方法，实现库存水平的优化。工业大模型可以分析历史销售数据、季节性波动、市场趋势以及相关因素如促销活动或经济指标，从而预测未来的产品需求，帮助企业减少过剩和缺货问题，确保供应链流畅运转，同时降低持有成本。结合工业大模型的决策支持能力，通过大数据分析方法，实现供应商风险的实时监控和评价，分析供应商的财务状况、履约历史、信用记录等多方面信息，评估潜在风险，为企业提供更加科学和客观的供应商选择依据。

六 工业大模型赋能新型工业化的实践路径

从新型工业化的理论逻辑和实践逻辑出发，坚持工业大模型技术的研发与应用创新，是工业大模型赋能新型工业化的重要前提。发挥科学技术的基

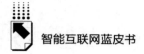

础性、先导性、战略性作用，引发工业大模型带来的产业升级，是工业大模型最终走向全面落地推广的关键路径。

（一）研发创新路径

保持工业大模型研发的前瞻性和开创性是基础。工业和信息化部赛迪研究院公布的数据显示，我国已有超过 19 个语言大模型研发厂商①。技术发展日新月异，传统工业化模式已难以满足当前复杂多变的市场需求。因此，对工业大模型相关领域开展深度研发，不仅可以进一步完善和优化其相关算法，提升算力性能，还可以促进新理论、新技术的产生，使其更好地融入工业领域。需要注意的是，工业大模型领域的研发并非孤立进行，而是需要在考虑实际工业需求的基础上，集中科研资源，提供有针对性的解决方案。

（二）应用创新路径

注重工业大模型的应用创新是关键。依托工业大模型技术底座，先进AI 技术的价值才得以释放，通过自我学习和自我优化，改进生产流程，带来生产效率的提升。工业大模型应用将颠覆传统的工业数字化架构，工业大模型应用的创新程度将直接决定工业大模型的赋能效果。通过应用创新实现控制平台与管理平台的纵向贯穿，创新和重塑传统生产模式、经营模式以及管理模式，构建具备全面链接、敏捷感知、高效处理、智能分析和自我演进特征的新型数字化工业企业，促进企业生产组织形式的内生变革，助力企业高质量发展。

（三）产业推广路径

促进工业大模型在各个产业中的广泛应用是重要途径。新型工业化需要

---

① 《大模型技术百花齐放　人工智能重塑产业发展模式》，《科技日报》2024 年 3 月 6 日，http：//digitalpaper. stdaily. com/http_ www. kjrb. com/kjrb/html/2024 – 03/06/content_ 568066. htm？ div = –1。

全社会的共同参与，各个产业都需要积极响应，将工业大模型用于生产和管理过程，以实现工业升级。工业大模型厂商应当强化应用创新探索与场景挖掘，在实践中积累业务场景落地经验和海量多元数据，帮助大模型加速走向产业。同时，政策引导非常重要，应出台财税优惠、技术补贴等系列政策，鼓励更多的企业和人才投入工业大模型的研发和应用中来，推动新型工业化进程的深入。

七　工业大模型的发展趋势

（一）通用大模型与工业大模型二者相互促进

截至 2023 年 8 月，全国大模型存量企业 78208 家，占全国企业总量的 1.2‰，其中上市企业 533 家，广东省、北京市、江苏省的大模型企业数量位列全国前三，大模型产业赛道热度不断高涨①。通用大模型与工业大模型实现协同进化，推动产业端实现数字化和智能化发展。未来几年，通用大模型与工业大模型将会协同推动新型工业化的发展，实现明确分工，高效率低成本地解决业务问题。通用大模型负责向工业大模型（或企业私有小模型）输出基础模型能力，工业大模型（或企业私有小模型）更精确地处理自己"擅长"的任务，再将应用中的数据与结果反哺给通用大模型，让大模型持续迭代更新，形成通用大模型与工业大模型协同应用模式，达到降低能耗、提高整体模型精度的效果。通用大规模参数并不是产业所追求的重点，更少的标注数据依赖、更优的模型效果、更高的模型性能以及便捷的部署方式将是未来研究的重点。

（二）自主可控是工业大模型发展的根本前提

在当前国内外形势下，中国工业领域亟须借助人工智能浪潮实现"换

---

① 《2023 年中国大模型产业研究报告》，百家号"上奇产业通"，2023 年 9 月 28 日，https：//baijiahao. baidu. com/s？id=1778244186482366588&wfr=spider&for=pc。

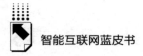
道超车"，摆脱长期以来落后于人和受制于人的局面，工业大模型应当具备完全自主知识产权，在模型基础底座研发、训练方法研究、训练过程控制以及模型应用管理方面具备安全可控性，能够支撑我国新型工业化战略的中长期发展，兼顾安全性、持续性和可控性。

建议在通用领域大力支持国内头部科技企业研发自主可控的国产大模型，同时鼓励各垂直领域在大模型基础上，利用开源工具构建规范可控的自主工具链，既探索"大而强"的通用模型，又研发"小而美"的垂直行业模型，从而构建基础大模型和专业小模型交互共生、迭代进化的良好生态。

（三）加强工业大模型应用落地研究任重道远

大模型厂商积极探索工业大模型的商业化应用，在实践中积累业务场景落地经验和海量多元数据，帮助工业大模型加速走向产业。

一是强化应用创新探索与场景挖掘，鼓励产业界及各领域头部企业进行创新探索，通过政策鼓励、企业带动、市场引导等方式丰富工业大模型应用，形成一批工业大模型应用落地新场景、新模式。

二是树立标杆应用，在钢铁石化、装备制造、电子制造等应用较为成熟的领域，引导大型国有企业、民营企业和科技型企业等合作打造解决方案，形成一批可信、可靠、成熟有效的行业工业大模型标杆应用。

八　总结与展望

工业大模型是新型工业化的核心动力和创新源泉，以其突破性的理论和实践，推动着生产活动的深度革新。在工业大模型的加持下，通过提效降本和优化生产运行提升综合生产效率，通过整合和配置网络、自动化、机器学习和数据分析等关键技术形成能力中心，通过拓宽创新领域和路径推动生产深度变革形成创新中心。工业大模型使工业生产方式和组织模式发生了深刻变革，成为提升企业生产能力、推动企业转型升级和引领产业变革创新的重要力量。

赋能新型工业化是一项复杂的系统工程，既是攻坚战，也是持久战。工业大模型将深度参与新型工业化的全过程，尤其在智能人机交互、智能制造、智能服务等领域中，将发挥更大的作用。未来，以工业大模型为代表的人工智能技术将和新型工业化一同推动我国产业的改革和升级，实现经济的高质量发展。深耕在中国工业领域的每一个企业，都应当成为新型工业化的执行者、行动派、实干家，肩负起实现新型工业化这个关键任务，积极开展人工智能技术赋能新型工业化的探索，汇聚形成推进新型工业化的强大合力。

参考文献

中国信息通信研究院：《人工智能白皮书2022年》，2022年。

国际数据公司（IDC）、浪潮信息：《2023—2024中国人工智能计算力发展评估报告》，2023年。

金观平：《现代化产业体系要融合发展》，《经济日报》2023年7月3日。

中工互联：《工业大模型应用白皮书》，2023年。

中国信息通信研究院：《工业大模型技术应用与发展报告1.0》，2023年。

B.15
2023年中国智慧金融发展现状、趋势与建议

李 健　王丽娟*

摘 要： 我国金融机构作为智慧金融的实践主体，通过不断深化数字化转型，积极探索生成式人工智能的应用，进一步推动了智慧金融的发展。在建设金融强国的背景下，需要金融机构、监管部门以及行业组织结合自身业务及职责采取相应的措施，共同打造场景感知、人机协同、跨界融合的智慧金融新业态。

关键词： 数字化转型　智慧金融　生成式人工智能

2023年10月30日至31日的中央金融工作会议提出"做好科技金融、绿色金融、普惠金融、养老金融、数字金融五篇大文章"，其中数字金融作为助力金融大国向金融强国转变的重要抓手，受到了各方的高度关注。智慧金融作为数字金融的表现形式，在金融机构不断深化数字化转型的背景下，取得了明显成效。

一　智慧金融发展现状

随着金融科技的快速发展，智慧金融已成为银行等金融机构转型升级的重要方向之一。我国高度重视人工智能在金融行业的应用与发展。通过智慧

---

* 李健，中国银行业协会研究部主任，主要研究方向为金融科技、宏观经济金融形势、商业银行公司治理、商业银行经营转型等；王丽娟，中国银行业协会研究部副主任，主要研究方向为商业银行经营业务、宏观经济金融形势、外汇汇率及政策等。

金融的应用，银行能够更好地服务实体经济，提高服务质量和效率，推动金融行业的创新和发展。

（一）国家高度重视人工智能在金融行业的应用

2017 年 7 月，国务院颁发的《新一代人工智能发展规划》明确指出，人工智能发展进入新阶段，成为国际竞争的新焦点、经济发展的新引擎，提出发展"智能金融"，明确要求"建立金融大数据系统，提升金融多媒体数据处理与理解能力。创新智能金融产品和服务，发展金融新业态。鼓励金融行业应用智能客服、智能监控等技术和装备，建立金融风险智能预警与防控系统。"近年来，政府部门也出台了一系列政策措施，推动金融与人工智能深度融合。2017 年，中国人民银行成立金融科技（FinTech）委员会，并发布《中国金融业信息技术"十三五"发展规划》，首次在金融业五年发展规划中提及区块链、人工智能等热点新技术应用。2021 年，中国人民银行印发《金融科技发展规划（2022—2025 年）》，指出"抓住全球人工智能发展新机遇，以人为本全面推进智能技术在金融领域深化应用，强化科技伦理治理，着力打造场景感知、人机协同、跨界融合的智慧金融新业态"，为下一阶段人工智能与金融业务融合提出了创新方向。2022 年，原银保监会印发《关于银行业保险业数字化转型的指导意见》，鼓励银行保险机构利用大数据，增强普惠金融、绿色金融、农村金融服务能力；利用大数据、人工智能等技术优化各类风险管理系统，将数字化风控工具嵌入业务流程，提升风险监测预警智能化水平。2023 年 10 月 30 日至 31 日的中央金融工作会议提出"做好科技金融、绿色金融、普惠金融、养老金融、数字金融五篇大文章"，其中数字金融成为助力金融大国向金融强国转变的重要抓手。此外，各地也出台了一系列推进智慧金融发展的政策，积极推动金融科技创新试点。

（二）金融机构科技资源投入不断加大

近年来，金融机构不断加大金融科技的资金、人才等方面的投入（见表 1），推动了智慧金融的发展。

表 1　2022 年部分商业银行金融科技资源投入情况

银行类型		科技投入（亿元）	科技投入占营收比例（%）	科技投入同比增长（%）	金融科技人员（人）	科技人员占比（%）	金融科技人员同比（%）
大型商业银行	中国工商银行	262.24	2.86	0.91	36000	8.3	2.86
	中国农业银行	232.11	7.31	13.05	10021	2.2	10.62
	中国银行	215.41	3.49	15.70	13318	4.35	62.63
	中国建设银行	232.90	2.83	−1.21	15811	4.2	4.56
	中国邮政储蓄银行	106.52	3.18	6.20	6373	3.27	20.25
	交通银行	116.31	5.26	32.93	5862	6.38	1.35
股份制商业银行	招商银行	141.68	4.51	6.60	10846	9.6	8.00
	兴业银行	82.51	3.71	29.65	6699	11.87	102.82
	平安银行	69.29	3.85	−6.15	—	—	—
	浦发银行	70.07	3.71	4.49	6447	10.47	0.30
	中信银行	87.49	4.14	16.08	4762	11.11	8.40
	光大银行	61.27	4.04	5.89	3212	6.75	36.04
	民生银行	47.07	3.57	22.48	4053	6.78	32.36
	华夏银行	38.63	4.12	16.39	—		
	浙商银行	—		—	1615	9.6	10.9
	广发银行	37.07	4.90	19.54	2093	5.55	1.65
	恒丰银行	13.10	5.27	−37.94			
	渤海银行	12.60	4.76	33.33	1271	9.57	79.27

注：因部分上市银行未披露金融科技投入相关数据，故此处选取了数据相对齐全的全国性商业银行和股份制商业银行为样本。其中，个别银行分项数据未披露，在此用"—"标注。

资料来源：根据银行年报数据整理。

一是金融科技资金投入继续保持较快增长。以大型商业银行和股份制商业银行为例，2022 年，17 家商业银行科技投入合计为 1826.27 亿元，同比增长 8.79%。从绝对量来看，中国工商银行、中国农业银行、中国银行、中国建设银行等四家国有大型商业银行的金融科技投入金额均在 200 亿元以上；而在股份制商业银行中，招商银行科技投入规模最大，达 141.68 亿元，超过大型商业银行中的交通银行和邮储银行。从占比看，大部分股份制商业银行科技投入占比均超 3.5%，高于大型商业银行的金融科技投入占比水平。

二是金融科技人才力量不断充实。2022 年，15 家商业银行共有金融科技人员 12.84 万人，同比增长 41.36%，高于金融科技资金投入同比增速。从绝对量看，工商银行金融科技从业人员达 3.6 万人，占全行员工总数比例达 8.3%，科技人员总数在上市银行中排名第一；招商银行科技人员规模超 1 万人，位居股份制商业银行之首。从占比来看，兴业银行科技人员占比达 11.87%，位列上市银行之首，且兴业银行科技人员同比增速达 102.82%；中信和浦发银行金融科技人员占比均超 10%。

（三）智慧金融应用场景不断深化

近几年，商业银行不断深化智慧金融的应用场景，在智能客服、智能营销、智能审批、智能风控、智能投研等方面取得了长足的发展。在智能客服方面，客服机器人可以综合考虑用户提示语和用户习惯，准确识别用户意图，有效提升用户对话体验，提高客服质量。以中国工商银行为例，2023 年 3 月 17 日，中国工商银行发布基于昇腾 AI 的金融行业通用模型。该模型的支撑，显著提升了对客户来电诉求和情绪的识别准确率，能够更精准有效地响应客户需求，并可大幅缩减维护成本。在智能营销方面，金融科技可以辅助生成营销话术和营销文案，帮助客户更快地获取资讯和产品信息。2023 年，平安银行全面升级"零售智能化银行 3.0"，打造以客户为中心、以数据和 AI 驱动的经营模式，覆盖全时全域，提供千人千面、陪伴式、有温度的智慧金融服务。

此外，普惠金融也是智慧金融落地银行的一个核心场景。此前，商业银行更多地依赖于厂房、机器设备等抵质押品来衡量客户的资信水平和还款能力。近年来，在党中央、国务院的坚强领导下，我国金融科技助力普惠金融高质量发展取得了长足进步，大数据、云计算、人工智能、移动互联以及大模型等科技要素在提升普惠金融服务覆盖率、金融服务可得性、金融服务满意度方面作出了巨大贡献。如利用金融科技手段，商业银行可以通过获取的多方数据和信息进行精准画像，创新信用评价方式，提高个体工商户获取金融服务的可能性。同时，运用金融科技手段，还可以加强风险监测、预警以及反欺诈，加强贷款全流程管理，提高了风险管控能力，提升了服务个体工商户的意愿。从图 1 可以看出，近年来，我国普惠型小微贷款取得了快速发展，近几年同比平均增速在 25% 左右。同时，金融科技可以打破传统金融的局限性，突破时间和空间限制，有效降低普惠金融交易成本。从图 2 可以看出，近年来，商业银行新发放的普惠型小微企业贷款利率不断走低，一定程度上缓解了中小微企业融资贵难题。

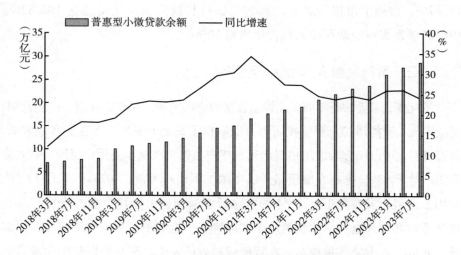

图1　近年来普惠型小微贷款发展情况

资料来源：Wind 数据库。

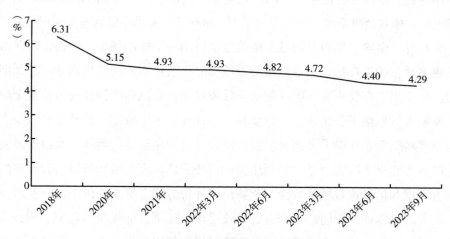

图2　新发放普惠小微贷款加权平均利率

资料来源：根据央行《货币政策执行报告》整理。

二 智慧金融新趋势

2022 年 11 月 OpenAI 推出的对话式通用人工智能工具 ChatGPT 正式上线，人工智能技术发展迈入了全新阶段。一时间，人工智能大模型技术迅速成为国内外关注的热点。从国外的谷歌、微软、英伟达，到国内的华为、阿里、百度、京东等大型企业，以及中国工商银行、中国农业银行等大型金融机构，都在积极布局 AI 大模型。对于金融机构来说，大模型具备的理解、学习、生成和推理能力，以及可观的知识容量和卓越的多任务泛化能力，将进一步推动金融服务的智慧化升级。

（一）生成式人工智能取得突破性进展

当前，大模型的底层架构已初步成熟，但由于大模型必须具备大量的语料素材、强大的科技团队以及充足的资金支持，因此当前开发大模型仍聚集在国内外的科技巨头企业。

1. 海外巨头在大模型领域展开了激烈角逐

一是科技巨头企业层面。2023 年 2 月 2 日，微软宣布旗下所有产品将全线整合 ChatGPT，进一步加大与 ChatGPT 合作。2023 年 2 月 7 日，微软推出引入 ChatGPT 技术的搜索引擎 New Bing 和浏览器 Edge。新 Bing 搜索栏升级为"向我提问吧"的对话框，用户提出问题后，搜索引擎可以自动抓取关键内容并生成回答。微软的调研显示，71% 的用户对 ChatGPT 版 Bing 满意，搜索与人工智能技术协同作用显著。二是金融垂直领域层面。2023 年 3 月 30 日，财经咨询公司彭博社发布了专为金融领域打造的大语言模型 BloombergGPT。彭博社发表的论文显示，BloombergGPT 在通用大型语言模型（LLM）基准测试上表现优异，在金融领域相关的问答任务、情感分析任务等专业领域表现超过现有模型，兼具常识和专业深度。

2. 国内科技公司、科研院所纷纷试水大模型

从目前国内大模型的应用方向看，大部分企业前期以内部应用为主，后续主要向 B 端（面向企业的市场或客户群体）拓展服务，预计少数企业将在 C 端（面向消费者、个人的市场或客户群体）市场形成规模。目前，百度文心大模型、华为盘古大模型、中国科学院紫东太初大模型均在 B 端垂类市场积累了标杆应用案例，腾讯混元大模型、阿里通义大模型则更多聚焦公司自身业务，而百度文心一言、阿里通义千问、腾讯混元助手三类大模型则有可能在 C 端市场发力。如阿里云的通义千问大模型具备多轮对话、文案创作、逻辑推理、多模态理解、多语言支持等功能。2023 年 9 月 13 日，阿里云宣布通义千问大模型已首批通过备案，并正式向公众开放，所有人都可通过 APP 直接体验最新模型能力。

（二）国内商业银行开始竞逐通用大模型

金融行业拥有大量 C 端用户群体，积累了海量数据，应用场景丰富，是大模型应用的优质场景。生成式人工智能等大模型技术会加速银行数字化转型的效率和质量，是各个银行必须重视的发展方向。毕马威和中国互联网金融协会发布的问卷调研显示：92% 的受访企业看好 AIGC（Artificial Intelligence Generated Content）金融应用前景，77% 的企业认为 AIGC 可以优化业务创新、内容生产，深度融入金融机构日常运营，68% 的企业认为 AIGC 能通过人机交互、提升虚拟场景的服务温度等方式升级用户体验。但大模型在金融领域的应用，目前还处于探索试点的初级阶段。

与国际上金融业对大模型的应用模式类似，目前，我国金融业对大模型的应用也基本上分为两种模式，一种是自主开发模式，如中国农业银行自主开发的"小数"（ChatABC）；另一种是合作模式，一些银行选择与科技公司合作，利用科技公司大模型为自身业务赋能。

2023 年 3 月，中国农业银行在同业中率先推出类 ChatGPT 的 AI 大模型应用 ChatABC，着眼于大模型在金融领域的知识理解能力、内容生成能力以及安全问答能力，重点对大模型精调、知识增强、检索增强、人类反馈的强化学习（RLHF）等大模型相关新技术进行了深入探索和综合应用。同时，结合农业银行研发支持知识库、内部问答数据以及人工标注数据等金融知识进行融合训练调优，实现了全方位的金融知识理解和问答应用，同时实现了全栈 AI 技术的自主可控（见图 3）。

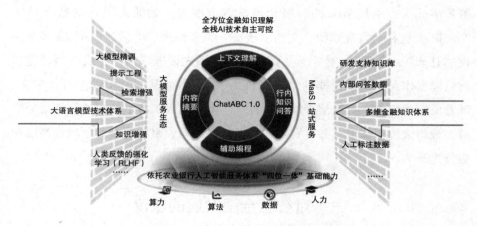

图 3　ChatABC 1.0 技术支撑及能力视图

资料来源：BanTech 智库。

除农行外，工行、交行、招行、平安银行、兴业银行等多家银行也先后披露了其在大模型领域的探索及应用。如平安银行内部所用大模型支持十多个具体场景，在应用价值上可分为促销售、提体验、控风险、降本增效四个维度，分别适用于销售营销、客户运营、对公、资金同业、风控审核、员工辅助等银行条线场景。此外，也有越来越多的银行与科技公司合作，利用科技公司大模型技术为自身业务赋能。

（三）未来应用前景展望

2023 年下半年，IDC 发布的《银行数字科技五大趋势》显示，五大趋势分别为随身银行、AI 风控、数字员工、边缘物联与云原生架构，其中，AI 风控、数字员工和边缘物联均与 AI 有关。虽然当前商业银行所开发的生成式人工智能大模型更多的是以助手形式提升金融机构内部工作质效，但未来的应用前景值得期待。

以数字员工为例，麦肯锡在 2021 年给出数字员工定义，指出其是打破

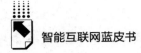

人与机器边界，以数字化技术赋予"活力"的第四种企业用工模式。IDC
在《银行数字科技五大趋势》中预测，到 2025 年，超过 80% 的银行都将部
署数字员工，承担 90% 的客服和理财咨询服务。如浦发银行的数字员工
"小浦"，已在财富规划师、文档审核员、大堂经理、电话客服等 20 多个岗
位"任职"。但当前，数字员工的部署仍需预先设置规则，算法按照规则进
行后续操作，不具备智能的"思考能力"，更多的是一种辅助工具。未来，
随着监管的完善、数据治理能力的提升、生成式人工智能的成熟、智能数字
员工或将大规模部署，并在资料搜索、代码编写、财务分析等领域提高商业
银行生产力。

三　对智慧金融发展的建议

2024 年，在建设金融强国的背景和新技术的加持下，金融业将会更加
智慧化。后续还需要金融机构、监管部门以及行业协会组织结合自身业务及
职责采取相应的措施，共同打造场景感知、人机协同、跨界融合的智慧金融
新业态。

（一）金融机构层面

1. 积极拥抱新技术，推动技术与场景融合

近期，腾讯研究院在《影响 2024 年的十大科技应用趋势》中指出，通
用人工智能渐行渐近，大模型走向多模态，AI 智能体可能成为下一代平台。
当前，大模型在金融领域还有点"风声大雨点小"。金融机构要抓住人工智
能机遇，不仅重视在算力、算法和数据方面的积累，也要将人工智能技术和
不同金融业务场景深度融合。如围绕大模型的应用，金融机构可梳理大模型
需求场景和方案，选取业务价值高、实施完备度成熟、风险可控的业务场景
优先落地应用，打造大模型金融应用最佳案例，并进行推广。

2. 加强数据治理，为新技术应用提供支撑

数据是数字经济时代重要的生产要素，是金融机构数字化转型与金融科

技发展的基础。ChatGPT之所以能取得如此令人惊艳的"智慧"，得益于数据量级的突破。金融机构应建立完善数据使用机制，探索一套数据"采集、清洗、管理、应用"方法和体系，提升数据集的规模、质量和多样性。如加强数据分类分级标准建设，打破部门间数据壁垒，通过数据集市等方式将全行范围内数据资产转换为可信赖可使用的信息；同时，整合内外部数据资源，提升数据应用能力，提升数据支撑决策、营销、风控的能力。

3. 加强人才培育，强化智慧金融智力支撑

在全球金融科技竞争中，不管是科技硬实力还是政策软实力，归根到底都要靠人才来实现。目前来看，我国数字化金融人才整体短缺，复合型跨领域高水平数字化人才尤为匮乏。以生成式人工智能为例，它是一项比较前沿的新技术，在现实中更面临着人才和专业知识短缺的挑战。金融机构一方面要加大内部人才的培养，通过建立健全系统化人才培养通道，把培养好的人才留住。另一方面要加大外部人才的引进力度，完善人才培养体系，提高人才的技术水平和创新能力，强化智慧金融的智力支撑。

4. 加强模型标准管控，防范智能技术风险

当前，智慧金融的发展还处于探索阶段，还面临生成式能力可控性差，以及技术、资金投入成本较高等多方面的挑战，还存在一定的风险。以生成式人工智能为例，与之前数据主要来自公共机构不同，未来，随着生成式人工智能应用场景的拓展，其所需要的数据会越来越多地来自私营部门或者社交媒体网络，这就会产生数据安全风险及隐私风险。同时，人工智能本身的技术逻辑及其应用过程存在模糊性，可能引发数据、算法和模型风险。金融机构需要加强模型标准化的管控，可通过设立业务部门、数据管理部门、风险管理部门三道防线，加强算法和模型风险管控。

（二）监管机构层面

1. 进一步完善智慧金融监管规则

智慧金融的本质还是金融，人工智能技术的引入可能放大原有的金融风险和引发全新的问题风险，这就需要不断加快智慧金融的监管创新。如对于

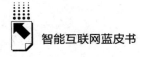
一开始看不准、看不清的创新，可以先是原则性、方向性的柔性监管，设立合规刚性底线和监管触发条件；随着创新的持续发展和业务模式的清晰定型，再推动原则性、方向性监管向规则性、具体性监管演进；对于风险持续暴露和影响较大的创新和业务，实施专项检查和监管处罚，并通过检查进一步完善监管规则和政策。

2. 提升监管的数字化和智慧化水平

《金融科技发展规划（2022—2025 年）》要求，"加快监管科技全方位应用，加强数字监管能力建设"。要提高监管的数字化和智慧化水平，必须依靠监管科技。监管部门可运用机器学习、自然语言处理等新兴技术，大力推进智能分析工具的研发，不断丰富穿透式监管和行为监管工具箱，提高金融风险监测分析前瞻性，提升对风险早识别、早预警、早暴露、早处置能力；同时，积极打造智慧监管平台，为监管数字化智慧化转型提供灵活弹性的计算、存储、系统应用、网络服务等基础设施服务保障。

3. 加强智慧金融的国际监管合作

2023 年 11 月 1 日至 2 日在英国召开的首届人工智能安全峰会（AI safety summit）上，中国、美国等 28 个国家与欧盟共同签署了关于人工智能国际治理的《布莱切利宣言》（Bletchley Declaration）。这是世界首个多个国家和地区达成的人工智能安全领域宣言，参会代表就前沿人工智能技术发展面临的机遇、风险和采取国际行动的必要性取得共识。在监管层面，一方面可以学习国外关于智慧金融的监管经验；另一方面，加强国际合作，以确保智慧金融的安全与风险可控，促进人工智能在金融领域的规范发展。

（三）行业组织层面

一是引导制定行业团体标准。研究制定金融科技伦理自律公约和行动指南，前瞻研判金融科技伦理挑战、及时预警金融科技伦理风险，筑牢金融科技伦理自律防线。

二是加强相关人才培训。邀请业内外专家为银行业开展生成式人工智能大模型等方面的培训，提升从业人员的业务技能，缓解金融机构的人才难题。

三是开展前沿技术课题研究。行业协会可牵头业界力量对相关前沿技术进行前瞻研究，同时，围绕行业前沿技术应用征集相关案例，为行业提供参考。

参考文献

《大模型改变银行智能客服业态调查：给银行数字人装"大脑"多重挑战待解》，《21 世纪经济报道》2023 年 10 月 9 日，https：//rmh. pdnews. cn/Pc/ArtInfoApi/article? id=38130303。

The Bletchley Declaration by Countries Attending the AI Safety Summit，英国政府官网，2023 年 11 月 1 日，https：//www. gov. uk/government/publications/ai-safety-summit-2023-the-bletchley-declaration/the-bletchley-declaration-by-countries-attending-the-ai-safety-summit-1-2-november-2023。

毕马威中国、中国互联网金融协会：《2023 年中国金融科技企业首席洞察报告》，2023 年 7 月。

中国工商银行、中国信通院：《银行业数字化转型白皮书（2023）》，2023 年。

北京金融信息化研究所：《大模型金融应用实践及发展建议》，2023 年 11 月。

B.16
2023年中国 AIGC 发展现状与趋势

陈一凡*

摘　要： 中国的 AIGC 市场呈现蓬勃发展的态势。在内容形态、内容生产、内容安全、运营与经营等方面有丰富的应用场景。未来，支撑 AIGC 的大模型将持续优化，实现多模态交互融合。将推动 AIGC 技术的行业应用深化、平台化发展与生态构建。应加强技术创新驱动，产业生态协同发展，数据安全与隐私保护，强化法规与伦理规范，增强国际合作与交流，推动 AIGC 产业健康发展。

关键词： 人工智能生成内容　大模型　内容生产方式

自 20 世纪 50 年代人工智能诞生以来，经历了符号主义、连接主义和深度学习等多个阶段，逐步形成了较为完善的理论和技术体系。与此同时，随着大数据时代的到来，数据量的爆炸式增长为人工智能提供了更为丰富的训练和优化资源；云计算、边缘计算等计算技术的不断发展，为人工智能提供了更加强大的计算能力和更加灵活的部署方式，进一步推动了人工智能在实际应用中的普及和深化。在这个过程中，人工智能的应用场景不断拓展，从最初的计算机视觉、自然语言处理等领域逐渐扩展到智能媒体，人工智能生成内容孕育而生。

AIGC，全称为 Artificial Intelligence Generated Content，即人工智能生成内容。作为一种前沿的人工智能技术，AIGC 技术突破了传统人工智能的模

---

* 陈一凡，百度副总裁，在利用人工智能、互联网、大数据等前沿技术赋能产业经济，帮助企业及公共事业单位智能化转型升级、赋能生态伙伴等方面具备深厚的业务经验。

式识别和预测的限制，专注于创造新的、富有创意的数据。这种技术的出现，标志着人工智能进入了一个全新的阶段，即与人类一样具备生成创造能力。

一　中国 AIGC 发展概况

中国的 AIGC 技术与产业发展非常活跃和迅速，国家也逐步从宏观政策、地方指导文件等维度积极推动 AIGC 技术的创新和应用，不断探索新应用场景。目前，AIGC 已经在中国多个领域展现应用的巨大潜力，并吸引了大量的投资和创新力量。

首先，从技术角度来看，中国的 AIGC 技术已经取得了显著的进展。在深度学习、自然语言处理、计算机视觉等领域，中国的研究机构和企业在全球范围内具有竞争力。这些技术的进步为 AIGC 的发展提供了坚实的基础。随着大模型技术迅猛发展，"百模大战"在中国的大幕拉开，截至 2023 年10 月末，国产大模型数量已经达到 238 个，依靠提示词 Prompt，可以将过去大量文字、图片、视频的制作工作，通过 AIGC 的"涌现"能力，变得快速、高效，并极具创意。

其次，从产业角度来看，中国的 AIGC 产业正在快速崛起。随着技术的不断进步和应用需求的增加，越来越多的企业开始涉足 AIGC 领域。从大模型的四层框架维度来看，这些企业涵盖了芯片层、框架层、模型层、应用层。政府也在积极推动 AIGC 产业的发展，提供了政策支持和资金扶持，为产业的健康发展创造了良好的环境。

此外，中国的 AIGC 市场也呈现蓬勃发展的态势。随着消费者对智能化、个性化内容的需求不断增加，AIGC 市场的前景非常广阔。目前，中国已经在智能客服、智能创作、知识管理等领域取得了领先的市场地位。随着技术的不断进步和应用场景的拓展，未来 AIGC 市场还将涌现更多的商业机会和创新应用。

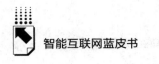
二 中国 AIGC 的应用场景

以下从内容形态、内容生产、内容安全、运营与经营四个方面分析 AIGC 的应用场景。①

（一）新型内容形态

内容的服务对象主要是三类，包括政务用户（TO G）、企业（TO B）、消费者（TO C）。在为这三类用户服务的时候，相对于传统的文字、图片、视频、直播、点播等表达方式，各家内容生产机构求新求变，突出内容形态的新鲜感，在准确传递内容价值的基础之上希望通过新的内容形态为三类用户提供更有创意的内容表达方式，用于获取、维系、服务用户群体。

新型内容形态包括数字人和元宇宙。数字人可以承载视频播报内容，能够打造内容生产机构独特的 IP 形象，并将 IP 形象对外输出；元宇宙可以打造独特的空间 IP，并在空间中承载更多的内容展示。

1. 数字人在内容生产领域的应用②

数字人的应用场景。数字人可以打造内容生产机构独特的 IP，成为内容载体，用于播报各种内容，可应用在如探馆、主持人、文旅大使、智能客服、数字人演艺等。数字人可以通过短视频的方式播报内容，宣传当地人文历史；以主持人方式进行嘉宾访谈或者新闻节目播报；以旅游大使的形象宣传文旅内容，吸引游客；以讲师形象开展线上授课工作；等等。

对于真人数字人来说，可以实现数字分身的效果，适用于工作室主播的应用场景。如传媒机构人员在编写稿件的同时将一段文字内容或者录制一段语音内容传回媒体，即可驱动真人数字人进行视频播报。既可以提升内容制

---

① 徐冰涛、林小勇：《AIGC 驱动主流媒体数智化转型的应用现状与实践路径》，《视听界》2024 年第 1 期。

② 姜莎、赵明峰、张高毅：《生成式人工智能（AIGC）应用进展浅析》，《移动通信》2023 年第 12 期。

作效率，又使内容经过审核，保障了内容安全。

数字人还可以成为演艺人员，如爱奇艺制作过一档节目"元音大冒险"，由演艺人员驱动数字人进行节目演出，开创了真人与数字人交互协同表演的新形式，有望在全国演艺节目中推广。

无论是真人数字人还是演艺数字人，在全国各地的内容生产机构都有大量应用案例。如央视的超写实数字人小央和小 C、手语数字人；《中国日报》的数字员工元曦；《扬子晚报》为融媒工作室主播服务的真人数字人；广西文旅局为宣传文旅资源打造的刘三姐数字人；Keep 推出的数字人教练；vivo 为听障人士推出的手语数字人；等等。数字人以新的内容形态、7×24 小时的在线服务能力、各类人设的打造在各行各业得到了应用。

2. 元宇宙带来了新的线上应用体验

元宇宙作为空间的载体，可以承载多种内容展现形式。如元宇宙演播室、元宇宙发布会、元宇宙展厅、元宇宙党建、元宇宙剧院、元宇宙演唱会、元宇宙春晚。

在元宇宙空间中，可以实现多种业务场景，如会议、展出、演出等。在各个业务场景中，可以设定多种营销活动。在 2024 年春节，广东电视台出品了元宇宙春晚，实现了春晚节目、运营模式的新形态。

（二）内容创作方面

AIGC 通过大模型进行智能内容创作，提升内容生产效率。

一是智能写作。可以根据提供的词句生成文章。能够对文章内容进行改写、扩写。编采人员可以将时间和精力集中在选题策划方面，对文章内容进行打磨，锤炼文章深度，获得更好的报道价值。

二是智能推荐。当编采人员确定好选题后，AIGC 可以根据算法，将媒资系统中的资源推荐给编采人员，编采人员参考推荐的内容快速组织报道；如果编采人员想了解与此选题相关的全网资料，AIGC 可以借助大数据技术和智能算法，将与内容相关的外网内容推荐给编采人员，便于编采人员组织素材、调整选题维度，既可以提升内容创作效率，还可以避免内容同质化。

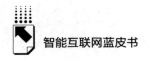

三是智能摘要。在新媒体时代，网民是在碎片化时间中获取信息，习惯通过内容摘要快速浏览报道信息。AIGC 可以根据提供的内容，生成内容摘要，节约编采人员编写内容摘要的时间。

四是内容改写。可以根据提供的内容，进行内容改写。如提供一句话，采用内容改写方式，生成更加丰富的内容。

五是智能作画。可以根据提供的简单文字，选择绘画风格，生成多张图片供编采人员选择。采用智能作画可以提升插画的制作效率，并且可以给美术编辑提供创作灵感。美术编辑也可以将生成的图片进行二次创作。

六是智能成片。通过输入简短的文字内容，结合素材、模板、语音、数字人形象，自动生成短视频内容，提升视频创作效率。视频编辑也可以对生成的视频内容进行调整。

七是采访录音转文字。可将采访录音转成文字，便于编采人员对文字进行修改，形成稿件内容，并可以生成智能总结。

八是应用在媒资中的语义检索。媒资通常意义上是指报社、广播电台、电视台、网站、通讯社等媒体单位所产出的内容资产。这些内容资产包括文字、图片、音视频等新闻业务数据和描述这些数据的元数据，以及它们的版权信息。媒资的检索方式从关键词检索到多模态检索，到现在大模型支撑下实现语义检索，提升了编采人员对媒资内容检索的便利性和命中率。

九是提升内部协同效率。通过协同工具，可以提升内部工作效率，如即时通信、智能会议、审核中心、知识库智能办公应用。在智能协同场景中，可以通过输入关键词，基于大模型构建的知识库可以自动回复办公业务该如何办理，支持 PC 端和移动端。智能协同场景中，如使用智能会议，可以记录会议内容，生成会议纪要、会议总结、生成智能洞察内容，还可以根据语义内容生成待办事项。

（三）内容安全方面

针对内容审核环节纯人工审核的痛点，通过大模型在文本纠错、图片审核、视频审核、直播审核方面的应用，保障内容的合规性、安全性。基于

AI 技术的多对象、多维度、多场景的审核，能及时发现风险内容，助力内容生产机构（互联网娱乐、资讯、短视频、直播、传统广电、广电新媒体等）进行产业升级，保障内容监管，杜绝违规内容，减少低质内容。同时也适用于金融、电信运营商、电商等有内容审核需求的行业。

（四）运营与经营方面

1. 提升客户黏性

如果要提升内容生产机构与用户的黏性，可以在资讯客户端，结合大模型，实现 C 端用户提问，大模型回复的智能问答模式，增强用户与内容生产机构的沟通[①]。如支持 C 端用户对某一新闻内容进行交互，通过智能问答的方式了解相关新闻信息。此外，资讯客户端上的"网上办事"板块，也可以由 C 端用户提问，由 AIGC 进行答复。此种方式可以增强媒体与受众的黏性，节约运营人员成本，并且回复的内容基于知识库，能够保障规范性。

2. 提升内容变现能力

（1）数字人在内容领域的变现。数字人是一个 IP 形象，也是内容的载体。由于数字人具有 7×24 小时服务能力，不会出现情绪问题，在社交媒体平台，拥有百万粉丝的数字人可以对外承接直播主持工作；可以承接电商主播工作，并可以通过智能化方式，实现中文与多语种的同期播报，应用在跨境电商场景中。还可以将数字人打造成文化宣传大使，承揽文化输出工作，由文旅部门提供宣传经费，由传媒机构通过数字人形式将文化内容发布在传媒渠道上，实现双赢。

（2）智能营销文案。可覆盖金融、汽车、零售等多个行业品类，适用热门平台渠道如小红书、公众号等；可深度理解营销内容制作要求，AI 自动生成不同风格（专业、幽默、热情、正式）文案；可根据文案核心内容 AI 生成配图，满足用户个性化需求。

---

① 谢湖伟、简子奇、沈欣怡：《认知框架视角下 AIGC 对媒体融合的影响研究——对 30 位媒体融合从业者的深度访谈》，《新闻与传播评论》2023 年第 76 期。

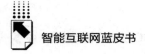

（3）区域内容巡检服务。借助智能内容审核的技术能力，辅助媒体人工审核服务，为区域党政机关以及高校等官方宣传机构提供内容合规性、内容安全性服务。中央级媒体和省级区域媒体已经开始尝试区域内容巡检服务并获得价值变现。

（4）智能办公技术对外输出。基于智能协同的办公手段可以对外进行技术输出，从而帮助传媒机构创造经济价值。

（5）区块链技术的应用。优质的媒资内容加上区块链技术，可以形成数字藏品或者媒资对外展示交易平台，实现内容价值的变现。

（6）元宇宙场景营销。由于元宇宙是个线上空间场景，可以承载多种营销活动，如发布会、展厅、营销活动、广告发布、虚拟商品销售、城市活动、文创产品销售、数字藏品发售、内容+技术服务等。

（五）底层技术积淀

在2024年春节期间，OpenAI推出了Sora AI视频工具，一时间实现刷屏效果。Sora以生成式视频的方式，引起了内容生产机构的极大兴趣，认为"Sora类"技术可以解决内容创作素材不足的问题，从一定程度上可以提高视频制作效率，会成为AIGC领域未来的发展趋势。但是内容生产机构的从业人员也看到了Sora视频生产成果的不确定性。随着大模型产业不断细分和精细化打造，相关技术会应用在更广泛的行业和业务场景中。从Sora的基本原理和应用方式可以看出，大模型的应用需要更多的素材数据、更丰富的表达维度、更符合大模型维度的提示词应用，多维结合才可以将技术更好地运用到业务场景中。

由Open AI的Sora看国内的大模型厂商，丰富的素材数据、丰富的数据标注维度、大模型技术的持续研发是其厚重的基础。素材数据的获取，包括数据收集、清洗、标注等过程，需要根据具体的任务和领域，选择合适的算法和模型来进行训练和优化。需要有大量的数据标注基地和从业人员，有大模型研发的基础，在此基础上结合业务场景才能促进国内大模型技术的高速发展。

三 中国 AIGC 发展趋势

（一）AIGC 技术发展趋势

2021 年发布的《中华人民共和国国民经济和社会发展第十四个五年规划和 2035 年远景目标纲要》将新一代人工智能作为前沿科技攻关的首要目标领域。AIGC 技术作为新型内容生产方式，将以内容生产模式变革催动生产力革新，引领数实融合浪潮下的产业变革，是新质生产力场景化的典型体现，对人们生产生活方式带来深远的影响。

艾瑞咨询预测，2023 年中国 AIGC 产业规模约为 143 亿元，随后进入大模型培育期，持续打造与完善底层算力基建、大模型商店平台等新型基础设施，以此孕育成熟技术与产品形态并将其对外输出。中国 AIGC 产业生态将日益稳固，完成重点领域、关键场景的技术价值兑现，逐步建立完善模型即服务（MaaS，Model As a Service）产业生态，2030 年中国 AIGC 产业规模有望突破万亿元，达到 11441 亿元。[①]

1. 支撑 AIGC 的大模型持续优化

随着深度学习技术的不断发展，大规模深度学习模型在 AIGC 领域的应用越来越广泛。然而，这些大模型在生成内容方面仍然存在一些问题，例如生成内容的多样性不足、与用户的交互能力有限等。因此，未来的 AIGC 技术将进一步优化，提高其生成内容的多样性和交互性。具体来说，可以通过以下方式进行优化[②]。

一是研究更加复杂的模型结构。例如，使用注意力机制、Transformer 结构等更加复杂的模型结构，以提高生成内容的多样性和质量。

二是优化训练方法。例如，使用更加有效的优化算法、自监督学习等训

---

① 艾瑞咨询：《2023 年中国 AIGC 产业全景报告》，https：//report. iresearch. cn/report/202308/ 4227. shtml。

② 马小林：《关于 AIGC 应用于广电领域的思考》，《中国传媒科技》2024 年第 1 期。

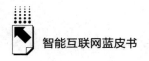

练方法，以更有效地利用数据和提高模型的泛化能力。

三是扩大模型规模。例如，通过使用更多的数据、更大的模型参数等，增加模型的表示能力和生成内容的丰富度。

四是研究更加自然和智能的交互方式。例如，通过语音识别、图像识别等技术，使用户能够更加自然地与人工智能进行交互，提高用户体验和使用效果。

五是加强智算平台建设。智算平台的建设，可提供高性能、高弹性、高速互联和高性价比的算力服务，为大模型所需的高性能算力使用需求打下基础。

2. 支撑 AIGC 的大模型多模态交互融合

多模态交互是指利用多种媒体数据来进行交互的方式，例如语音、图像、视频等。初始阶段，AIGC 技术主要集中在文本、图片生成方面，但未来的发展趋势是将文本生成与其他媒体数据相结合，实现多模态交互融合。这种融合将有助于提高 AIGC 技术的生成能力和交互能力，使其能够更好地满足各种应用场景的需求。具体来说，可以通过以下方式实现多模态交互融合。

一是将文本生成与图像生成相结合。例如，通过将文本描述转化为图像或视频，或将图像转化为文字进行后续处理和分析。这种融合将有助于打破传统的内容创作限制，为人们提供更加多元化和个性化的内容服务。

二是将文本生成与语音生成相结合。例如，通过将文本转化为语音或将语音转化为文字进行后续处理和分析。这种融合将有助于提高人机交互的效率和自然度，为人们提供更加智能化的服务和体验。

三是多模态数据的融合与分析。例如，通过将不同媒体数据融合在一起进行分析和处理，可以更加全面地理解用户需求和意图，提高 AIGC 技术的智能水平和个性化程度。

四是多模态交互融合将是未来 AIGC 技术的重要发展方向之一，其应用场景也将越来越广泛和深入。随着技术的不断进步和应用场景的不断拓展，多模态交互融合将会为人们的生活和工作带来更加智能化、高效化和便捷化的体验和创新。

（二）AIGC 产业发展趋势

1. 行业应用深化

随着深度学习、自然语言处理、计算机视觉等技术的不断突破，AIGC的生成算法、预训练模型、多模态技术等将进一步优化。这不仅会提高AIGC 生成内容的品质和稳定性，还将推动 AIGC 技术在更多领域的应用。以下是几个关键领域的具体应用趋势。

一是金融行业。AIGC 技术正在重塑金融服务。例如，智能投顾能够基于客户的风险偏好和投资目标，自动化地生成个性化的投资建议。此外，AIGC 还在金融风控、智能客服等领域发挥着重要作用。

二是医疗行业。在医疗领域，AIGC 技术被广泛应用于疾病诊断、药物研发、患者管理等环节。例如，基于深度学习的医疗影像分析系统能够快速准确地识别病变部位，为医生提供有价值的诊断参考。同时，AIGC 技术还在远程医疗、健康管理等领域展现出巨大潜力。

三是教育行业。AIGC 技术为教育行业带来了革命性的变革。智能教育平台能够根据学生的学习情况和需求，生成个性化的学习计划和教学资源。此外，AIGC 在线上教育、虚拟现实教学等领域发挥着重要作用，为学习者提供更加丰富和高效的学习体验。

四是交通行业。在交通领域，AIGC 技术被应用于智能驾驶、智能交通系统等方面。例如，自动驾驶汽车能够利用 AIGC 技术实现对环境的感知和决策，提高驾驶的安全性和舒适性。同时，AIGC 技术还在智能交通信号控制、车辆调度等领域发挥着重要作用，提高交通系统的效率和便捷性。

2. AIGC 平台化与生态构建

AIGC 平台化与生态构建是产业发展的必然趋势。以下是几个关键方面的详细阐述。

一是平台化趋势。随着 AIGC 技术的普及和应用需求的增加，越来越多的企业和机构开始搭建 AIGC 平台。这些平台不仅集成了先进的 AIGC 技术，还提供了丰富的应用场景和解决方案，方便用户快速构建和部署 AIGC

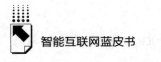

应用。

二是生态构建。在平台化的基础上，AIGC 产业正逐渐形成一个开放、共享的生态系统。这个生态系统包括技术提供商、应用开发商、数据提供商等多个角色，它们通过合作与共享，共同推动 AIGC 技术的发展和应用。在这个生态系统中，各参与方可以充分发挥各自的优势，实现互利共赢。

三是标准化与规范化。为了促进 AIGC 产业的健康发展，各机构纷纷制定相关标准和规范。这些标准和规范不仅有助于统一 AIGC 技术的开发和应用标准，还能提高 AIGC 应用的质量和可靠性。

四是创新驱动。在平台化与生态构建的过程中，创新是推动产业发展的核心动力。各企业和机构纷纷加大研发投入，不断探索新的技术、新的应用模式和新的商业模式。这些创新不仅有助于提升 AIGC 技术的性能和效率，还能为 AIGC 产业带来新的增长点和竞争优势。

四　中国 AIGC 发展的策略建议

随着人工智能技术的不断演进，人工智能生成内容作为其中的重要分支，在中国的发展前景广阔。为了推动 AIGC 产业的健康发展，本报告提出以下几点策略建议。

（一）技术创新驱动

技术创新是 AIGC 发展的核心动力。中国应加大在 AIGC 技术领域的研发投入，鼓励企业、高校和科研机构开展联合攻关，突破关键核心技术。同时，建立健全的技术创新体系，支持创新创业团队，打造具有国际竞争力的 AIGC 技术创新高地。通过不断的技术创新，提升 AIGC 技术的性能、效率和智能化水平，满足不断增长的市场需求。

（二）产业生态协同发展

AIGC 产业的发展需要良好的产业生态支撑。中国应构建完善的 AIGC

产业生态体系，包括技术研发、产品应用、市场推广、人才培养等各个环节。鼓励企业间、企业与高校间开展合作，形成产业链上下游的紧密配合，共同推动 AIGC 产业的发展。同时，加强与相关产业的融合发展，如云计算、大数据、物联网等，打造跨界融合的 AIGC 产业新生态。教育机构和培训机构需要培养具备 AIGC 技术的人才，以满足市场的需求；企业需要加强技术研发，同时注重产教融合，扩大人才储备。通过产业生态的协同发展，实现资源的优化配置和高效利用，提升整个产业的竞争力和影响力。

（三）数据安全与隐私保护

随着 AIGC 技术的广泛应用，数据安全与隐私保护问题日益凸显[1]。AIGC 技术涉及大量的数据收集和处理，如果安全措施不到位，很容易导致数据泄露。为了保障数据安全与隐私保护，各国政府纷纷出台相关法律法规和监管措施。各企业和机构需要采取有效的保护措施，确保用户隐私信息的安全和合法使用。通过建立完善的数据安全管理体系和应急响应机制，提高应对数据安全事件的能力。法律法规、监管措施、技术创新和防范手段不仅有助于提升 AIGC 技术的安全性和可靠性，还能为 AIGC 产业的健康发展提供有力保障。

（四）强化法规与伦理规范

随着 AIGC 技术的广泛应用，法规与伦理问题日益凸显[2]。2023 年，国家网信办联合国家发改委、教育部、科技部、工信部、公安部、广电总局公布《生成式人工智能服务管理暂行办法》（以下简称《办法》），并于 8 月 15 日起施行。《办法》旨在促进生成式人工智能健康发展和规范应用，维护国家安全和社会公共利益，保护公民、法人和其他组织的合法权益。2023 年 11 月 21 日，百度宣布正式成立科技伦理委员会，旨在健全科技伦理条

---

[1] 周鸿、熊青霞：《AIGC 赋能媒介生产的机遇、隐忧与应对》，《传播与版权》2024 年第 2 期。
[2] 蒋昌磊：《AIGC 对于数字内容产业的影响逻辑与应用治理》，《哈尔滨师范大学社会科学学报》2023 年第 6 期。

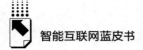
例，尤其在生成式人工智能领域伦理治理中做出积极探索，把好伦理"方向盘"。中国应加强对 AIGC 技术的法规监管和伦理审查，确保其在合法、合规的框架内发展。制定完善的法律法规和标准规范，明确 AIGC 技术的使用范围、数据安全、隐私保护等要求。同时，加强伦理教育和引导，提升公众对 AIGC 技术的认知和理解，防范潜在的伦理风险。通过法规与伦理的强化规范，保障 AIGC 技术的健康发展和社会利益的最大化。

（五）增强国际合作与交流

AIGC 技术的发展具有全球性和开放性。中国应积极参与国际 AIGC 技术的合作与交流，学习借鉴国际先进经验和技术成果。鼓励企业、高校和科研机构与国际同行开展合作研究、共同开发等，提升中国在国际 AIGC 领域的影响力和话语权。同时，加强与国际组织的沟通协调，参与国际标准和规则制定，推动 AIGC 技术的全球化发展。通过国际合作与交流的增强，实现资源共享、优势互补，共同推动全球 AIGC 产业的繁荣与发展。

参考文献

马小林：《关于 AIGC 应用于广电领域的思考》，《中国传媒科技》2024 年第 1 期。

徐冰涛、林小勇：《AIGC 驱动主流媒体数智化转型的应用现状与实践路径》，《视听界》2024 年第 1 期。

周鸿、熊青霞：《AIGC 赋能媒介生产的机遇、隐忧与应对》，《传播与版权》2024 年第 2 期。

姜莎、赵明峰、张高毅：《生成式人工智能（AIGC）应用进展浅析》，《移动通信》2023 年第 12 期。

蒋昌磊：《AIGC 对于数字内容产业的影响逻辑与应用治理》，《哈尔滨师范大学社会科学学报》2023 年第 6 期。

谢湖伟、简子奇、沈欣怡：《认知框架视角下 AIGC 对媒体融合的影响研究——对 30 位媒体融合从业者的深度访谈》，《新闻与传播评论》2023 年第 6 期。

B.17
2023年智慧科研发展现状与趋势

钱 力 于倩倩 谢 靖 朱雅丽 谭知止*

摘 要： AI for Science 作为智慧科研的新范式正在加速科技创新，却也加剧了科学研究的不确定性、多样性和复杂性。开展智慧科研的生态体系研究，加强智慧科研生态能力建设，是我国突破关键技术、引领科技创新的重要举措。本报告从智慧科研的内涵与关键要素、国内外智慧科研发展现状、智慧科研平台典型案例等方面对智慧科研进展进行了梳理和剖析。下一阶段，数据与知识底座、以大模型为代表的 AI 技术、开放学术平台、复合型人才、政策与制度等将发展成为智慧科研的关键要素。

关键词： 智慧科研 人工智能 大模型 科学研究

一 引言

大数据与人工智能时代，AI4S（AI for Science）作为智慧科研的新范式正在加快科技创新的速度。以大模型为代表的人工智能发展呈现出技术创新快、应用渗透强、国际竞争激烈等特点，深刻改变科学研究模式和学术生态，展现出强大的赋能效应。从蛋白质三维结构预测、聚变反应堆设计到新材料发现，AI4S 正在快速且深刻地影响着学科发展，并已全面渗透到科学、

* 钱力，中国科学院文献情报中心数据资源部主任，正高级工程师，研究领域为智慧数据与智能信息处理；于倩倩，中国科学院文献情报中心副研究馆员，研究方向为数据管理与组织；谢靖，中国科学院文献情报中心知识系统部主任，正高级工程师，研究方向为知识系统研发与智能计算；朱雅丽，中国科学院文献情报中心，研究方向为智慧图书馆；谭知止，中国科学院文献情报中心，研究方向为科技情报大数据。

工程和技术研究之中。世界各国抢抓技术变革机遇，为 AI4S 发展提供强有力的政策支持，积极布局人工智能驱动的科学研究，高度重视智慧科研基础设施建设。作为全球关注的新前沿，AI4S 极大地拓展了科学和人工智能边界，智慧科研已成为人工智能发展的重要战场。

二 智慧科研的内涵、特征与关键要素分析

（一）智慧科研概念内涵

智慧科研作为科学研究的新型范式，不同于实验型、理论型、计算型及数据密集型科研范式（见表1），智慧科研将人工智能、大数据、云计算等新技术综合应用于科学研究全流程之中，通过"数据+算法+模型+知识"多轮驱动的方式来提高科研效率、优化科研管理、促进跨学科合作，并最终实现科研成果的创新与突破。智慧科研在实践中存在多种表述形式，如智慧科研、人工智能驱动的科学研究（AI for Science，AI4Science，AI4S）、智能化科研（AI for Research，AI4R）、人工智能+科学研究、智能科学、第五范式、Smart Research、Artificial Intelligence in Research、Intelligent Scientific Research 等。

表1 科学研究范式演进及其内涵特征

科研范式	科研方法	科研特征	时间	事例
科研第一范式（实验型科研）	以实验为主	描述自然现象	几千年前	墨子"小孔成像"等
科研第二范式（理论型科研）	出现了理论研究分支	利用模型和归纳	过去数百年	牛顿运动定律等
科研第三范式（计算型科研）	出现了计算分支	对复杂现象进行仿真	过去数十年	虚拟仿真实验等
科研第四范式（eScience、数据密集型科研）	大数据驱动	大数据管理和统计	近十余年	"瑞士实验"等
科研第五范式（AI4Science）	"数据+算法+模型+知识"多轮驱动	人工智能嵌入科研全流程	今天	蛋白质三维结构预测等

（二）智慧科研的特征

在既有的科研范式中，数据驱动面临着缺乏数据及数据分析工具的困境，模型驱动在解决实际问题的过程总是陷入精度和速度难以两全的矛盾，以深度神经网络为代表的 AI 技术发展提供了破局的新思路。智慧科研的特征主要表现为[①]：人工智能全面融入科学、技术和工程研究，知识自动化，科研全过程智能化；人机融合，机器涌现智能成为科研的组成部分，暗知识和机器猜想应运而生；以复杂系统为主要研究对象，有效应对计算复杂性非常高的组合爆炸问题；面向非确定性问题，概率和统计推理在科研中发挥更大作用；跨学科合作成为主流科研方式，实现第 1~4 科研范式的融合，特别是基于第一性原理的模型驱动和数据驱动的融合；科研更加依靠以大模型为特征的大平台，科学研究与工程实现密切结合等。

（三）智慧科研的关键要素

笔者认为，数据与知识底座、以大模型为代表的 AI 技术、开放学术平台、复合型人才、政策与制度共同构成了智慧科研生态体系的关键要素，如图 1 所示。

1. 数据与知识底座为智慧科研提供知识动力

数据与知识成为科技创新的新战略资源与生产要素，精确的人工智能预测来源于高质量的 AI 语料。智慧科研数据与知识底座包括原始知识资源、态势知识资源、本体知识资源与神经网络知识资源。[②] 原始知识资源是对科技文献、科研项目、科技政策、科学数据等资源进行汇聚、清洗等程序后形成的高质量、可信赖的知识资源。态势知识资源是基于原始知识资源形成的，面向 AI4S 研究的细粒度、图谱知识资源。本体知识资源以原始知识底座与态势知识资源为支撑，从数据来源中提取和整编形成逻辑化的领域知识

---

① 李国杰：《智能化科研（AI4R）：第五科研范式》，《中国科学院院刊》2024 年第 1 期。

② 张智雄：《切实发挥科技文献在 AI4S 中的知识底座作用》，《农业图书情报学报》2023 年第 10 期。

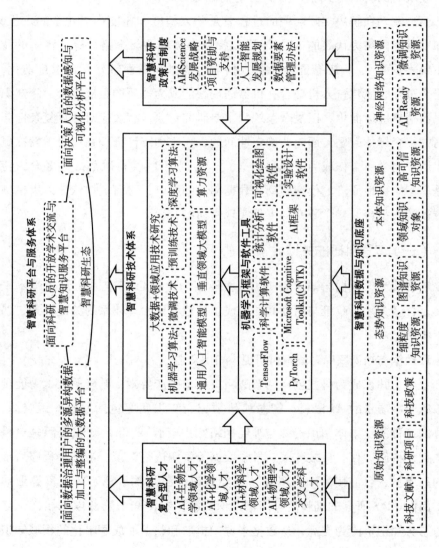

图 1 智慧科研生态体系架构

对象和科学数据等确信的、显性的知识资源。神经网络知识资源是用于大语言模型训练、微调的高质量隐性知识资源。

2. 大模型等 AI 技术助力垂直领域智慧科研

大模型等 AI 技术深刻改变科学研究模式，赋能垂直领域科研发展。一方面，通用领域大模型在垂直领域得到创新应用。另一方面，垂直领域的各类大模型密集"上新"。通用领域大模型如 GPT-4 在药物发现、生物学、计算化学、材料设计、偏微分方程等研究领域应用中展现出广阔的潜力，具有处理复杂问题和整合知识的能力。垂直领域大模型如谷歌发布的医疗大模型 Med-PaLM、上海交通大学发布的地球科学大模型、科大讯飞与中国科学院文献情报中心联合发布的科技文献大模型、UNSW AI Institute 等推出的自然科学领域大模型等。垂直大模型瞄准特定领域或需求，在精度和深度上更能满足实际要求。决策成本较低，所需的算力较小。但垂直大模型根源在通用大模型，通常都是基于通用大模型采用 SFT 监督微调（Supervised Fine-Tuning）等方式训练而来。如果通用模型的基础能力较强，那么垂直模型的调优成本也就相对较低。

3. AI+领域复合型人才加速智慧科研创新发展

AI 与学科领域的深度融合已经成为国内外基本趋势，跨领域复合型人才是智慧科研创新发展的加速器，也是影响 AI 大模型与各学科领域融合创新和落地应用的关键因素。美国顶尖高校已在很多学科专业实现 AI 融合覆盖，以培养人工智能复合型人才为目标。[1] 日本启动优厚待遇留人才，计划从 2024 年起为从事新一代人工智能开发的顶尖人才提供经济支持。[2] 我国人工智能学科和专业加快推进，多层次建设人工智能人才培养体系，如"人工智能+X"复合型人才。

4. 政策与制度为智慧科研落地保驾护航

政策与制度在智慧科研的落地过程中扮演着重要角色。国家对 AI4S 的

---

[1] 张端鸿、丁文佳：《人工智能发展将重新定义高等教育》，2024 年 2 月 27 日，https://finance. sina. cn/tech/2024-02-27/detail-inakmmtn6703295. d. html? oid=。

[2] 《日本将向顶尖 AI 人才每人每年发放 2000 万日元》，日经中文网，2024 年 2 月 27 日，https：//weibo. com/ttarticle/p/show? id=2309404940345547817146。

战略布局为科研工作者明确了方向。例如，我国《关于加快场景创新以人工智能高水平应用促进经济高质量发展的指导意见》提出，推动人工智能技术成为解决数学、化学、地学、材料、生物和空间科学等领域的重大科学问题的新范式。[①] 项目资助是智慧科研前进的经济支撑和重要动力，例如NIH 共同基金设立人工智能之桥（Bridge2AI）计划。整合计算机技术、生物医学、社会科学、人文科学等领域的研究力量，建设适合机器学习分析的新型"旗舰"数据集，为人工智能的广泛采用奠定基础。

5. 开放学术平台为智慧科研提供交流社区和服务生态

智慧科研需要开放的科学研究和学术交流，开放学术平台是重要支撑。面向数据治理用户的多源异构数据加工与整编的大数据平台是重要的数据基础设施；面向科研人员的开放学术交流与智慧知识服务平台为用户提供学术交流、知识发现等服务；面向决策人员的数据感知与可视化分析平台可以帮助用户快速了解领域发展动态和趋势。这些共同构成了智慧科研生态必不可少的平台支撑和服务支持。数据库服务商、科研机构等越来越意识到开放学术平台的重要性，积极打造以开放学术平台为支撑的智慧科研交流社区和服务生态。

三　国内外智慧科研发展现状分析

（一）国外智慧科研发展现状

1. 美国

美国积极布局人工智能科学研究基础设施，展现出前所未有的热情和活力。美国国家科学基金会（NSF）于 2024 年 1 月启动了国家人工智能研究资源（NAIRR）试点项目，为研究人员提供数据集、模型、软件等人工智

---

① 科技部等六部门：《关于加快场景创新以人工智能高水平应用促进经济高质量发展的指导意见》，2024 年 2 月 27 日，https://www.gov.cn/zhengce/zhengceku/2022-08/12/content_5705154.htm。

能相关资源。NSF 已累计投资近 5 亿美元资助多家国家人工智能研究所的建设,[①] 将 AI 技术与农业、气候变化、人脑认知等多个领域融合。斯坦福大学、麻省理工学院等顶尖高校都设立了专门的 AI4S 实验室。

美国在 AI 科研领域推动了多个跨学科领域的合作。加利福尼亚理工学院的 AI4S 倡议[②]聚集 AI 研究人员和其他学科专家,促进不同学科背景的研究人员学习和应用机器学习算法,激发新的跨学科研究项目。微软研究院成立了新科学智能团队 AI4S,团队集结了机器学习、计算物理、计算化学、分子生物学、软件工程和其他学科领域多位世界级专家,共同致力于将第五范式变为现实。

美国在 AI 驱动的科学发现和研究方面取得了显著成就,极大地提高了科学研究效率。DeepMind 的 AlphaFold 项目在蛋白质结构预测方面取得了革命性进展,助力生物医学相关研究。[③] 加州大学圣地亚哥分校开发的多精度材料图网络,通过 AI 模型预测材料特性,为材料科学研究开辟了新路径。[④] 卡内基梅隆大学创建的 AI 化学实验室 Coscientist,4 分钟能复现一项诺贝尔化学奖成就。加州大学团队利用 AI 开发出新脑机技术,让失语 18 年的中风患者重新开口说话。[⑤]

2. 英国

英国政府对智慧科研发展给予了强有力的政策支持与项目资助。英国

---

① NSF partnerships expand National AI Research Institutes to 40 states, 2024-03-01, https://new. nsf. gov/news/nsf-partnerships-expand-national-ai-research.

② Anandkumar A, Yue Y, AI4science, Information Science and Technology, California Institute of Technology, https://www. ist. caltech. edu/ai4science/.

③ JUMPER, J., EVANS, R., PRITZEL, A. et al., "Highly accurate protein structure prediction with AlphaFold", *Nature* 2021, 596: 583-589.

④ CHEN, C., ZUO, Y., YE, W., LI, X.G., ONG, S.P., "Multi-fidelity graph networks for machine learning the experimental properties of ordered and disordered materials", *Nat Comput Sci* 2021 (1): 46-53.

⑤ METZGER, S.L., LITTLEJOHN, K.T., SILVA, A.B. et al., "A high-performance neuroprosthesis for speech decoding and avatar control", *Nature* 2023, 620: 1037-1046.

"用于科学研究和政府管理的人工智能"计划，[1] 旨在应用 AI 解决现实自然/社会科学问题。National AI Strategy[2] 利用 AI 应对气候变化和公共卫生等重大挑战，强调了提高 AI research 能力的重要性。人工智能科学与政府（ASG）项目获得 3880 万英镑资助，[3] 旨在将人工智能和数据科学部署到健康、科学、工程等多个领域。

在将人工智能技术应用于基础科研层面，英国科研人员取得了显著的成果。在医疗健康领域，伦敦大学学院和 Moorfields 眼科医院开发的视网膜图像分析模型 RETFound，能够预测多种系统性疾病。[4] 诺丁汉大学开发的 AI 工具 Lunit，在乳腺 X 光片分析方面的准确率与医生相当。[5] 在植物研究领域，英国皇家植物园与圣安德鲁斯大学利用机器学习技术显著提高了预测植物抗疟性的准确率。[6]

英国学者在科研自动化方面的进展，也预示着科研方法的革新。2020年，格拉斯哥大学的研究团队在《科学》期刊上公布了一台颠覆性的人工科研机器人。[7] 该机器人能够自动阅读文献并构建合成流程，实现了从文献到产品的自动化转化，成为科研领域的重要助手，展示了 AI 在科研自动化和效率提升方面的前景。

---

[1] Turing Institute, About us: impact and strategic goals, https://www.turing.ac.uk/about-us/impact/asg.

[2] UK Government, National AI strategy, https://www.gov.uk/government/publications/national-ai-strategy.

[3] UK Research and Innovation, Artificial intelligence and robotics theme, https://www.ukri.org/what-we-do/browse-our-areas-of-investment-and-support/artificial-intelligence-and-robotics-theme/.

[4] Zhou Y, Chia M.A., Wagner S.K., et al., "A foundation model for generalizable disease detection from retinal images", *Nature* 2023, 622: 156-163.

[5] Chen Y., Taib A.G., Darker I.T., James J.J., "Performance of a breast cancer detection AI algorithm using the personal performance in mammographic screening scheme", *Radiology* 2023（3）.

[6] Richard-Bollans A., Aitken C., Antonelli A., et al., "Machine learning enhances prediction of plants as potential sources of antimalarials", *Front Plant Sci* 2023, 14: 1173328.

[7] Mehr SHM, et al., "A universal system for digitization and automatic execution of the chemical synthesis literature", *Science* 2020, 370: 101-108.

3. 法国

法国政府高度重视人工智能技术在科学研究中的应用，持续加大对人工智能相关项目的资助力度。自2018年以来，法国"未来投资计划"（PIA）相继资助了10个人工智能应用项目，包括医疗领域的混合人工智能应用项目、自动驾驶项目等。并相继开展了农业、物流、自动语音处理领域行业数据池项目，建立了人工智能通用平台（Aleia）。[①]

通过设立跨学科研究中心、人工智能联合实验室等，法国持续推动人工智能研究机构开展跨学科研究与合作。2019年4月，法国在巴黎等4个科研实力较强的地区，分别设立了人工智能跨学科研究中心，形成具有引领性和凝聚力的联合研究网络。[②] 2022年，法国国家科学研究中心（CNRS）成立"人工智能与科学研究双向驱动的跨学科中心"（AISSAI），推动不同学科领域交流合作，拓展AI在科学研究中的应用。[③]

法国将医疗健康领域作为AI应用发展的优先领域。2018年，创新委员会发布"人工智能挑战——利用人工智能改善医疗诊断"计划，投入3000万欧元，推动人工智能在医疗领域的算法开发和技术应用。[④] 2019年，法国政府启动建立健康数据中心，整合全体公民健康数据并向相关科研机构开放，为智慧医疗研发提供了丰富的数据支撑。[⑤] 2023年，法国制药龙头公司宣布"all-in"AI for（life）science战略。[⑥]

---

① 科情智库：《法国人工智能发展现状、重要举措及启示》，2023年9月25日，https://www.secrss.com/articles/59182。

② 科情智库：《法国人工智能发展现状、重要举措及启示》，2023年9月25日，https://www.secrss.com/articles/59182。

③ 杨小康、许岩岩、陈露等：《AI for Science：智能化科学设施变革基础研究》，《中国科学院院刊》2024年第1期。

④ 科情智库：《法国人工智能发展现状、重要举措及启示》，2023年9月25日，https://www.secrss.com/articles/59182。

⑤ Health Data Hub，2024-03-02，https://www.health-data-hub.fr/.

⑥ Sanofi goes "all in" on AI with new app to support company's manufacturing, R&D and more, 2023-06-15, https://www.fiercepharma.com/pharma/sanofi-goes-all-ai-new-app-support-company-across-areas.

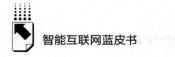
4. 德国

德国在智慧科研领域也取得了显著进展。2023 年，德国 BMBF 发布《人工智能行动计划》，规划了 11 项具体行动领域，将投入超 16 亿欧元，助力德国在国家和欧洲层面促进人工智能发展。[①] 德国耶拿弗里德里希·席勒大学和欧洲理论光谱研究所开发的模型，能够基于组合物和通用结构原型预测材料稳定性，无须精确的晶体结构知识，[②] 展现了人工智能在材料科学研究中的应用潜力。

5. 国际发展总结对比分析

美国、英国、法国、德国等都在积极推进人工智能在科学研究中的应用，各有侧重。美国在智慧科研上的发展迅猛且全面，注重人工智能科学研究基础设施布局和建设，其进展加速了科学研究的进度，也为解决复杂的全球性问题提供了新的工具和方法。英国政府的强有力政策支持和重大投资推动了人工智能技术的进步，尤其在解决社会挑战和基础科研层面取得了显著成效。法国通过设立跨学科研究中心和重点投资医疗健康领域的 AI 应用，展现了其在智慧科研方面的战略重视和专注领域。德国则在材料学和人工智能的融合应用上展现了强大的创新能力，特别是在新材料研发和应用领域的前瞻性研究。总体而言，国际上智慧科研发展体现了全球对人工智能技术在科学研究中应用的重视，同时也凸显了不同国家在推进智慧科研方面的独特战略与成就。

（二）我国智慧科研发展现状

1. 颁布多项政策推动智慧科研发展

2015 年，我国科技部启动了"材料基因关键技术与支撑平台"重点专

---

① 德国发布《人工智能行动计划》，2024 年 2 月 27 日，https：//www.istis.sh.cn/cms/news/article/98/26609。

② Schmidt J.，et al.，"Crystal graph attention networks for the prediction of stable materials"，*Science Advances* 2021，7：eabi7948.

项，以 AI 技术加速科研发现。2023 年，科技部启动了 AI4S 专项部署工作，[①] 紧密结合数学、物理、化学、天文等基础学科关键问题，布局"人工智能驱动的科学研究"前沿科技研发体系。促进人工智能与科学研究深度融合、推动资源开放汇聚、提升创新能力。

2. 智慧科研在多个科学研究领域作用凸显

AI 技术在基础科学研究中被应用至多个环节，使得科学研究过程更加精准高效。例如，在生命科学领域，AI 技术逐渐在蛋白质预测模型、疫苗设计、精准治疗等应用场景中发挥重要作用。[②] 人工智能大模型为精准天气预报领域带来新突破，[③] AI 大模型技术通过深度学习和大数据分析，更准确地捕捉和模拟气象系统的复杂动态。

3. 平台型智慧科研发展迅速

国内陆续涌现各类辅助型智慧科研平台，针对科研活动各环节提供全面、个性的辅助功能。包括以慧科研为代表的智能知识服务平台，以 PubScholar 为代表的开放公益学术平台，以星火科研助手为代表的 AI 科研文献服务平台等。CNKI、万方等也相继推出了知网 AI 智能写作、AI 学术研究助手、科慧等辅助科研的智能化功能。

从我国智慧科研发展的总体情况来看，一是处于持续追赶世界领先水平阶段。我国前期对智慧科研的关注度较小，但经过近几年的发展，我国在很多领域达到了较为领先的水平。例如智能机器化学家，虽然建成时间较世界上最早类似装置晚了两年，但在功能和算法方面的表现更为优秀。二是在 AI4S 出版物方面，我国处于领先地位。根据欧盟委员会 2023 年发布的文献

---

① 《科技部启动"人工智能驱动的科学研究"专项部署工作》，中国青年网，2024 年 2 月 27 日，https：//baijiahao. baidu. com/s？id=1761528052191975435&wfr=spider&for=pc。

② 《人工智能，为科研注入智慧动能》，《人民日报》2024 年 2 月 27 日，https：//baijiahao. baidu. com/s？id=1747165916862142420&wfr=spider&for=pc。

③ Bi, K., Xie, L., Zhang H., et al., "Accurate medium-range global weather forecasting with 3D neural networks", *Nature* 2023，619：533-538.

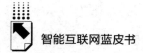

计量报告，① 中国在人工智能应用于科学研究方面的出版物数量位于前列，美国和欧盟紧随其后，各自在不同的领域表现突出。三是 AI 技术研发成为我国推动智慧科研专业化、纵深化发展的关键。国内大量研究工作专注于开发 AI 技术各类应用场景，在 AI 模型和算法研发方面创新不足，基础性研究相对匮乏，使得我国 AI 技术相对落后于世界领先水平，② 在一定程度上限制了智慧科研的深层次发展。

四 智慧科研平台典型案例

（一）智能机器化学家

智能机器化学家实现了科研全流程自动化，推动领域发展和合作。中国科学技术大学研发的智能机器化学家"小来"③ 实现了阅读文献—实验操作—计算分析的全流程自动化，给科研人员提供跨学科的低门槛实验支持。"小来"能够自动分析上百万个配方排列组合找出最优的高熵催化剂，还能在一亿个候选化学实验中找到最佳实验方案，8 天内自主发现一种高活性催化剂，解决了传统依赖试错和穷举的研究范式成本高、周期长等问题。

（二）慧科研与 PubScholar

智能知识检索与服务平台是智慧科研获取知识的重要途径。慧科研是由中国科学院文献情报中心研发的一款基于科技大数据计算的智能知识服务平

① Arranz, D., Bianchini, S., Di Girolamo, V. et al., Trends in the use of AI in science-A bibliometric analysis, Publications Office of the European Union, 2023, https://data.europa.eu/doi/10.2777/418191.

② 《让 AI for Science 更好服务国家战略需求》，《科技日报》2023 年 5 月 22 日，http://digitalpaper.stdaily.com/http_ www.kjrb.com/kjrb/images/2023-05/22/05/KJRB2023052205.pdf。

③ 江俊、李淹博、沈祥建等：《机器化学家的挑战和机遇》，《中国科学：化学》2023 年第 5 期。

台，平台覆盖了科技文献基础数据库、领域知识库与科创知识图谱，提供 AI 支持的知识检索、学术名片、精准推荐等科研助理服务，以及机构画像、项目管理、科研成果分析等数据管理与分析服务。

PubScholar 是中国科学院推出的面向国内科研界及公众的开放公益学术平台，提供公益性学术资源的集成检索发现、可获取全文资源的多途径导航、集成科大讯飞翻译引擎、主动推送领域高价值文献、个性化学术资源的组织管理、开放型学术资源的交流与共享六大功能。平台降低了学术资源的检索和获取门槛，为科研人员提供了一个促进协作与创新的开放环境。

（三）ResearchGate 与 SciVal

ResearchGate 倡导作者将发表在学术期刊、会议演讲甚至草稿阶段的全文文章上传至平台，并向广大公众开放访问，[①] 拓展了论文获取渠道。通过发帖回帖、专题讨论小组等方式，实现科研人员之间跨机构、跨地域、跨学科的学术信息交流，为思想碰撞产生创新构想搭建了桥梁。

SciVal 是由爱思唯尔基于 Scopus 数据库构建的科研数据分析平台，[②] 通过先进的算法和技术，实现了数据的智能化处理和自动化分析。可用于机构科研表现分析、学者科研影响力评价、学科热点追踪、学科对标分析等各类场景，提供丰富化的可视化工具，帮助科研人员直观地理解数据分析结果，提高科研效率。

（四）SciFinder 与 Innography

SciFinder 是美国化学文摘社推出的全球最大最权威的化学相关学科

---

① MEISHAR-TAL H., PIETERSE E., "Why Do Academics Use Academic Social Networking Sites", *The International Review of Research in Open and Distributed Learning* 2017（18）：1-22.

② 陈振英、何小军：《如何利用 SciVal 辅助学术期刊选题及约稿》，《中国科技期刊研究》2020 年第 7 期。

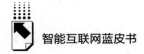
信息在线数据库和检索平台,① 可检索 CAplusSM、CAS REGISTRYSM、CASREACT ©等数据库信息,涵盖了文献、化学结构式、化学反应式等多种数据形式,可实现化学领域的文献检索、专利分析、物质检索、反应检索、合成方法分析等功能。

Innography 是由美国 INNOGRAPHY 公司推出的专利信息检索和分析工具,② 包含 100 多个国家 1 亿多篇专利数据、专利诉讼数据、商标数据等。是世界顶级的知识产权商业情报分析工具,可为科研人员、企业及高校提供专利强度分析、专利地图分析、竞争态势分析、专利诉讼分析等服务。

(五)ChatGPT 在垂直领域的科研发现应用

ChatGPT 等大语言模型可进行专业知识整合。传统科研受限于研究人员本身的文献阅读效率、知识储备,ChatGPT 等大模型可完成海量文本信息挖掘、知识整理等任务。③ 科技文献大模型-星火科研助手,提供成果调研、论文研读、辅助写作等功能。Globe Explorer 结合大模型和检索增强（RAG）技术,将知识结构重新梳理后,实现了可视化搜索。

ChatGPT 等大语言模型生成垂直领域新知识。ChatGPT 等大语言模型能协助解决领域问题,形成新发现、产生新知识。例如,由 GPT-4 驱动的人工智能系统 Coscientist、ChemCrow 整合化学数据和工具,实现化学试剂的自主分析和实验的自动化设计实施,快速研发出新试剂、产生新知识。金融研究领域,传统金融研究受限于样本量小、变量多、难以进行模型拟合预测未来情况,而 ChatGPT 等大模型能够进行零样本或者小样本训练,协助进行模型拟合,预测市场走势,制订投资组合计划。④

① 张巍巍、谢志耘、李春英:《化学及药学数据库研究——基于 SciFinder 和 Reaxys 的比较研究与选择利用》,《图书情报工作》2018 年第 S1 期。
② Innography, https://app.innography.com/.
③ 曹树金、曹茹烨:《从 ChatGPT 看生成式 AI 对情报学研究与实践的影响》,《现代情报》2023 年第 4 期。
④ LI Y., WANG S., DING H., et al., "Large Language Models in Finance: A Survey", *Proceedings of the Fourth ACM International Conference on AI in Finance*, 2023.

五　智慧科研发展趋势

（一）开放化、融合化与协同化的智慧科研设施成为主流

智慧科研设施正逐渐从传统的封闭、孤立模式向开放、融合、协同方向发展。开放科学是全球科技发展的重要趋势，联合国教科文组织发布的《开放科学建议书》鼓励科学全生命周期的开放，促进科学界获取新知识。大数据、人工智能和大模型的融合发展，将帮助破解更多科学难题。我国提出要积极建设基础研究高水平支撑平台，包括要超前部署新型科研信息化基础平台，科学规划布局重大科技基础设施，建设具有国际影响力的科技文献和数据平台等。高水平支撑平台是智慧科研设施发展的重要方向，也是智慧科研前行的助推器。

（二）多模态、多粒度与多层次的智慧知识底座成为智慧科研的关键

智慧科研对智慧数据建设提出了更高要求，多模态、多粒度与多层次的智慧知识底座成为智慧科研的关键。OpenAI 构建了原始基础数据、高质量知识数据、提示工程语料数据等多模态多粒度数据语料体系。高质量是 AI 数据语料体系建设的核心，智慧数据建设更是要从"能用"到"好用"。国家数据局等 17 部门联合发布的《"数据要素×"三年行动计划（2024 — 2026 年）》启示我们，要重视科技文献知识与科学数据的开发利用，积极建设原始知识资源、态势知识资源、本体知识资源、神经网络知识资源等，加强高质量 AI 数据建设，为智慧科研夯实数据基础设施。

（三）AI4S 新科研范式推动的垂直领域科技创新加速科技攻关

当前 AI4S 新范式在多个垂直领域的科技创新中扮演着重要角色，AI4S 正成为推动科技攻关的强大引擎。AI 在药物设计、分子模拟、生物信息学分析等方面的应用大大缩短了新药研发周期，能够帮助科研人员在巨量的材

料组合中快速识别具有特定属性的新材料，加速新材料研发与应用；在处理和分析大量气候数据方面显示出巨大能力；在基因序列分析、蛋白质结构预测、疾病诊断等方面的应用也日益增多。随着人工智能技术的不断进步，可以预见，未来 AI 在科研中的应用将更加广泛，对科技进步的推动作用也将更加显著。

（四）公益性学术科研平台成为国家科技创新力量的必需

公益性学术科研平台是国家科技创新体系的重要组成部分，对于推动科技进步、提升国家创新能力具有重要意义。通过建设公益性学术科研平台，可以集中优势资源，打造具有国际影响力的科研品牌，增强国家战略科技力量，为国家发展提供坚实的科技支撑。公益学术平台如 PubScholar 整合了国内外各类学术资源，为科研学者提供了开放、共享的学术环境，推动了跨学科的科研创新发展，同时，也为全社会提供了多样化的公益服务。

（五）面向多场景的开放社区将成为创新构想的来源地

多场景成为开放社区的新的增长点，面向多场景的开放社区成为汇聚多元思维、激发创新灵感的重要平台。开放学术社区鼓励来自不同领域、文化、专业背景的成员之间的自由交流与合作分享，极大地促进了知识的流动和创新的产生，让基于社交网络和科研合作关系的知识交换成为资源交互分享的有效途径。研究人员背景和研究问题场景的多样性也为科研创新提供了丰富的思想与视角，能够激发出更多新颖、独特的研究问题和应用场景。

参考文献

魏先龙、杨现民：《智慧科研：内涵特征与体系框架》，《黑龙江高教研究》2017 年第 4 期。

李国杰：《智能化科研（AI4R）：第五科研范式》，《中国科学院院刊》2024 年第 1 期。

Microsoft Research AIScience，Microsoft Azure Quantum，"The Impact of Large Language Models on Scientific Discovery：a Preliminary Study using GPT－4"，*arXiv*（*Cornell University*）2023.

The National Artificial Intelligence Research Resource（NAIRR）Pilot，https：// nairrpilot. org/.

BOIKO D. A. ，MACKNIGHT R. ，KLINE B. ，et al. ，"Autonomous chemical research with large language models"，*Nature* 2023，624：570－578.

B.18
2023年中国智慧体育发展及趋势展望

王雪莉　李晨曦*

摘　要：　2023年，我国智慧体育完成起步，诸多智能产品及服务落地使用，典型案例覆盖各大场景。大型体育赛事围绕组织、场馆、服务和媒体的智能应用取得成功并积累丰富经验。公共体育空间智慧化建设初具规模并尝试标准化，线上线下群众体育赛事完成智慧化探索并吸引广泛参与。校园体育通过智能应用辅助课程开展、指导课外锻炼、优化体质测试。

关键词：　人工智能　智能化转型　大型体育赛事　群众体育　校园体育

一　2023年我国智慧体育发展现状

回顾2023年，人工智能技术在全球体育领域进一步渗透，产品形态愈发多样，应用场景不断扩展，面向人群更加广泛。计算机视觉、知识图谱、机器学习等已经在精英体育的运动竞训、媒体内容、组织管理、商业开发等诸多场景应用中日益深入与成熟；与此同时，智能硬件设备的成本降低与智能算法能力的大幅提升，加上移动互联网、云计算等配套技术的快速发展与普及，使得精英体育中的智能化应用能够轻量化、低成本化地被大众所使用，逐步运用到运动健身、医疗康复等诸多场景之中。总体而言，2023年全球智慧体育的发展有两大核心重点：生成式人工智能的迅速应用与计算机

---

* 王雪莉，清华大学经济管理学院领导力与组织管理系长聘副教授、清华大学体育产业发展研究中心主任，研究方向为体育产业、体育消费、组织变革、战略人力资源管理等；李晨曦，清华大学计算机系博士、体育部在站博士后，研究方向为体育科技创新。

视觉的深度发展。

相较于欧美的全球领先水平，我国智慧体育起步较晚，且当前的职业体育赛事和大众体育消费两大市场难以提供有力支撑，因此发展相对滞后，缺乏市场化成熟、具有代表性和国际竞争力的智能化产品。

以符合国际足联官方认证标准的产品资源库（FIFA Resource Hub）为例[①]，在传统体育用品板块我国入围企业较多，其中足球入围 6 家、草皮入围 8 家，而在门线技术、越位判定、视频助理裁判、运动表现追踪系统四类科技产品中，仅有瑞盖科技一家公司于 2023 年获得了国际足联的认证。不过，由国家体育总局联合工业和信息化部发起的"智能体育典型案例征集"的结果也显示出，我国智能体育已迈过起步阶段，逐步进入蓬勃发展期，形成具有竞争力的产品和具有代表性的企业指日可待。2023 年 4 月 26 日公布的 2022 年度入围案例[②]中，共有智能体育产品 34 个，涵盖智能可穿戴、智能运动训练器械、智能家用健身设备、体质健康监测系统、大数据分析平台、赛事管理与安全保障系统等多种类型的产品；智慧场馆解决方案 27 个，涉及网络基础设施智能化、大型体育赛事组织、群众体育活动中心与健康中心、智慧体育校园、元宇宙体育场等方面的解决方案；智能户外运动设施解决方案 12 个，集中于体育公园、社区、跑道、步道等公共体育空间的智慧化建设解决方案；运动健身 APP 及平台 20 个，包括家庭健身指导软硬件、群体体育运动大数据管理平台、大型体育赛事服务系统等；以及其他方向 7 个。征集到的方案来自全国各个省份，研发单位包括传统体育用品制造企业、互联网与科技企业、体育科技初创公司、高校、体育科学研究所等多元化主体。

可以看到，围绕竞技体育、群众体育和青少年体育三大板块，我国已经

---

① FIFA，FIFA Resource Hub，2021 年 7 月 29 日，https：//www.fifa.com/technical/football-technology/resource-hub。

② 国家体育总局科教司：《工业和信息化部办公厅 国家体育总局办公厅关于公布 2022 年度智能体育典型案例名单的通知》，2023 年 5 月 4 日，https：//www.sport.gov.cn/kjs/n5076/c26376879/content.html。

开始了全方位的智慧化助力与转型，产品类型逐步丰富，触及领域不断扩展。但也需要看到，目前征集到的案例也在整体上表现出一些问题：第一，产品和解决方案趋同，缺乏原创性和多样性的功能设计与探索，且功能泛化，对特定场景中的专门需求鲜有针对性研发与精细化打磨；第二，买家类型局限，整体性的解决方案主要面向购买者为 G 端的政府部门、机关单位和 B 端的体育场馆运营者，C 端的付费用户还有待开发；第三，领域存在空白，服务于最具商业价值的职业体育、精英体育中运动训练、体育媒体、粉丝互动等场景的成熟产品数量极少。上述问题导致了我国智慧体育暂时难以打开更广阔的市场，这也直接反映在了智慧体育领域获得的投融资情况上。懒熊体育发布的"2023 中国体育投融资年度小结"中显示，电竞行业在我国体育投融资中遥遥领先（金额占据总额的 86.30%），而智慧体育方向的投融资主要集中在健身智能化方面，家用智能健身设备厂商数智引力、SPEEDIANCE 速镜以及智能健身私教公司乐途科技均获得千万级别投融资，但也仅占总额的 4.89%[①]；此外，在体育场馆智慧化转型上持续发力的橙狮体育也获得了一定额度的投融资。值得一提的是，近年来深耕智能化产品研发的 Keep，于 2023 年 3 月发布了其智能硬件体感运动主机 Keep Station 及精准捕捉用户运动姿态并提供指导的 Keep Motion Tech 算法，随后于 2023年 7 月登陆港交所，成为"运动科技第一股"。

二　2023年我国智慧体育应用实践

（一）大型体育赛事中的智慧体育应用——以杭州亚运会为例

经历过 2022 年北京冬奥会的洗礼，2023 年，以杭州亚运会、成都大运会为代表的大型体育赛事继续智能化转型之路，围绕智慧赛事组织、智慧场

---

① 懒熊体育：《中国体育投融资年度小结，谁还在受青睐？｜盘点 2023》，2024 年 1 月 2 日，https://mp.weixin.qq.com/s/rZ4on5RAnhnlbrpAuICdKQ。

馆运营、智慧赛事服务、智慧赛事媒体等诸多方面的成功尝试，能够为未来我国大型体育赛事的智慧化办赛提供参考并奠定基础。以杭州亚运会为例，借助江浙沪地区强大科技产业的技术力量，并通过与阿里巴巴、海康威视、商汤科技、科大讯飞、联想、中国移动等全国性龙头科技企业建立合作，杭州亚运会落地了丰富多样的智慧化实践，基本涵盖了当前我国大型体育赛事办赛过程中主要的智慧化应用。

智慧赛事组织方面。大型体育赛事筹办和举行过程中，涉及环节复杂、事务繁复、人员众多，且实际组织过程中存在诸多变数，需要高效化、规范化的管理手段，以保障各项流程顺利进行。引入智能手段的数字化赛事管理平台不仅能够促成赛事的运营、决策、协商等诸多过程中信息的数据化、标准化以及透明化，还能够以智能数据分析辅助决策，通过数字孪生可视化呈现不同方案的模拟效果等。比如，亚组委与阿里巴巴旗下钉钉打造的大型体育赛事一体化智能办赛平台"亚运钉"，集成近 300 个办赛所需应用，单日消息发送量超过 20 万条，单日线上会议达到近 500 个[①]，在亚运测试赛、全要素实战演练等环节中，大大提升了沟通与办公的效率；再如，海康威视作为杭州亚运会的智能物联及大数据服务赞助商，搭建的赛事总指挥部（MOC）综合指挥平台——也被称作"智慧大脑"，借助智能化技术，全面对接场馆、交通等场景中的多维度多模态数据——共接入 87 个场馆中 29 个系统所涵盖的 72 大类数据[②]，实现秒级数据切换、调度与呈现，进行数据监测、分析与预警，辅助赛事监管、人员安排、安全保障等各方面的实时决策。

智慧场馆运营方面。智能化技术面向不同使用对象，应用于杭州亚运会场馆的场馆管理、比赛竞技、场馆服务等方面。第一，场馆管理上，使用形态多样、遍布全场的智能传感器对规模巨大、设备繁多的大型多功能场馆的

---

① 钉钉：《一部手机办亚运，亚运钉申请出战！》，2023 年 8 月 29 日，https：//mp. weixin. qq. com/s/9K9Jm7rJj5vJ9gPfaFM4lQ。

② 《数字赋能科技助力　让亚运更"智能"》，央视网，2023 年 9 月 18 日，https：//news. cctv. cn/2023/09/18/ARTINKmhM2lJjYSGbMQrC87e230918. shtml。

设施运行、人流分布、能源消耗、周边天气、消防安全进行实时数据监测，基于智能算法发现异常情况、提出响应措施、给出运营规划，实现场馆安全、稳定、高效、绿色的运行。例如，国网杭州供电公司研发的亚运保电数智 AI 助手米特能够根据比赛日程制定场馆电路系统的自动巡视计划，基于智能算法、物联感知、图像识别等技术实现人员行为监控、设备智能研判、故障快速定位等功能；杭州亚运会游泳馆的能源管理采集系统则应用智能算法模型，分析各个环节的最佳照明亮度和能耗，实现每年 30% 以上的能源节约①；杭州亚运会还采用人工智能技术对场馆产生的垃圾进行分类和筛选，高效处理废弃物并促成回收利用；最后，海康威视借助智能物联网、云计算、建筑信息模型等技术，接入上述系统为代表的 14 个子系统的数据，全面监测场馆运营情况，并在三维建模的数字孪生场馆上进行呈现②。第二，比赛竞技上，采集与比赛进程、运动员、运动设备等竞赛相关的数据，利用智能化技术为比赛的顺利进行提供保障，同时促进公平竞赛。比如，杭州亚运会马术中心采用智能化和数字孪生技术复刻了数字马术场，点击鼠标就能对马匹健康、检疫采样、饲料库存等数据进行数字化处理；再如，杭州亚运会启用 AI 裁判，通过红外追踪技术完整清晰地记录选手做出的每一个动作，并实时将其转换为三维立体图像，智能算法可以自动分析选手的各项身体参数和动作关键肢体部位的角度，随后依照国际标准完成打分，通过有数据支撑的评分促进比赛公平；又如，采用多功能智能机器狗在亚运会田径比赛中运送铁饼，一时火爆全网（见图 1）。

智能赛事服务方面。国际性大型体育赛事不仅要接待来自世界各地的运动员、教练员和媒体人员，还要为数以十万计的观众提供服务，为他们在参赛/观赛期间的衣食住行提供保障是大型体育赛事智能化的重要任务之一，即智能服务；同时如何借助智能化手段让他们获得更好的体验也是需要探索

---

① 《在杭州，探索亚运之城的科技赋能》，环球网，2023 年 9 月 17 日，https：//baijiahao.baidu. com/s？ id = 1777296863203436061&wfr = spider&for = pc。

② 海康威视：《海康威视为亚运三馆装上 "智慧大脑"》，2023 年 9 月 11 日，https：// www. hikvision. com/cn/19th-asian-games/trending-topics/2023-09-11/。

图1　杭州亚运会田径比赛中使用多功能机器狗运送铁饼

资料来源：人民网（摄影：章勇涛）。

的方向，即智能互动。智能服务方面，针对居住在亚运村的各国代表团和媒体人员，杭州亚运会采用基于阿里巴巴量化分析与决策的智慧指挥平台"云上亚运村"，接入20余个系统和约440个数据指标[①]，融合人、物、场、安全、服务、低碳六大领域的运营数据，为管理人员提供实时数据和决策支撑，从而为居住人员带去更好的服务；针对普通观众和杭州市民，则启用了"智能亚运一站通"的智能移动应用，涵盖了食、住、行、游、购、娱等多方面服务。此外，深耕智能翻译领域的科大讯飞为杭州亚运会提供了能够让各国运动员、赛事志愿者等各类人员无障碍交流的讯飞翻译机，良好的交流沟通成为保障服务质量的重要环节；商汤科技打造的"AR智能巴士"基于SenseMARS火星混合现实平台和自研L4级自动驾驶解决方案，可以精准识别车道与交通信号灯状态，预测行人与车辆的运动方向，实时规划行驶路线，为亚运村和媒体村提供顺畅的接驳服务。智能互动方面，杭州亚运会开幕式融合人工智能、裸眼3D、增强现实技术，以蚂蚁集团的Web3D互动引

---

①　陆牧：《杭州亚运村者　云州亚运村者　户州亚运村者　量约一千》，澎湃新闻，2023年9月21日，https://www.thepaper.cn/newsDetail_forward_24691861。

擎 Galacean 为基础，实现了亚运会史上第一次"数字点火"，而点亮火炬的巨大数字人由超过 1 亿名参与线上互动的"数字火炬手"用户组成（见图2）；开幕式进行过程中，咪咕视频还为场内外观众打造了数实融合的 AR 直播互动玩法。"亚运元宇宙功能"则让用户能够沉浸式体验亚运场馆、城市文旅、亚运个人藏馆三个数字空间，参与知识科普与问答、虚拟竞技、元宇宙观赛、智能互动、数字藏品收集等线上活动。

图 2　由超过 1 亿"数字火炬手"组成的点火数字人

资料来源：人民网（拍摄：章勇涛）。

智能媒体方面。智能化技术正不断推动着体育赛事直播技术的变革，改变体育媒体内容的创作与传播方式，杭州亚运会同样在该领域进行了诸多尝试，旨在为线上观众带来更好的观赛体验。比赛转播方面，杭州亚运会成为首次采用云转播技术的亚运会，借助阿里云的诸多智能化产品和技术，保障转播方能够实时接收赛事内容，并建立自己的内容创作、管理和分发系统，实现超高清、低延迟、低建设成本的赛事转播；融合人工智能、5G、4K/8K、扩展现实等诸多技术，杭州亚运会还实现了交互式多维度的比赛直播和个性化的智慧观赛体验。媒体内容生成方面，北京大学团队为杭州亚运会研发了人工智能解说系统，基于多模态大模型、计算机视觉等技术，支持多种语言解说内容的自动生成，使赛事解说更加多元化。

（二）群众体育中的智慧体育应用

在"健康中国战略"和《体育强国建设纲要》等国家政策的推动下，加之2021年发布的《"十四五"数字经济发展规划》中明确指出加快推动文化教育、医疗健康、会展旅游、体育健身等领域公共服务资源数字化供给和网络化服务，促进优质资源共享复用，我国群众体育的数字化、智慧化水平连年提升，主要体现在公共体育空间智慧化建设、群众体育赛事智慧化转型两方面。

1. 公共体育空间智慧化建设

各地成体系、成规模地开展智慧体育公园、健身驿站、健身步道建设，加速体育中心的智慧化转型，通过部署智能摄像头系统、发放芯片计时设备、搭建数据采集站点、引入智能健身设备、建设AI互动屏幕等手段，基于智能物联网、人工智能、大数据等技术，为前来运动健身的群众提供园区智能导览、运动数据采集、运动档案记录、智能运动指导等诸多服务。一方面，通过数字化方式收集群众的运动参与数据，进行大数据呈现与分析，为政府部门开展全民健身工作、优化体育公共服务提供支撑；另一方面，群众在智慧体育空间中，能够实现个人体育运动的数字化记录，了解个人的身体状态和运动表现，获得科学的运动健身指导，并以更具趣味性的方式获得更好的运动体验。

2023年，以湖北、福建为代表的省份完成了智慧公共体育空间的第一批建设计划，福建建成88个智慧体育公园[①]，湖北则在"湖北省新全民健身示范工程"项目的推动下，建设智慧体育公园、健身步道、运动健身中

---

① 董劲松：《福建：坚持五大方向提高服务水平》，2023年11月15日，https：//www. sport. gov. cn/n20001280/n20001265/n20067533/c26971178/content. html。

心等 1506 个;① 与此同时，欠发达地区也逐步落成智慧公共体育空间，新疆首个智慧体育运动广场于 2023 年 8 月在乌鲁木齐天山公园亮相，包括智慧体育锻炼屏、室外智能健身房、自发电健身车等诸多项目。由上可见，公共体育空间的智慧化建设如雨后春笋般在我国展开，并且在 2023 年取得了阶段性成果。而如何规范化、标准化地进行建设成了新的议题，需要确保智慧体育空间建设过程中智慧化软硬件系统与服务合理配置，建成后空间能够以高使用率、高效率运行。2023 年 5 月 12 日，中国体育科学学会标准化工作委员完成了对《智慧体育公园配置指南》和《智慧健身道和健身驿站配置指南》两项团体标准的立项评审，将为未来我国智慧体育空间的建设与数字化运营提供参考。

2. 群众体育赛事智慧化转型

智能化产品和服务正逐步进入群众体育赛事之中。一方面，为以马拉松为代表的线下传统体育赛事的参赛者提供更优质的体验和更安全的保障，如全程生理表现监测、赛后智能康复服务、个人运动集锦自动生成等；另一方面，联网智能健身设备的发展与智能健身移动应用的兴起则开启了举办数字化、虚拟化群众体育赛事的浪潮，能够打破时间和空间的限制，让大众以日常化、低成本的方式随时随地参与到群众体育赛事之中。

马拉松赛事智慧化方面。智能摄像头、计算机视觉与云计算的大众化普及使得最受跑者关注的个人参赛纪念，由静态照片、冲线片段迈入视频集锦时代，以中国移动、每步科技、凯利时科技为代表的科技公司都研发出了相应产品与服务，智能算法能够通过参赛号码、人脸识别等方式精准找出跑者，并将定点部署的智能摄像头系统拍摄到的跑者画面，与赛道空镜、城市航拍、赛事宣传花絮等元素融合，快速、自动地为跑者生成个人参赛集锦。赛后恢复作为跑者关注的另一个环节，也由人工服务进入机器服务时代，由秀域智能健康研发的人工智能理疗机器人在成都、沈阳、南宁、淄博等众多

---

① 邹丽：《增活力添动力　体彩助推湖北体育强省建设——访湖北省体育局党组书记、局长水兵》，2023 年 11 月 7 日，https://www.sport.gov.cn/n20001280/n20067608/n20067637/c26935953/content.html。

马拉松中为跑者提供赛后放松服务（见图3）。不过，目前来看，我国马拉松赛事中普遍存在智能化应用还处于零散分布状态，暂未形成体系。未来顶尖马拉松赛事或许可以尝试在城市赛道搭建专属智能物联网，以实现更丰富的参赛者和比赛进程数据采集，以智能化技术全方位支撑跑者服务、赛事调度、转播效果、安全保障等各个环节。2023年，智慧跑道上举办的半程马拉松已经开始了类似的尝试，例如，江岛半程马拉松启用了江苏省首个全长21.0975公里的智慧赛道，通过沿途设置的人脸识别及芯片感应数据采集站、心率采集柱，使得跑者在完赛成绩以外还能查看自己的心率血氧数据，获取个人运动短视频和专属海报等。

数字化群众体育赛事方面。运动APP不断融入智能化技术与功能，基于移动设备的摄像头和传感器采集用户运动信息，使用智能算法进行自动化的运动表现记录、运动动作评分，促成线上虚拟赛事如火如荼地展开，并且可参与的运动项目正不断扩展；借助知识图谱技术将专业的运动训练学、运动生理学知识数字化，基于用户的身体状态、运动表现、肢体动作等数据信息，为用户生成具有针对性的科学运动指导和个性化训练方案。由国家体育总局群体司、省（区、市）体育部门等政府部门联合咪咕、快手、抖音、乐动力、悦动圈、Keep等多个互联网平台联合举办的"全民健身线上运动会"，在2023年启动后的半年时间就吸引了超过1500万的参与人数、共上线194项赛事[1]，8月中旬时网络媒体传播量就超过32亿人次[2]。"全民健身线上运动会"中不乏以人工智能技术为基础的比赛项目。比如，由力盛云动及其旗下智能运动APP悦动圈承办的"全民迎亚运·运动我先行"全民健身三项赛于2023年8月8日开赛，三个比赛项目分别为由AI进行计数和动作捕捉的乒乓球颠球比赛和跳绳比赛，以及由AI评估动作是否符合标准并进行打分的广播体操比赛；与之类似，乐动力平台开展的综合

---

① 林剑：《超1500万人参与2023年全民健身线上运动会》，2023年10月26日，https：//www.sport.gov.cn/n20001280/n20001265/n20067533/c26833389/content.html。

② 林剑：《2023年全民健身线上运动会的传播量超32亿人次》，2023年8月14日，https：//www.sport.gov.cn/n20001280/n20001265/n20067533/c25886492/content.html。

运动体能赛则通过 AI 识别开合跳、深蹲、高抬腿和跳绳四个项目的运动表现，并以此为依据设立线上排行榜，吸引用户不断参与线上运动、提升自身体能水平。

（三）校园体育中的智慧体育应用

2020 年，国家体育总局、教育部联合印发的《关于深化体教融合　促进青少年健康发展的意见》中明确指出"将体育科目纳入初、高中学业水平考试范围，纳入中考计分科目，科学确定并逐步提高分值，启动体育素养在高校招生中的使用研究"。2022 年新修订的《中华人民共和国体育法》中也明确规定，"学校必须按照国家有关规定开齐开足体育课，确保体育课时不被占用"，并"将在校内开展的学生课外体育活动纳入教学计划，与体育课教学内容相衔接，保障学生在校期间每天参加不少于一小时体育锻炼"。开展好校园体育课程，保障学生课内外体育活动，帮助学生安全、科学地进行体育锻炼，在学校工作中的重要性达到了前所未有的高度。然而，我国校园体育一直存在师资力量不足、专业程度不够、运动安全缺乏保障等诸多难以解决的问题。

在这样的宏观背景之下，智能化技术成为校园体育工作开展的重要助推力量，智慧校园体育解决方案迎来市场发展机遇。老牌科技企业腾讯、网易有道、科大讯飞，新兴计算机视觉与人工智能公司旷视、格林深瞳，纷纷结合自身技术与资源优势，研发相关产品；以蝙蝠云（迹动未来）、简极科技、安徽一视科技为代表的初创公司也形成了各自代表性的解决方案，并在一定数量的校园中落地使用。虽然各家的智慧体育校园解决方案各有侧重，但总体而言涉及四个方面的主要内容。

第一，智能课堂辅助。通过智能可穿戴设备、智能摄像头系统以及实时数据展示平台，实现全班学生运动表现、生理表现数据自动化采集与呈现，并基于实时数据对心率过快、意外跌倒等危险事件进行预警，体育教师手持平板电脑就能对课堂上全班学生的身体状况进行监测，在减轻其组织管理负担的同时提高体育课程的安全性。

第二，智能体育指导。基于动作捕捉与分析技术，让学生在没有体育教师在场的情况下就能获得正确的运动指导，再结合虚拟现实、增强现实技术模拟真实运动场景，帮助学生以更直观、更具吸引力的方式学习体育技能，智能算法还能够根据学生的个人情况与运动表现推荐个性化的训练方案。

第三，智能家庭作业。通过数字化体育运动档案，打通课内与课外体育、学校与家庭体育，保障学生参与体育运动的时间，使学校、家庭共同发挥作用，帮助学生建立运动兴趣，实现体魄强健。智能化技术还可以自动"批改"学生的体育作业视频，识别学生是否达标，在监督学生进行课外锻炼的同时，减轻体育教师审查作业的负担。

第四，智能体育测试。主要通过智能摄像头系统与计算机视觉技术，在不对学生运动产生任何干扰的前提下，自动识别并记录学生参加引体向上、立定跳远、仰卧起坐、跳绳、短跑、长跑等各个项目的成绩，部分项目还能支持数十位学生同时测试，使得测试能够以低人力成本和高效率的方式运行，常态化、大规模的学生体质测试成为可能。与此同时，数字化手段还能确保测试成绩的公正性与透明性。未来，精度进一步提升、产品趋于完善的智能体育测试系统甚至可能进入中高考环节，或成为运动技能评级的重要工具，助力"体育科目纳入初中、高中学业水平考试"工作的开展，部分省市已经开始尝试建立相关标准并研发相应产品。

三 我国智慧体育发展趋势展望

2023年我国智慧体育领域已取得长足的进步，即将迈入蓬勃发展阶段。经历数次世界级大型体育赛事的检验，我国大型体育赛事的智慧化解决方案已日趋成熟，其中精华如何在未来形成商业化产品并向域外的大型体育赛事输出或成为值得考虑的方向。

群众体育方面。公共体育空间的智慧化转型尝试已初具规模，需要制定并形成不同类型智慧体育空间的建设标准，指导各地在下一阶段高效率、规

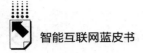

范化地开展相关工作；群众体育赛事则需开展进一步的智能化探索，找准群众反馈良好、真正愿意买单的产品和服务，以马拉松为代表的线下体育赛事应尽快形成智能化应用的体系与标准。

校园体育层面。围绕体育教学、体质测试、运动指导的智能化功能已初步形成并投入使用，但产品精细度和有效性仍有待进一步打磨，与现有体育教学模式的融合需要继续加强，尤其是对于体质测试类的产品和服务，需尽快形成统一的产品标准。

竞技体育层面。我国顶尖运动员所能接触到的智能化技术已不在少数，但相关产品和服务大多来源于科研项目或域外引进，我国自主研发的成熟商业化产品还相对欠缺，少数成型产品也难以打开购买能力不强的国内职业体育市场。未来，应一方面着手以"科技助力奥运"为代表的科研项目成果转化，将竞技体育中的尖端产品和服务轻量化、低成本化，使其进入更广阔的群众体育市场；另一方面则可以采取"走出去"战略，使具有竞争力的智能产品和服务进入商业化程度更高的海外职业/精英体育市场，尽快达成商业订单，实现产品的升级和完善，待时机成熟再回归国内市场。

参考文献

乔峰：《中国体育投融资年度小结，谁还在受青睐？ | 盘点 2023》，2024 年 1 月 2 日，https：//mp. weixin. qq. com/s/rZ4on5RAnhnlbrpAuICdKQ。

董劲松：《福建：坚持五大方向提高服务水平》，2023 年 11 月 15 日，https：//www. sport. gov. cn/n20001280/n20001265/n20067533/c26971178/content. html。

邹丽：《增活力添动力 体彩助推湖北体育强省建设——访湖北省体育局党组书记、局长水兵》，2023 年 11 月 7 日，https：//www. sport. gov. cn/n20001280/n20067608/n20067637/c26935953/content. html。

林剑：《超 1500 万人参与 2023 年全民健身线上运动会》，2023 年 10 月 26 日，https：//www. sport. gov. cn/n20001280/n20001265/n20067533/c26833389/content. html。

B.19
2023年全球虚拟现实产业发展状况与趋势

杨 崑*

摘 要： 随着生成式人工智能等新技术的发展，2023年虚拟现实产业在硬件、软件、内容和应用等方面取得了新的进步。但产业的发展也在经济下行的大环境下受到影响。全球虚拟现实产业在2023年进入发展调整期，产业发展方向不断聚焦。未来扩大内容生态、提升算力支持水平、实现与AIGC更好的结合、开拓MR等新领域，将为VR产业发展拓展更广阔的空间。

关键词： 虚拟现实 AIGC 算力

一 全球虚拟现实产业进入发展调整期

经过连续多年积累，虚拟现实（简称VR）产业的生态体系基本完备，头戴显示设备、用户输入及各类反馈设备、全景摄像设备、内容和应用开发厂商是其中的主力。2023年，面对巨大的发展压力，通过与生成式人工智能、人机交互、空间计算等新技术加快融合，产业界在硬件、软件、内容和应用等各环节都取得了新的进步。

行业巨头在目前全球VR行业发展中已经具备了无可替代的引领地位，

---

* 杨崑，中国信息通信研究院技术与标准研究所互联网和工业融合创新工业和信息化部重点实验室正高级工程师，中国通信标准化协会互动媒体工作委员会主席。

产业集中达到了一定高度。比如，根据市场分析公司 Omdia 的报告，全球 VR 头显产品的活跃安装量到 2023 年底将达到 2360 万[①]，其中排名前三的厂商产品在其中占绝对优势；而根据 IDC 发布的数据，全球 VR 头显产品市场占有率相对稳定，Meta 公司的产品市场占比遥遥领先，PICO 的产品市场占比紧随其后，而 DPVR、HTC 和爱奇艺的产品也分别占据了一定份额。这些巨头通过各种硬件和平台建立了相互隔离的手段，大量中小型创新公司只能围绕大机构的生态进行开发，多个大 VR 生态闭环共存的格局将长期存在。国内一批有影响力的 VR 企业也在快速壮大中，产品的丰富性和应用领域不断扩展。2023 世界 VR 产业大会上发布了"2023 中国 VR50 强企业"名单，其中年销售超过 1 亿元的企业达到 34 家，年销售为 1 亿元到 10 亿元的企业数量达到 27 家，都比往年有明显增长[②]；这些企业以整机设备生产、工具软件研发、文化旅游内容、教育培训应用等为主，覆盖范围广泛分布在工业制造、媒体融合、教育培训、体育运动、健康医疗、商业交流、文化娱乐、旅游休闲、社会保障等诸多领域；特别是教育培训、旅游休闲、文化娱乐、工业制造等领域得到重点关注。

全球经济下行的背景下，科技行业在 2023 年也进入"冬天"，VR 产业不可避免地受到影响。如 Omdia 的研究表明，2023 年，全球消费级 VR 硬件产品市场出现了下滑，其中消费级 VR 头显产品销量下降了 24%，跌至 770 万部；而 2023 年，消费者在 VR 内容上的支出从上年的 9.34 亿美元下降至 8.44 亿美元，同比下降 10%[③]。VR 产业在 2023 年面临的压力来自多个方面，全球经济低迷和来自通货膨胀的压力是主要原因；而对市场有很大影响力的头显产品，如 Meta Quest3、索尼 PlayStation VR2 和 PICO 4 等销售不佳也拖累了整个产业链的发展。国内 VR 产业也遇到类似局面，据第三方机构 IDC 发布报告称，2023 年中国 AR（增强现实）/VR 头显产品出货 72.5 万

[①] Omdia："消费者 VR 头显设备和内容收入预测"报告。
[②] 《2023 中国 VR50 强企业发布》，《中国日报》2023 年 10 月 20 日，https://tech.chinadaily.com.cn/a/202310/20/WS653205a9a310d5acd876aed4.html。
[③] Omdia："消费者 VR 头显设备和内容收入预测"报告。

台（sales-in 口径，厂商的出货量），其中，第四季度 VR 出货为 11 万台①。

产业界正在面对裁员、业务调整、资金困难等重重压力。比如微软游戏部门就宣布对 2023 年收购的动视暴雪大规模裁员，ZeniMax 和 Xbox 部门的员工也受到一定影响；作为曾经推出《英雄联盟》和《瓦罗兰特》等代表性作品的拳头游戏公司（Riot Games），计划在全球范围内裁员；推出过"Battle Bow"等重磅 VR 游戏的美国公司 WIMO Games 已经停止运营；而曾开发过 PSVR 和 PSVR2 上多款热门游戏的 VR 游戏工作室 First Contact Entertainment 也宣布关闭；甚至规模居前列的独立 VR 开发商 Archiact 也宣布裁员，涉及公司内部动画、美术、音频、工程、游戏设计、叙事、发行、IT 和 QA 等几乎所有部门和岗位。国内公司也面临一样的局面，比如腾讯旗下的游戏公司进行的裁员涉及 VR 产品，PICO 第一方游戏工作室的 VR 音律游戏《闪韵灵境》团队也被裁撤，而这个游戏曾是 PICO 社区内日活排名第三的热门产品。

虽然面临很多压力，但全球 VR/AR 领域的资金投入在 2023 年依然保持了一定的水平。根据网络公开报道，笔者可统计的较大融资项目有 137 笔，其中国内市场完成 46 笔融资，金额为 2.7561 亿美元；国外市场完成 91 笔融资，金额高达 9.9462 亿美元。这些资金的注入对维持产业继续保持一定的发展动力具有重要的作用。而产业界对后期市场走势的判断存在一定分歧：以 IDC 为代表的一方认为，在 Meta 的 Quest 3、苹果的 Vision Pro 等头显产品带动下，预计 2024 年的硬件市场出货量将会迎来新的增长；而另外一种观点则认为，在全球经济大背景下，VR 行业到 2026 年才能迎来复苏，预计 2024 年和 2025 年将进一步下降。而各方对于 VR 市场的中长期发展判断是趋于正面的，根据 Omdia 的预测，受到新产品的推动，VR 内容支出预计从 2024 年开始逐步复苏，到 2028 年将增长到 23 亿美元②。

---

① IDC，Augmented Reality（AR）and Virtual Reality（VR）Investments and Key Trends Impacting ARVR Spending.
② Omdia："消费者 VR 头显设备和内容收入预测"报告。

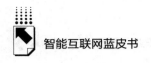

二　VR 硬件产品、内容和技术取得不同程度新进展

（一）VR 硬件产品仍需依靠新产品和新技术来拉动市场

2023 年，全球 VR 硬件产品市场销售没有达到预期，这是由产品升级速度与需求增长不匹配、关键的体验瓶颈无法突破、基础设施的时延等性能不足、整体市场消费放缓等多重因素共同造成的。全球市场份额领先的 Meta 公司为解决 Quest 2 头显产品的市场销售额下降问题开始降价，具备全彩摄像头、精确手部和物体跟踪等新功能，以及数百种游戏和 AR 功能的 Quest 3 头显产品的价格也做了调整，但该公司的 Reality Labs 部门依然处于亏损状况，因此不得不进行裁员。索尼公司市场份额紧随其后，但 PS VR2 的市场表现也不理想。其他公司推出的 VR 头显产品销售情况类似，Pico 4 未能达到预期销量，微软、迪士尼还有 Epic Games 等公司也调整了 VR/XR 相关产品的销售计划。

产业界希望用新款的 VR 头显产品来提升销量，近期有代表性的是苹果公司的 Vision Pro 产品，其功能设置偏向于 AR 设备并具备了 VR 头显产品的功能；虽然没有采用全面颠覆性的设计，但充分发挥了苹果公司在功能设置方面的优势并参考了市场其他同类产品的优点。苹果开始研发第二代产品并希望能形成更大的销售拉升效应，这也带动了更多的厂商跟进。产业还需要解决一些关键技术难题才能实现头显产品体验性的决定性突破，比如缩小 VR 头显等产品与手机和 PAD 等在使用便捷上的差距，在实际沉浸式展示效果上和现有的家庭影院等产品拉开差距，解决"晕动症"等 VR 产品长期存在的使用缺陷，扭转优质内容供给不足造成 VR 头显产品的用户留存率过低等问题。

（二）VR 数字娱乐内容需要开发有号召力的作品并拓展更多渠道

VR 业务形态一直以数字娱乐为主，所以音视频播放和游戏内容占据了主要份额。从 2023 年的市场销售和用户使用情况来看，有号召力的 VR 热点内容仍显不足，内容对 VR 头显产品使用频次的拉动作用依然有很大提升空间。比如 Steam 作为全球最大的游戏发行平台，能够为 PCVR 市场提供价格优惠、数量丰富的 VR 软件资源，目前每月用户超过 1.2 亿；但 2023 年 12 月，只有 1.84% 的用户在使用 VR 头显产品进行体验。[①]

在 VR 游戏内容方面，2023 年，产业界虽然遇到了各类问题，但还是努力推出新的大制作内容来博取市场关注，比如《生化危机 8 村庄》VR 模式、《地平线：山的呼唤》、Nock 和《星球大战银河边缘传说》等。此外，围绕热点 IP 开发的内容产品也保持了一定水平，如《捉鬼敢死队》、《刺客信条》、《怪奇物语》和 EA 的 F1 等。从 2023 年发布的 VR 内容市场反应看，依然缺乏能从根本上提振市场信心的制作。2024 年，除了继续开发新的 VR 内容外，加速扩大 VR 内容供给渠道也成为重要的任务。VR 用户已经开始在主要的 VR 游戏平台之外寻找更多的产品信息，这给 VR 内容开发商和平台商会带来很大的压力。实现 AR、VR、MR（混合现实）等优质内容之间的相互移植是一条值得探索的路径，比如 VR 高尔夫游戏 Walkabout Mini Golf 将 AR 游戏转变为 VR 迷你高尔夫游戏获得成功，在 2023 年的玩家游戏时间达到了 4820150 小时。[②] 为了加速 VR 游戏的移植速度，Praydog 还推出了 UEVR 模组用于将大量虚幻引擎游戏引入 VR，可以支持几乎所有基于虚幻引擎 4 和 5 的游戏在 VR 头显产品上运行，供用户查看游戏目前移植和运行情况的网站和应用程序也在开发中。

在影像内容方面，相关公司加大了跨领域作品的移植力度。比如元宇宙内容开发商飞天云动科技有限公司完成了国内首部科幻题材大型真人互动影像作品《反转 21 克》的 VR 版本的移植开发和代理发行；飞天云动还联合出品了 B50 金曲演唱会的 XR（扩展现实）视频以及与之相关的综艺节目，在成都举办的表演上，为观众带来前所未有的沉浸式娱乐现场体验。

VR 内容环节一直是产业发展的主要短板，存在多方面的原因：首先，

① Valve：2023 年 12 月的 Steam 硬件和软件调查数据。
② Mighty Coconut：官方发布数据。

作为目前内容重点的 VR 游戏和娱乐内容还缺少有市场号召力的大制作产品，近年来推向市场的单体产品受众群普遍较小，回报有限，导致产业的后续投入动力不足；其次，VR 目前缺乏与移动互联网应用类似的开放生态环境，用户只有在对应厂商的硬件产品上才能使用特定的 VR 内容；而且 VR 硬件设备存在的人机体验差等问题影响了用户对 VR 内容的持续体验时长以及最终产生对 VR 服务的依赖感。除了内容本身的质量外，用户在虚拟世界中被侵害情况的增加也影响到内容的推广，很多用户在元宇宙中经历过骚扰等伤害。要建立 VR 内容对产业发展的有效拉动力还有不少工作需要去做。

（三）VR 在办公、教育等垂直领域的应用得到增强

VR 技术飞速发展，应用场景日益丰富，正向更多细分市场逐步渗透。比如，苹果希望将苹果 Vision Pro 用于企业办公领域，为企业开发 vision OS 应用，还与 JigSpace、PTC 等公司展开合作以拓展应用场景。商务办公领域的 VR 应用体验正在得到不断提升，比如 OPIC Technologies 的 "3D Livestream" 是首款用于实时 3D 直播的 VR 应用程序，改变了目前 VR 视频都要预先录制的情况，可以提供工作过程中实时的立体 3D 视频流；这可以让用户开展即时的 3D 交互，有望极大改变人们参加现场活动、进行会谈和参与虚拟会议的习惯。除了商务办公，VR 在虚拟教育培训领域也得到很大重视，很多学校等教育机构开始接受 VR 教育这种工作方式，开展了应用 VR 和元宇宙技术创新教学活动的探索，企业已经可以提供成套的 VR 教育内容和软硬件方案。国内 VR 产业还在不断扩大制造、矿山、油田、港口等领域应用的探索。

（四）VR 技术在交互性、展示效果方面取得新的进展

2023 年，VR 技术在人机交互、体验提升能力方面都取得了新的突破。

目前 VR 输入设备主要由游戏手柄、方向盘等操作设备，摄像头、万向跑步机、手势捕捉手套等行为监测设备，以及配套的麦克风等设备来提供人机交互的支持。但之前大多数都在围绕机械阵列结构开展设计，基于电信号

传递，不可避免地增加传感器设计复杂度并增加制造难度与周期。随着技术的进步，更自然的交互方式正在 VR 产品中得到更多应用，如新思路开发的手势识别、眼动追踪、全身追踪、三维空间控制、柔性触觉感知等技术可以让 VR 服务更贴近用户的自然习惯；如 NOLO 研发的 PolarTraq 和 SodarTraq 等三维空间定位技术突破了低成本高精度高稳定性室内交互方面的技术瓶颈；Meta Quest V60 的上半身追踪技术利用摄像头捕捉玩家手臂、肩膀和躯干的运动，让用户在游戏中及时实现更自然的肢体表达；三星的 VR 悬空手势识别，利用颜色和景深摄像头来识别用户手势，在实际 VR 服务中可以实现悬空手势操作，体验会更加逼真；仿照人体皮肤和鱼类侧线等自然能力的人造触觉传感器来完成类似人体皮肤的感知，增加了机器人的交互性、适应性。

在 VR 显示技术方面，Micro OLED 具有像素密度高、对比度高、刷新率高且响应时间短、自发光轻功耗、能全黑等特点，能够克服此前 AR/VR 所采用的显示技术许多缺陷，适用于大规模商业化应用。2023 年，Micro OLED 技术的落地已取得显著的进展，目前 Apple Vision Pro、Arpara 5K VR 头显、MeganeX 等公司的产品采用了 Micro OLED 屏幕，凭借与可穿戴设备的更好适配，以新的体验不断扩大其市场接受度。据 CINNO Research 预计，2025 年全球 AR/VR Micro OLED 显示面板市场规模将达到 14.7 亿美元，2021~2025 年年均复合增长率（CAGR）将达 119%，成长空间十分广阔。此外，还有一些新的 VR 显示技术在研发中，比如三星提出的 "Head-Mounted Electronic Device（头戴式电子设备）" 可以扩大头显产品视场角到 180 度，并以 "OLED 曲面屏" 设计控制显示模组的重量，在佩戴舒适的前提下实现类似于人眼的超广视野，增强 VR 头显产品的沉浸式感受。

三 虚拟现实产业发展方向不断聚焦

全球 VR 产业在 2023 年不断调整发展的聚焦点，从市场投资方向可以清晰地看到，近期较大投融资项目集中在 VR 教育、VR 培训等几个领域上，比如用于在线或离线教育的"增强型混合学习解决方案",还有采用了VR技术的语言学习平台GoVR等都是代表。这说明,市场在选择对VR产业的投入时,越来越多地将尽快带来收益作为衡量的关键指标,这将极大影响今后VR产业的技术和产品走向。

产业政策是观察国内VR发展方向的重要一环。国内在2023年新发布的VR/AR相关政策超过200项,除了17项国家层面政策外,国内23个省份及直辖市也陆续发布了本地VR产业发展和技术创新政策。这些政策侧重于鼓励产业发展、鼓励拓展应用领域、鼓励和新技术融合,在重点方向上不断聚焦。在技术上,注重实时渲染、立体显示、人机交互、高性能计算等关键技术的研发和创新;在产业提升上,侧重于推动产学研用深度融合的产业体系建设,如浙江提出建设有10家以上骨干企业、100家以上专精特新中小企业、包含相关软硬件产品1000项以上的产业链;在产业布局上,注重资源优化和增强协同,如山东提出青岛、济南、潍坊、烟台、威海等分别侧重研发、应用、整机与核心部件生产、特色应用、消费智能硬件等方向并形成创新能力联动;而VR应用则是受到最多关注的,2023年提及最多的应用方向如下。

第一,数字文娱是VR技术最早和最重要的应用领域,2023年依然是政策鼓励投入的重点方向,比如国家广播电视总局的《关于开展广播电视和网络视听虚拟现实制作技术应用示范有关工作的通知》等政策提出相关要求。

第二,文旅是VR技术重要的商用场景,景区部署的VR服务可以给游客带来全新的体验。《文化和旅游部办公厅关于开展智慧旅游沉浸式体验新空间推荐遴选暨培育试点工作的通知》和《关于组织开展"5G+智慧旅游"应用试点项目申报工作的通知》等政策强调用VR/AR等沉浸式技术将旅游产业深度融合,部署一批与当地特色结合的沉浸式文旅项目。

第三,VR技术对推动多产业的数字化转型可以起到重要的辅助作用,国家和地方多项政策中提出鼓励VR/AR技术与医疗健康、工业生产、教育培训等传统领域实现融合发展。

四 虚拟现实产业后续发展典型趋势分析

在产业生态格局日趋稳定而市场需求短期无法放量增长的情况下，VR产业在2024年的竞争势必会进一步加剧。扩大自身技术和内容储备，以较低的成本打开更多市场空间会是所有VR企业努力的方向。目前常见的包括通过扩大自身的内容生态边界、提升算力支持水平、实现与AIGC等新技术更好的结合、开拓MR等新领域等手段，这将为VR产业发展拓展更广阔的空间。

（一）VR内容开发生态将和其他生态更多结合

面对大制作VR内容的开发成本高、低成本迁移VR内容的体验不稳定等问题，单纯依靠内容厂商自身增大投入是不现实的；而随着AI技术的进步，多模态内容和应用的增加也在加剧对VR用户资源的争夺。面对复杂的市场局面，产业只有进一步开放VR内容的开发生态，和各类已经成熟的数字内容生态相互借力才是可行的路径，而智能手机内容生态和智能家居应用生态是两个最为现实的选择。

VR厂商预计将更多与手机内容开发生态开展合作，通过资源共享降低VR内容创作的进入门槛，吸引更多背景的开发者进入，从而降低VR内容开发的综合成本。VR厂商的需求与目前智能手机厂商拓展终端全场景服务范围的需求也是一致的。目前面向智能手机的开发者社区和海量资源积累对快速扩大VR内容生态辐射空间有很大帮助，比如苹果手机拍摄的3D空间视频就可以用来快速创建新的VR内容。

VR厂商还可以通过与智能家居、办公等领域的应用结合来拓展VR内容生态的空间。智能家居技术的发展正在全面改变人们的居住空间和环境，实现VR技术的全景化和虚拟化信息呈现能力与智能家居的数字能力贯通，可以在超低时延的家居网络环境中为用户提供虚实结合的空间体验，同时借助家居场景中的使用需要提升VR内容的用户可达性。近期，苹果公司实现

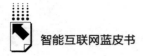
了 Vision Pro 与电视产品 Apple TV 之间的互动，当用户通过电视观看节目时可以同时通过 VR 头显产品体验其中更多的虚拟画面；用户还可以在通过大屏等智能终端进行远程视频互动时随时切换为通过 VR 头显产品进行面对面的沉浸式交流。

多内容生态的结合不但对硬件产品和内容开发环境提出新的需求，也对基础设施的性能提出更高要求，比如网络运营商推出的智能化、可靠化、低时延的家居宽带技术和华为公司等推出的星闪等无线短距传输技术可以很好地让 VR 内容在多生态跨接的场景下得到支撑保障。VR 内容和其他生态跨接的应用还在进一步扩展到商务会谈、生产现场控制、远程培训等更多领域，这都会对推动 VR 内容的繁荣起到很大作用。

（二）VR 业务对算力的需求快速增加

VR 业务和元宇宙的核心任务是构建沉浸式的虚拟世界，这需要利用计算机完成大量图像处理；画面要求越精细，模型需要拆解和贴合的面数也就越多。目前主流网络游戏一个人物的面数是 3 万~5 万面，要完成 HD 级别的电影制作至少需要千万面级，而完成 VR 画面所需要的面级更是会增加指数级的规模。根据媒体报道，《战斗天使阿丽塔》对电影主角的 13 万根发丝都进行单独渲染，1 帧画面渲染就要耗费 100 个小时，使用 3 万台电脑不分昼夜地工作，需要巨大的算力消耗。而且渲染不仅涉及人物，还包括建筑、森林等其他对象，需要巨量的图形图像计算能力支撑。VR 内容制作中除了高精度模型本身的渲染外，还需要用到高精度的计算来支撑对用户使用过程的物理仿真和可视化实现。可以说，VR 业务的实现完全是建立在巨量的各种类型算力的支撑之上。当 VR 技术用于元宇宙业务时还会进一步增加对多人实时交互的场景支撑需求，用户在元宇宙场景中每一次状态和环境的改变都要实时同步至场景内其他相关用户，都会产生上亿甚至更多数据的计算，如此庞大的计算量对算力需求是极大的。中国工程院院士刘韵洁曾表示，元宇宙相关技术实现必须依靠超强算力，需为 AR/VR 业务提供 3900 EFLPOS、为区块链业务提供 5500 EFLPOS、为 AI 应用提供 16000 EFLPOS

级别的算力才能满足连续长周期、突发短周期等各类智能服务的需要。据公开信息，受包括算力在内的各方面因素制约，目前 Meta 的 Horizon Worlds 最多可容纳 20 个低模型用户，VR Chat 简单模型+小场景能容纳 40~50 人；想要支持高度逼真画面下数亿用户之间的实时交互，产业界估计要将目前算力能力再提升上万倍甚至百万倍才有可能。

应该说算力成为支撑 VR 业务持续发展的重要基础，产业界都在围绕 VR 和元宇宙等需求开发更强的芯片以及连接调用算力的平台。网络运营商等也在着力打造新型的算力网络，比如中国移动提出要构建泛在融合的算力网络，提供"网络无所不达、算力无所不在、智能无所不及"的应用服务能力；而中国电信正在尝试将边缘计算、云计算等多级算力节点与网络进行更进一步的结合，实现云网融合下的资源供给，为用户提供最优的服务以及运营保障。中国联通提出"极、柔、智、简"的算力网络。

（三）AIGC 技术与 VR 应用的结合趋势日益明显

人工智能技术之前已被大量用于各领域数字内容的生产。而在以 AIGC 技术为代表的新发展阶段，随着对多模态信息的综合处理能力的增强，可以实现多样性内容的生成，完成复杂对象与长文本等内容中各类元素的抽象表达和组合，从而更好地满足创新场景下的内容创作的需求。

AIGC 技术与 VR 业务结合的趋势日益明显。AIGC 技术可以通过对 VR 业务中各类视频数据进行分析、学习和生成，自动生成具有高度真实感和沉浸感的虚拟场景和人物模型并通过 VR 技术呈现，这将极大地提升内容供给的效率，AIGC 技术还可以被越来越多用于优化各类 VR 业务的虚拟场景和虚拟人物的建模、渲染等工作；比如，在学习和培训领域，AIGC 技术可用于理解海量的历史、生物、地理等学科的知识点并根据应用场景需要快速生成虚拟场景和人物模型，让学习过程变得更为生动；在医疗健康领域，AIGC 技术可以对各类医案、医学影像、手术信息等进行分析和挖掘，自动地生成各种具有高度真实感和沉浸感的治疗虚拟场景和人物模型，帮助医生完成各种医疗手段的训练；在数字文娱环境中，AIGC 技术可以通过大量影像资料的学习和对

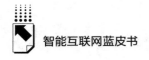

剧本的理解，自动生成视频游戏和电影特效制作中高质量的角色模型、特技效果以及各类画面，提升游戏和电影的体验效果和真实感。

AIGC 与 VR 的结合还需要解决多方面的问题才能真正发挥出应有的作用。在技术上涉及人工智能算法、图像处理、计算机视觉、传感器等多个领域，目前产业界正在逐步解决这些技术在 VR 业务场景中应用时的适配性问题，让自动生成的各类内容能有效地得到计算能力、传输能力、人机交互能力的支持；对 AIGC 和 VR 技术必须处理的大量数据和信息，还需要采取有效的安全措施来提供多场景下端到端的保护能力和隐私保护；对已经生产的各类画面、人物和场景，还需要充分考虑法律和行业管理规定的管理要求，避免潜在风险和社会伦理问题；面对 AIGC 面临的愈演愈烈的知识产权问题，VR 业务在利用 AIGC 技术开展内容自动生成时，需要解决好内容的原创性和合法性问题。

AIGC 技术对 VR 产生的影响也同样会对元宇宙的发展起到重要的推动作用。元宇宙服务需要保持场景的持续性，AIGC 技术凭借其强大的算力可以快速处理海量文本、图像、音频、3D 模型等多模态数据，通过虚拟引擎快速生成以保证元宇宙内容的充分供给并提升画面的逼真性，并让内容生产的成本降低。而且其便捷的操作流程也会降低开发者等群体使用和创作的门槛，在简单学习后就可以通过方便的人机对话完成内容创作，并通过融入生活和工作流程中与现实场景更好衔接，实现人机交互式元宇宙建设。数字人作为元宇宙的重要组成部分也同样需要 AIGC 技术的帮助，之前用于电商行业的 AI 客服、传媒行业的虚拟主持人、社交媒体平台上的虚拟主播等需要大量的标记数据才能进行训练；AIGC 技术的进步可以不需要标记的训练数据即可完成自然语言规律的学习，完成语言翻译、问答、文本生成、图像识别等各类自然语言处理任务，处理复杂和抽象的自然语言文本，并让数字人生成更加自然流畅的回复。

（四）VR 技术更多用于混合现实业务领域的情况开始增加

融合了 VR 技术的混合现实（MR）业务在 2023 年得到越来越多的重

视，这也给 VR 技术提供了更大的发展空间。MR 业务将 VR 的纯虚拟画面和 AR 的虚实结合画面应用组合在一起，并且突破了传统 AR 技术运用棱镜光学原理折射现实影像视角有限、清晰度不足等问题，进一步改善了用户体验。MR 业务的市场应用依然会先从泛娱乐领域入手，作为近期最有代表性的 MR 硬件设备，Vision Pro 就是以提供影视、游戏等娱乐类应用为主的，其中包括了大量基于原有 VR 内容的移植版或升级版。同时，更多的体育赛事内容也会通过 MR 设备为用户提供更为沉浸式的现场体验；一些基于 MR 的工具型应用如文档处理、视觉设计乃至工业级设计应用也在逐步开展研发。

随着 MR 应用的增多，VR 产品将朝以 VST（视频透视，Video see-through）技术为主的方向过渡。传统的 VR 头显产品依赖于前置的摄像头、传感器等硬件支持，提供完全与现实世界隔离的沉浸式虚拟场景；而 VST 技术的引入则更好地实现了虚实融合的目标，比如苹果 Vision Pro 通过搭载更多传感器+硅基 OLED 屏幕+R1 协处理器能实现更小的畸变、更清晰的画面和更低延迟，能够适用于更广泛的场景中。一批围绕着空间计算、感知交互思路提出的新型交互产品开始推向市场。

在这个过程中，空间计算技术的发展成为各方关注的新焦点。空间计算包括了所有使人类、虚拟生物或机器人在真实或虚拟世界中移动的软、硬件技术，涵盖了人工智能、计算机视觉、虚拟现实、增强现实、传感器技术和自动驾驶等技术；让机器具有深度感知能力，允许用户将数字内容与物理环境很好地融合起来，在自然的方式下完成与周围环境的交互，有望开创人、机、环境交互的新范式。空间计算可以让产品通过新型控制器输入、手部追踪输入、眼动追踪输入等手段实现更自然的互动，如目前 Vision Pro 支持 6 种手势交互，配合眼动可以实现单击、双击、拖拽、旋转等操作。将使得 MR 等应用成为真正融入用户生活的智能服务，更好地理解和阐述虚拟和现实共生的世界。

空间计算目前面临的最大技术难点在于信息呈现的完成需要面对用户与周围环境之间复杂的空间关系，需要通过 MR 设备帮助用户理解自身在给定

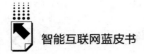
环境中的位置信息。要实现这一目标，空间计算需要通过摄像头、激光雷达等多种传感器实现空间定位或设备跟踪；同时，通过计算机视觉等能力在传感器实时扫描周围环境的同时，快速计算出携带设备的用户在空间中所处的位置，并和现实世界中的各类场景和主体很好地结合起来，共同形成现实与虚拟结合的体验。目前空间计算技术还在不断发展之中，MR 业务和产品也在不断创新，比如，迪士尼推出的 HoloTile 滑动地板技术，是"世界上第一个多人、全向、模块化、可扩展的跑步机地板"，允许任意数量的人，在任何方向上无限距离行走，并且不会碰撞或走出其表面，可以比万向跑步机提供更多自由空间。

参考文献

未来智库：《电子行业空间计算专题报告》，2022 年 7 月，https：//baijiahao. baidu. com/s？id=1792029233025630424。

《虚拟现实（VR／AR）行业发展现状及未来趋势分析》，研精毕智市场调研网，2023 年 2 月，https：//baijiahao. baidu. com/s？id=1782415354954976520。

VR 星 球：《2023 年 VRAR 政 策 盘 点》，https：//baijiahao. baidu. com/s？id=1787129499766580360。

专题篇

B.20

生成式人工智能的法律风险与治理

冯晓青　李可*

摘　要： 随着生成式人工智能技术的快速发展，其工业化使用优势愈发凸显，同时也滋生了数据、垄断、知识产权等方面的风险。我国及发达国家都已对人工智能领域进行法律法规方面的布局，力求从监管层面进行风险管控，但现有的规制方式应对新风险仍存在不足。为建立健全人工智能治理体系，应当在充分利用现有法律框架的基础上逐步构建综合性的人工智能法，推动各部门协同开展生成式人工智能的治理工作，实现各环节顺利高效衔接。

关键词： 人工智能　人工智能生成内容　法律风险　知识产权

---

* 冯晓青，中国政法大学教授、博士生导师，中国法学会知识产权法学研究会副会长、中国知识产权研究会副理事长，研究方向为知识产权法学；李可，中国政法大学民商经济法学院，研究方向为知识产权法学。

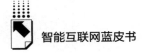

作为目前调用数据与资源最精准、高效的手段，人工智能被广泛应用于制造业、医疗服务业、金融业等多个领域，成为引领科技革命与产业变革的新兴技术。自1956年人工智能学科诞生至今，人工智能技术已从早期简单的模式识别技术发展成为如今具备理解、推断及创作能力的模型，其发展过程充分展现了技术从基础到高级应用的演进路径，同时也指向了未来技术发展的广阔前景。

纵观人工智能的发展历史，可将该领域范式分为决策式人工智能（2011年以前）与生成式人工智能（2012年至今）。20世纪50年代至70年代，人工智能系统主要基于硬编码（Hardcode）的规则与简单的模式识别技术，仅可以执行基础的逻辑推理与模式匹配任务。20世纪80年代至21世纪初，机器学习兴起，人工智能逐渐能够从数据中学习规则和模式。2010年至今，深度学习兴起，人工智能的机器视觉、语言识别与自然语言处理功能得到空前发展。近年来，人工智能系统已经成为能够根据文本提示生成文本、图像以及视频进行回应的复杂模型。2023年初，ChatGPT在两个月内便坐拥1亿注册用户，成为历史上月活用户破亿最快的2C应用[①]。与传统以分类和回归为目标任务的人工智能不同，新一代生成式人工智能首次触及了以往只有人类创作者踏足的文学艺术创作领域。2024年2月，OpenAI宣布推出全新的人工智能模型"Sora"，通过文本指令，Sora可以输出长达60秒的视频。这意味着继文本与图像后，人工智能也涉足到视频领域。OpenAI表示，Sora是创造能够理解和模拟现实世界的模型的基础，其展示出的人工智能在理解与创造复杂视觉内容方面的先进能力，是实现通用人工智能（AGI）的重要里程碑。

随着强人工智能时代的幕布徐徐拉开，人类社会已经迈入分水岭。生成式人工智能为技术进步与产业发展开辟了新的道路，但它的发展也伴生一系列风险与问题。例如，人工智能生成内容存在虚假情况；人工智能进行预训练的数据有侵犯个人隐私与商业秘密的可能性；生成式人工智能研发领域存

---

① 2C，即B2C，英文全称Business-to-customer，指直接面向消费者提供商品或服务的商业模式。

在垄断风险；人工智能生成内容的著作权客体属性之争与权利归属等问题亟须相关法律法规给予回应。为促进生成式人工智能健康发展和规范应用，国家互联网信息办公室于 2023 年 7 月发布了《生成式人工智能服务管理暂行办法》，一些知识产权发达国家及地区的政府、组织也在积极寻觅治理生成式人工智能的可行方案。

此外，国内就生成式人工智能展开的学术研究同样正紧锣密鼓地进行。国内以人工智能生成内容为讨论对象的论文研究可被分为两个阶段。第一阶段为 2017~2022 年，2017 年，学者们对人工智能研究的热忱被"阿尔法狗"激起，此时的大多研究着眼于探讨人工生成内容的知识产权保护及其权利归属。第二阶段则以 2022 年 11 月 ChatGPT 的发布为起始点，此后以生成式人工智能为研究主题的论文迎来爆发式增长，研究内容也从知识产权研究扩展到人工智能及相关的技术的开发与运用、人工智能的价值评定与风险防范、数据安全、伦理道德等内容。

本文将以生成式人工智能引发的数据风险、安全与合规风险、技术垄断风险以及知识产权风险为研究对象，在充分考虑各类风险的现实性与紧迫性的基础上提出相应的风险治理手段，从长远发展角度为应对生成式人工智能带来的多样化风险提供行之有效的解决方案。

一　生成式人工智能的法律风险

以 ChatGPT 为例，作为典型的大语言模型，ChatGPT 的生成机制可划分为三个阶段：预训练、调整、强化学习。在预训练阶段，GPT 通过在大型数据集上进行训练来学习通用的特征与知识，增强模型的泛化能力，使模型实现文本续写功能。在调整阶段，监督者在预训练的模型基础上，通过少量的后续训练来调整模型的参数，提高模型在特定任务上的表现，进而引导模型得以建立起实现复杂任务的解决方案。在强化学习阶段，模型将通过试错（Trial and Error）的方式在动态环境中不断学习给定的奖励模型，引导模型做出决策。通过对生成式人工智能的底层逻辑的梳理，本文将生成式人工智能的法律风险大概分为数据风险、安全与合规风险、技术垄断风险与知识产权相关风险，这些问题需要在法律、技术及伦理层面得到缓解与解决。

（一）数据风险

1. 数据偏差与数据虚假风险

生成式人工智能的预训练过程需要大量数据的参与，虽然预训练提高了人工智能的能力水平，但伴随着数据偏差的风险。这些数据偏差可能导致人工智能生成内容带有偏见、不准确或歧视性。具体表现在三方面。第一，在数据采集过程中，若所采集的数据在地理位置、文化层次、语言、年龄等方面存在不平衡或有所偏好，训练出的模型也会存在偏差。例如，ChatGPT 的训练数据的96%为英文文本，这可能导致模型在处理其他语言的指令时表现不佳[1]。第二，在数据选择与数据标注过程中，人工智能开发者或人类标注者的个人观点、文化偏好或认知偏见或多或少地会被引入数据中，导致模型产生人为偏差。第三，人工智能模型本身可能在处理大规模的数据集时，会优化模型以适应数据中最常见的模式，从而忽略较为少见的情况，导致模型无法在罕见或极端情况下进行准确泛化。与有偏见的人工智能进行交互，不仅会由于其输出内容的不严谨导致客观上的损害，而且用户本身也会因其偏见而遭受冒犯。例如，若人工智能模型在关于职业的数据集上训练，而这个数据反映了职业中的性别歧视与刻板印象，人工智能生成内容可能就会表现出对群体的偏见与排斥，从而进一步加剧社会中的不平等现象，甚至会引发社会对人工智能的抵制[2]。

人工智能模型的训练数据存在偏差，会导致人工智能生成内容继承、放大这些偏差，导致人工智能生成内容的真实性存疑。第 60 届慕尼黑安全会议将人工智能相关风险作为全球主要的安全威胁之一；《2024 年全球风险报告》中更是将"虚假信息与信息错误"列为未来两年世界"十大风险"之

---

[1] Ouyang L., Wu J., Jiang X., et al., "Training Language Models to Follow Instructions with Human Feedback". *Advances in Neural Information Processing Systems*，2022（35）.

[2] 郑曦、朱溯蓉：《生成式人工智能的法律风险与规制》，《长白学刊》2023 年第 6 期。

首，"虚假信息与信息错误"及"人工智能技术的不良结果"分列未来十年世界"十大风险"的第五名与第六名。① 虽然算法以客观、中立、标准化为表象，但完全公式化运行的算法是不存在的。即便算法的执行过程没有偏差，编码人很可能在无意中将自己的偏好纳入算法设计中。② 即使相关开发者竭力使人工智能生成内容符合真实、无害、有用的标准，但人工智能的底层算法的局限性是必然的。此外，来源于网络的大量数据的准确性也无法保证。因此，人工智能生成内容中的虚假信息无法完全排除。在司法实践中，不法分子利用人工智能生成虚假信息谋取个人利益的行为时有发生。

2. 数据泄露与合规性风险

如前所述，生成式人工智能对数据高度依赖，其训练过程需要海量数据的参与方可促进人工智能的性能优化。2014 年，智能手机的大规模普及与4G 时代的到来，为人工智能训练迭代提供了必需的数据基础，开发者往往会主动选择、采集、标注高达上百亿参数量的数据。GPT4 训练数据的持续扩张对各开发商承载数据、保护数据的能力提出了新的挑战，在黑客与病毒的攻击下，数据泄露的风险逐渐显现③。

首先，人工智能模型的训练数据可能包含个人隐私信息，若没有得到适当的匿名化处理或脱敏处理，人工智能生成内容就很有可能暴露这些信息。其次，自然人可以通过特定的查询技术从模型中提取或推断出训练数据中的信息，即"模型逆向"。这意味着即便人工智能生成内容不包含任何敏感信息，自然人也可以通过分析模型的响应来识别与重构原始训练数据中的相关信息。再次，在人机交互的过程中，人们可能在给予指示时不经意透露商业秘密与个人隐私，人工智能便可以通过对话来描绘用户画像、预测用户偏好，增加数据泄露的风险。最后，在某些司法管辖区，如欧盟地区的《通

① Global Risks Report 2024，https：//www.weforum.org/publications/global-risks-report-2024/，last visited 19/02/2024.
② 〔美〕瑞恩·卡洛、迈克尔·弗鲁姆金、〔加〕伊恩·克尔编《人工智能与法律的对话》，陈吉栋、董惠敏、杭颖颖译，上海人民出版社，2018，第 283 页。
③ 王晓丽、严驰：《生成式 AI 大模型的风险问题与规制进路：以 GPT-4 为例》，《北京航空航天大学学报》（社会科学版），https：//doi.org/10.13766/j.bhsk.1008-2204.2023.0535。

用数据保护条例》（General Data Protection Regulation，GDPR）下，第 17 条对数据主体的删除权（被遗忘权）作出了详尽的规定[①]。人工智能在处理含有个人数据的训练材料时若未能遵守相关规定，可能会导致合规风险。

（二）技术垄断风险

我国现行《反垄断法》第 23 条规定了经营者具备市场支配地位因素的认定条件。具备市场支配地位的企业往往不仅占据显著的市场份额，同时还会显著影响市场上的产品、价格、供应链、创新速度以及市场准入，该类企业往往具备较高的垄断风险。生成式人工智能的研发与运营成本高昂，开发方若非具备雄厚的经济实力与强劲的科技实力，必然无法获取到人工智能研发所需要的算力与训练数据。这种高壁垒使大企业极易控制关键技术、数据资源及生产材料，使相关可能的竞争方无法维持生计，逐步将市场推向寡头垄断局面，形成技术垄断。技术垄断指在特定技术领域内，一个或少数几个市场经济主体完全控制了某项技术并取得垄断性收益[②]。技术垄断风险关注的是具备市场支配地位的少数大型企业或组织行使其对关键核心技术的控制力，操纵人工智能技术生产与分配的可能性。以 ChatGPT 的开发者 OpenAI 为例，其早在 2019 年就获得微软的注资，微软也将 ChatGPT 融入搜索引擎，并开发了数款生成式人工智能应用软件。2023 年 11~12 月，这种强强联合引起了欧美反垄断监管机构的注意，英国竞争和市场管理局（CMA）、美国联邦贸易委员会（FTC）开始审查这项投资是否可能违反反垄断法[③]。随着人工智能领域的集中度越来越高，其他监管调查可能会接踵而至。

（三）知识产权风险

随着生成式人工智能的强势入局，内容产品领域出现了新的产出者，极

---

① Article 17，GDPR.

② 刘康：《基于技术存在形式的技术垄断研究》，《科技进步与对策》2022 年第 1 期。

③ Tim Bradshaw，Cristina Criddle，Madhumita Murgia，Michael Acton，UK and US regulators examine Microsoft's ties to OpenAI，https：//www.ft.com/content/c3e8acee-536a-47c2-9322-464d14c51053#comments-anchor，last visited 19/02/2024.

大地冲击了现有的知识产权法律体系。

1. 人工智能生成内容的知识产权侵权风险

在数据收集阶段，人工智能生成内容引发的新型著作权侵权风险与商标权侵权风险已经成为整个知识产权界面临的紧迫问题。为了提高人工智能解决问题的效率，增强人工智能在文本创作、图像设计、视频编辑等领域的表现，深度学习是人工智能进行训练的必要环节。人工智能在训练过程中接触的大量数据往往是其在生成新内容时，进行借鉴与模仿的基础。如果这些数据中包括受著作权法保护的作品，而这些作品的使用并未获得著作权人的同意，人工智能生成内容可能会侵犯原始作品的著作权。目前国内未见相关案例，但国外已有诉讼出现。如 Tremblay v. OpenAI，Andersen v. Stability AI，Thomson Reuters v. Ross Intelligence，Huckabee v. Meta Platforms，Kadrey v. Meta 等案件。[1] 在这些案件中，原告主张被告未经授权使用其作品作为训练数据，侵犯了原告版权，而被告方基本上均援引合理使用进行抗辩。同样，若人工智能生成内容包含或模仿了受商标法保护的标识，也可能会误导消费者，造成商标侵权的结果。

2. 人工智能生成内容的作品属性争议

当前学界对人工智能生成内容的作品属性之争可分为肯定说与否定说两种观点。持"肯定说"的学者往往在结果视角下（客观标准），认为人工智能生成内容具备作品外观与信息消费功能，可以成为受著作权法保护的客体[2]。持"否定说"的学者或是支持"自然人主体"说者，从创作主体入手对人工智能生成内容的著作权客体地位进行否定，认为非人类创作行为不能满足著作权法对于作品的要求[3]；或是支持"人类个性化表达"说，认为人工智能生成内容来源于算法技术驱动，缺乏对创造性的体现[4]。司法实践

---

[1] 这些案件均未审理完成。

[2] 廖斯：《论人工智能创作物的独创性构成与权利归属》，《西北民族大学学报》（哲学社会科学版）2020年第2期；冯晓青、李可：《人工智能生成内容在著作权客体中的地位》，《武陵学刊》2023年第6期。

[3] 刘银良：《论人工智能作品的著作权法地位》，《政治与法律》2020年第3期。

[4] 王迁：《论人工智能生成的内容在著作权法中的定性》，《法律科学（西北政法大学学报）》2017年第5期。

中，国内外对此争议也颇深。例如，美国国会图书馆版权局在 2023 年 3 月
10 日发布政策声明文件，该文件强调版权法只保护作品中属于人类作者产
出的创造性部分，明确将"不包含人类创造性贡献"的人工智能生成内容
排除在版权法保护的客体范围之外①。美国国会图书馆版权局还在处理克里
斯蒂娜·卡什塔诺瓦（Kristina Kashtanova）的漫画小说作品"黎明的扎里
亚"（Zarya of the Dawn）版权注册案中，因其漫画内容系使用 Midjourney 生
成的产物而拒绝注册②。而北京互联网法院在 2023 年 11 月审理的国内首例
人工智能生成图片著作权侵权纠纷案中，则采用人工智能工具说，认为涉案
图片应当受到著作权法保护③。

3. 人工智能生成内容的权利归属纷争

若采纳客观标准，认可人工智能生成内容的可著作权性，随之而来的问
题是该人工智能生成作品的著作权归属不明确。当人工智能生成作品时，其
著作权归属可能涉及多方面的利益相关者，包括人工智能开发者、人工智能
使用者、训练人工智能所使用的数据的原始作者以及人工智能本身。目前而
言，人工智能虽具备一定程度的智力水平与自主性，但其仍不具备人类独有
的意志性与意识性，与人类有着巨大差异。在此基础上再综合对人类主体资
格的维护，理论界目前几乎无人赞成将人工智能本身视作权利主体，国内外
多本顶级期刊均拒绝将人工智能列为作者之一④。在人工智能生成内容的场
景中，可能需要重新考虑传统的著作权许可和相关合同安排。如何在合同中
明确规定人工智能生成内容的知识产权归属，以及如何处理这些内容的使用
与分发也是目前亟待解决的问题之一。

---

① United States Copyright Office, Library of Congress. Copyright Registration Guidance: Works Containing Material Generated by Artificial Intelligence, 37 CFR Part 202.

② United States Copyright Office, Re: Zarya of the Dawn (Registration # VAu001480196), https: // copyright. gov/docs/zarya-of-the-dawn. pdf, last visited 19/02/2024.

③ 北京互联网法院（2023）京 0491 民初 11279 号民事判决书。

④ 如《科学》杂志（Science）的主编霍尔顿·索普就宣布基于作品的原创性要求，作者在写作中不允许使用生成式人工智能，同时生成式人工智能大模型都不能成为文章的作者。《自然》杂志（Nature）虽然允许作者在写作过程中使用生成式人工智能大模型，但禁止将其列为作者。

二　生成式人工智能法律风险的初步治理

生成式人工智能通过其创造性、效率与灵活性，为多个领域带来了革命性的变革与广泛的应用前景，不仅显著提高了内容创作的效率，也推动了新技术的探索与跨领域的创新。但是，尽管生成式人工智能构建了更高智能化的学习模型，其滋生出的众多风险与挑战也是客观存在的。为了更好地促进产业发展，维护公民的人身与财产性利益，国内外多部门都在监管层面对人工智能的应用给予高度重视，并出台一系列规定以控制相关风险。

（一）国外有关规定

随着生成式人工智能通过其崭新的技术路径实现了前所未有的创作功能，全球范围内的多个国家开始将更多的目光投向这一前沿领域，并尝试对各国现行法律法规在应对这一新生事物时遭遇的风险与挑战进行回应。

欧盟一直以来都走在人工智能治理的前沿。面对来势汹汹的生成式人工智能，欧盟在加强执法措施的同时也积极推进相关立法活动。早在 2017 年 2 月，欧洲议会就通过了《就机器人民事法律规则向欧盟委员会的立法建议》，针对人工智能提出一系列的大胆设想。[①] 2021 年 4 月，欧盟委员会发布《人工智能的统一规则（人工智能法）和修订若干联盟立法的建议》提案，开启全球人工智能立法新篇章。[②] 2023 年 6 月，《人工智能法案》通过，将人工智能应用场景分为"不可接受的风险、高风险、有限风险以及最小

[①] REPORT with recommendations to the Commission on Civil Law Rules on Robotics，https：//www. europarl. europa. eu/doceo/document/A-8-2017-0005_ EN. html，last visited 19/02/2024.

[②] Proposal for a REGULATION OF THE EUROPEAN PARLIAMENT AND OF THE COUNCIL LAYING DOWN HARMONISED RULES ON ARTIFICIAL INTELLIGENCE (ARTIFICIAL INTELLIGENCE ACT) AND AMENDING CERTAIN UNION LEGISLATIVE ACTS，https：//eur-lex. europa. eu/legal-content/EN/TXT/? uri = CELEX：52021PC0206，last visited 19/02/2024.

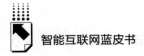

风险"四个风险等级。①

英国知识产权局于 2021 年 10 月 29 日对人工智能和知识产权进行了咨询。在咨询中，英国政府收到了三种可供选择的立法方向：一是维持现有的法律；二是删除对计算机生成作品的保护；三是用缩小范围或期限的新权利取代对计算机生成作品的保护。② 2022 年 6 月 28 日，英国政府对于这次咨询做出了回应：英国政府宣布决定不修改现行法律，即计算机生成作品是没有人类作者的版权作品，它们目前受英国版权法保护。③

美国目前的立法文件大多是从治理层面对人工智能的规范，并未针对生成式人工智能进行细致规范。在美国版权局公布的《版权局实务汇编》（Compendium of Copyright Office Practice）中，美国版权局明确强调"符合'作者'资格的作品必须是由人类创作的"，并且它"不会注册由机器或仅是机械过程随机或自动运行，没有人类作者的任何创造性输入或干预而产生的作品"④。再综合前述美国版权局对《黎明的扎里亚》漫画部分拒绝注册的态度，可见美国版权局是明确拒绝对人工智能生成内容给予版权保护的。

加拿大目前尚未出现明确的立法文件，但政府倾向于使用版权法保护人工智能生成内容。2023 年 10 月 12 日，加拿大联邦政府启动了有关生成式人工智能时代版权问题的意见征询，呼吁利益相关者就与生成式人工智能相

---

① EU AI Act：first regulation on artificial intelligence，https：//www. europarl. europa. eu/news/en/headlines/society/20230601STO93804/eu‐ai‐act‐first‐regulation‐on‐artificial‐intelligence，last visited 19/02/2024.

② Consultation outcome Artificial Intelligence and Intellectual Property：copyright and patents：Government response to consultation（Updated 28 June 2022），https：//www. gov. uk/government/consultations/artificial‐intelligence‐and‐ip‐copyright‐and‐patents/outcome/artificial‐intelligence‐and‐intellectual‐property‐copyright‐and‐patents‐government‐response‐to‐consultation，last visited 19/02/2024.

③ 英国《版权、外观设计和专利法》中对于"作者"进行了明确规定："对于由计算机生成的文学、戏剧、音乐或艺术作品，作者应被视为为创作作品而进行必要安排的人。"See Copyright，Designs and Patents Act 1988，United Kingdom，1988c. 48，s. 29A，https：//www. legislation. gov. uk/ukpga/1988/48/section/29A.

④ U. S. Copyright Office，Compendium of U. S. Copyright Office Practices sec. 313. 2（3d ed. 2021），https：//www. copyright. gov/comp3/，last visited 19/02/2024.

关的版权政策问题发表意见和提供技术证据。此次意见征询设定在三个议题的范围内：文本和数据挖掘以及机器学习模型的训练，人工智能生成和辅助作品的著作权归属，人工智能系统的商业化以及由此产生的侵权责任[①]。

（二）国内有关规定

2017 年 7 月，国务院出台《新一代人工智能发展规划》，明确提出"制定促进人工智能发展的法律法规和伦理规范"。2022 年 8 月，深圳市出台《深圳经济特区人工智能产业促进条例》，这是全国首个关于人工智能治理的地方性法规。随后，上海市出台了《上海市促进人工智能产业发展条例》。2023 年 6 月，国务院办公厅印发《国务院 2023 年度立法工作计划》，明确提出"预备提请全国人大常委会审议人工智能法草案"。2023 年 7 月，《生成式人工智能服务管理暂行办法》正式出台，成为全球首个针对生成式人工智能的专门法案。2023 年 8 月，由学者牵头起草的《人工智能法（示范法）1.0》（专家建议稿）公布，标志着我国人工智能立法正式迈入大规模集中立法的新阶段。

（三）当前规制方式的不足

第一，随着人工智能的迭代升级，我国现存的法律法规也出现了迭代现象，即当现行法律法规无法通过一般解释来应对新生的人工智能产业时，就通过发布新规的方式填补漏洞。相关法律法规的规制客体可能会在外延上产生重叠与错乱，导致监管的有效性降低。

第二，我国进行人工智能产业监管的主体过多，在增加行政负担的同时造成资源分散与效率低下。目前我国人工智能治理采取特殊领域特殊立法的模式，即分别由不同监管主体针对不同类型的人工智能产品与服务制定不同

[①] Innovation, Science and Economic Development Canada, Consultation paper: Consultation on Copyright in the Age of Generative Artificial Intelligence at 2.2, https://ised-isde.canada.ca/site/strategic-policy-sector/en/marketplace-framework-policy/consultation-paper-consultation-copyright-age-generative-artificial-intelligence#fn53, last visited 19/02/2024.

的法规，具体有《互联网信息服务算法推荐管理规定》《互联网信息服务深度合成管理规定》《生成式人工智能服务管理暂行办法》等。虽然这样的立法模式颇具专业性，但多监管主体的存在可能导致监管冲突与不一致的情况攀升。同时，多监管主体也意味着企业需要与更多的政府机构进行互动，显著增加了企业合规成本，进而可能导致企业选择性地规避可能引发监管问题的新领域，对整个产业的创新活力造成影响。

第三，当前的规定存在疏漏与脱离实际的问题，不足以有效应对实践中出现的生成式人工智能相关风险。例如，在规定疏漏方面，《生成式人工智能服务管理暂行办法》第 6 条、第 8 条、第 17 条等规定的算法程序性规制方案，均属于风险预防性措施。虽然构建了较为完整的规制体系，但是这些规定不能合理回避某个具体算法损害的发生，也无法对已经发生的算法损害提供可行、可感的修复①。因此，在人工智能生成带有偏见的不当内容后，前述方案可能不能提供有效的救济途径。在脱离实际方面，《生成式人工智能服务管理暂行办法》第 7 条规定，人工智能服务研发方需要保证训练数据的"真实性、准确性、客观性、多样性"。对于动辄调动数十亿网页内容的大语言模型而言，这根本是不可能完成的任务。

三 生成式人工智能法律风险的应对

立足于我国产业发展现状，结合现行生成式人工智能规制手段暴露的问题，以及生成式人工智能在发展过程中显现的数据风险、技术垄断风险以及知识产权风险，笔者从以下三个方面提出我国应对生成式人工智能风险的完善举措。

（一）逐步构建综合性人工智能立法

欧盟《人工智能法案》采取了横向方法，通过该法案实行人工智能的

---

① 王莹：《算法侵害责任框架刍议》，《中国法学》2022 年第 3 期。

全面治理。具体以风险为路径，基于人工智能系统预期的用途、使用场景等，将人工智能系统的应用场景划分为四个风险等级，主要规制高风险人工智能技术提供者的行为。这种以风险为路径的分级监管方式可以给我国的人工智能治理提供参考。生成式人工智能属于人工智能的子集，其专注于内容创作领域，与其他人工智能系统共享机器学习、深度学习、神经网络等一系列技术基础，也同样具备数据收集与处理、模型选择与训练、性能评估与调整等开发流程。生成式人工智能与普通人工智能都隶属于人工智能领域，二者同样面临数据、技术垄断以及知识产权风险，只是风险的等级发生了变化。如果将生成式人工智能视作独立存在的新风险，在逻辑层面无法自恰。与此同时，虽然生成式人工智能较普通人工智能风险系数更大，但风险等级的确立应当综合考虑所有现存的人工智能，这样才能保持对人工智能风险评估的一致性，为此应逐步构建综合性人工智能立法。

人工智能领域的通用立法一直饱受争议，主要是由于在各行业应用人工智能风险差异较大的前提下，贸然用普遍规则来规制多行业人工智能技术应用，很可能掣肘人工智能技术发展。自 2021 年以来，我国已经陆续深入算法推荐、深度合成、人工智能领域推出针对性立法，这种立法方式更倾向于是一种行业规制，虽然可以深入各具体场景规制新技术的使用，但《人工智能法案》这样作为顶层设计的综合性人工智能立法仍然是未来人工智能治理领域不可或缺的内容。2023 年 8 月，中国社会科学院国情调研重大项目"我国人工智能伦理审查和监管制度建设状况调研"起草组发布了《人工智能法示范法 1.0（专家建议稿）》。期待未来新情况、新技术、新问题出现时，会有专门的中央立法提供一般性监管要求。

（二）提升各管理机构的衔接效率

如前所述，目前《互联网信息服务算法推荐管理规定》《互联网信息服务深度合成管理规定》《生成式人工智能服务管理暂行办法》三者共同参与生成式人工智能的治理。但这种跨部门的治理模式可能产生监管措施无法关联、资源分散、相互推诿等问题，从而难以形成统一合力应对生成式人工智能的监管。在统一的人工智能法颁布前，应当合理协调各部门的职权分工，缓解碎片化治理困境。首先，应当明确国家互联网信息办公室在生成式人工智能风险治理工作中的主导地位，由其开展总揽全局的协调与统筹工作。其次，明确参与治理工作的各部门的职能边界，进一步推动生成式人工智能治理工作的协同执行，实现各环节顺利高效衔接。最后，各相关部门应当加速构建部门间的日常联系机制，明确可对相关工作进行部署的日常联络机构，并建立协调会商机制，强化参与各方的信息共享环节。在此基础上，对工作过程中的新情况、新问题加强沟通联系，着力推进各部门处理生成式人工智能风险治理工作的水平。

（三）尽量以现有法律应对新型纠纷

生成式人工智能造成的知识产权风险尽管属于技术进步带来的新型社会治理风险，但究其根本并未突破原有的法律框架，没有必要通过新立法进行回应。在现有知识产权体系下，对人工智能生成内容的著作权侵权行为，可以适用著作权许可使用的相关规定或合理使用进行处理。对人工智能生成内容则可以遵循客观标准承认其可著作权性，参照我国现行《著作权法》进行保护。对人工智能生成内容作者的认定也可以参照法人作品进行。

四 结语

人工智能或许永远无法彻底满足人类的个性化需求，通用人工智能可能只是虚无缥缈的梦想。但人工智能的工业化使用潜力已经清晰地展现在人类面前，在可预见的未来，人工智能注定将代替大量一般性的体力与脑力劳动工作者，冲击无数行业，重塑人类的工作与生活场景，加快人类文明的演进速度。在新时代的洪流中涌现的人工智能风险十分严峻，其解决亦需要投入巨大的精力。随着技术的发展与法律的完善，会有更多的指导原则与实践案例出现，帮助平衡创新的推进、公民权利的保护以及行业的发展。监管不会让技术独行，我们必须承认风险的客观存在，并在人工智能的不断迭代中保持监管的前瞻性，完善相关制度，在更多样化的人工智能应用场景中主动寻求兼顾安全性与灵活性的保护措施。

参考文献

冯晓青：《数字时代的知识产权法》，《数字法治》2023 年第 3 期。

刘康：《基于技术存在形式的技术垄断研究》，《科技进步与对策》2022 年第 1 期。

廖斯：《论人工智能创作物的独创性构成与权利归属》，《西北民族大学学报》（哲学社会科学版）2020 年第 2 期。

刘银良：《论人工智能作品的著作权法地位》，《政治与法律》2020 年第 3 期。

王莹：《算法侵害责任框架刍议》，《中国法学》2022 年第 3 期。

B.21
2023年隐私与数据安全保护：
总结与展望

唐树源　支振锋*

摘　要：　2023年，数据安全和隐私保护成为全球共同关注的焦点。我国是"数据大国"，在全速建设"数字中国"过程中，数据流通利用也带来了安全治理和个人隐私保护方面新的风险与挑战，需要制定灵活的法律框架以适应新一轮技术革命与产业变革，构建智能化隐私风险预测与管理体系等，促进数据安全、隐私保护与数据创新应用稳健发展，充分发挥数据要素乘数效应。

关键词：　智能互联网　隐私与数据安全　数据治理

在数字经济高速发展的当下，新兴技术如人工智能、隐私计算、人形机器人、区块链、元宇宙等正在深刻改变社会与经济结构，同时也催生了诸多新产业。例如，人工智能的进步不仅仅局限于提高处理速度或效率，也正在重塑人们的工作方式、思考模式甚至是创造力。人工智能不仅在文本生成、图像和视频创作方面取得了显著进展，还在自然语言处理、深度学习、机器视觉等领域实现了技术突破。Chat GPT-4的发布标志着大模型在理解和生成人类语言能力上的巨大飞跃，同时也为自动化编程、内容创作、数据分析等应用开辟了新天地。在实际应用方面，人工智能技术已经深入医疗健康、

---

　*　唐树源，上海杉达学院数字商法研究中心研究员、数字商务研究中心副主任，主要研究方向为数字法学、网络信息法学等；支振锋，中国社会科学院法学研究所研究员，主要研究方向为法治理论、数字法治。

自动驾驶汽车、智能制造、金融服务等行业，不仅提高了效率和精确度，也在某种程度上改变了行业的运作模式。

然而，新技术的应用及新产业的兴起，也给隐私和数据安全带来了前所未有的挑战。特别是在隐私保护、跨境数据流动、网络安全等领域，传统的数据安全技术显得力不从心，未来数据安全技术的发展将朝着智能化、综合化方向发展，数据安全技术需要不断创新，以适应新产业发展的需求。

一　2023年隐私与数据安全发展状况

（一）全球视角下的隐私与数据安全

1. 人工智能发展对隐私和数据安全提出更高要求

2023年是人工智能大模型爆发式增长的一年，国产大模型亦增长迅猛。据不完全统计，截至2023年11月，国产大模型有188个，其中通用大模型27个，大多数已向全社会开放服务。基于2200家人工智能骨干企业的关系数据量化分析表明，我国人工智能已广泛赋能智慧金融、智慧医疗、智能制造、智慧能源等19个应用领域。[①] 人工智能正在从以"以模型为中心"转向为"以数据为中心"。一方面，大模型训练数据集规模持续增长，GPT-4的模型参数总共有1.8万亿，OpenAI大约在13万亿token数据上训练了GPT-4。[②] 另一方面，高质量的数据成为大模型的迫切需求，当前数据质量参差不齐、内容陈旧，隐私泄露、网络攻击、数据滥用等问题频发，给个人隐私和各类数据安全带来严重威胁。

2. 全球隐私和数据安全立法加速

随着数字技术的快速发展，数据安全和隐私保护成为全球共同关注

[①] 赛迪智库：《2024年我国人工智能产业发展形势展望》，https://docs.qq.com/pdf/DVm1pdUtKZnFaRW9K。

[②] DYLAN PATEL AND GERALD WONG，GPT-4 Architecture，Infrastructure，Training Dataset，Costs，Vision，MoE，https://www.semianalysis.com/p/gpt-4-architecture-infrastructure? nthPub=11.

的焦点。2023 年，全球隐私与数据安全立法快速发展。在个人信息保护领域，相关立法特别是重点领域和新兴领域个人信息保护持续细化和丰富。如欧盟数据保护委员会发布《通用数据保护条例》（GDPR）第 3 条和第 5 章数据跨境条款的应用指南、向社交媒体用户建议如何识别欺骗性设计的指南、认证作为数据跨境工具的指南，不断细化个人信息保护的相关规则。韩国发布《个人信息保护法》修正案，英国发布《数据保护和数字信息法案》第二次修订案。此外，越南和印度颁布各自的个人数据保护相关法律。

在加强数据跨境流动的规制与合作方面，一是完善数据跨境流动规则。如英国发布的《数据保护和数字信息法案》第二次修订案中，规定满足英国政府的"数据保护测试"即可将英国个人数据转移至其他国家和国际组织，并认可法案生效前已经合法进行的国际贸易和数据跨境流动。其他国家诸如白俄罗斯、印度、以色列、泰国、韩国等均发布相关数据跨境流动规则。二是通过国家间合作促进数据合法流动。如"欧盟—美国数据隐私框架"明确个人数据从欧盟传输至美国企业时，美国企业不再需要采取充分性决定要求以外的安全措施。这些举措旨在平衡数据利用与个人隐私保护之间的关系，推动全球数据治理体系的建立与完善。

在探索数据共享与流通的法律框架方面，相关国家和国际组织积极推动建立数据共享机制，以促进科研、经济和社会发展，充分挖掘数据价值。如欧盟《数据法案》旨在明确数据访问、共享和使用的规则，规定获取数据的主体和条件，使更多私营和公共实体能够共享数据。美国白宫科技政策办公室发布的《促进数据共享与分析中的隐私保护国家战略》，提出在数据的分析与共享中通过隐私增强技术加强对隐私的保护，促进数据潜力释放，以技术手段推动公共和私营部门数据共享。

（二）中国隐私与数据安全现状

网络威胁层出不穷，网络攻击愈演愈烈，数据泄露风险突出。据天津国家计算机病毒应急处理中心统计，2023 年一季度，教育、卫健、金融等行业是数据泄露较大的行业，遭泄露数据仍以公民个人信息为主。① 面对多重风险挑战，中国扎实推进中国特色数据基础制度体系建设，强化数据安全保障体系，充分激发数据要素内在价值，全面赋能经济社会发展。

2022 年底，我国发布《中共中央　国务院关于构建数据基础制度更好发挥数据要素作用的意见》，从数据产权、流通、交易、使用、分配、治理、安全等角度提出构建有利于数据安全保护、有效利用、合规流通的数据基础制度。2023 年 2 月，《数字中国建设整体布局规划》指出，畅通数据资源大循环是数字中国建设的两大基础之一，要构建国家数据管理体制机制，健全各级数据统筹管理机构，推动公共数据汇聚利用，释放商业数据价值潜能。根据 2023 年 3 月《党和国家机构改革方案》的部署，我国组建了国家数据局，负责协调推进数据基础制度建设，统筹数据资源整合共享和开发利用，统筹推进数字中国、数字经济、数字社会规划和建设等工作。

在数据跨境流动方面，2023 年 2 月，国家互联网信息办公室出台《个人信息出境标准合同办法》，细化通过标准合同向境外提供个人信息的场景，明确了个人信息保护影响评估的评估要素，并规定了个人信息处理者对个人信息出境标准合同进行备案的要求。2023 年 9 月，国家互联网信息办公室发布《规范和促进数据跨境流动规定（征求意见稿）》，旨在保障国家数据安全，保护个人信息权益，进一步规范和促进数据依法有序自由流动，探索为企业数据跨境流动"减负"立法。

在数据安全管理方面，细化重点领域的数据安全管理要求，特别是在工业和信息化领域和金融领域。2023 年 1 月，《工业和信息化领域数据安全管理办法（试行）》正式实施，明确了工业和信息化领域数据安全"谁来管、管什么、怎么管"的问题，确定了工业和信息化领域数据分类分级管理、重要数据识别与备案相关要求。针对不同级别的数据，在数据处理全生命周期的不同环节规定相应安全管理和保护要求。2023 年 10 月，工业和信息化部发布了《工业和信息化领域数据安全风险评估实施细则（试

① 中国网络空间研究院：《中国互联网发展报告 2023》，商务印书馆，2023，第 7 页。

行）（征求意见稿）》，明确了工业和信息领域重要数据和核心数据处理者开展数据安全风险评估的评估内容、评估期限、评估方式、评估报送等具体要求，为相关数据处理者开展数据安全风险评估提供了实践指引。2023年11月，工业和信息化部公开征求对《工业和信息化领域数据安全行政处罚裁量指引（试行）（征求意见稿）》的意见，对工业和信息化领域数据安全行政处罚管辖规则、处罚情形、裁量权适用规则等进行了具体规定，进一步提升了数据安全相关立法的实施效果。2023年7月，中国人民银行发布《中国人民银行业务领域数据安全管理办法（征求意见稿）》，明确中国人民银行业务领域数据定义，确定了数据分级分层的标准及划分级别，针对数据收集、存储、使用、加工、传输、提供、公开和删除各环节明确数据安全保护要求，细化风险监测、评估审计、安全事件处置等制度规则。

（三）行业新发展中的隐私与数据安全

当前，我国正从"数据大国"向"数字中国"全速前进，数据要素与新兴技术交织融合，数据价值与行业发展相互交错，数据引擎正在被注入巨大动能。[①] 隐私与数据安全关乎到"千行百业"的安全和发展。

在公共服务的实践方面，公共数据的共享流通是当前数据要素价值开发中的热点领域。公共数据开放性增强，确保数据流通平台的安全性变得尤为重要。这要求建立严格的数据管理框架，采用加密技术保护数据传输过程，同时通过合规性审核确保数据使用符合法律法规等相关要求。

在金融行业的实践方面，行业向来高度重视金融消费者的隐私与数据安全，行业标准和规范也较为全面。金融机构一般通过采取加密传输、安全存储等技术手段保护数据不被非法获取。同时，通过实施严格的内部数据访问控制和审计流程，确保只有授权人员才能访问敏感数据。此外，反洗钱和反

---

① 中国信息通信研究院：《数据要素白皮书（2023年）》，http://www.caict.ac.cn/kxyj/qwfb/bps/202309/P020231103487803108185.pdf。

欺诈工作中也会运用人工智能和大数据技术实时监测，优化风险管理和客户服务，提升安全性和客户体验。

在医疗卫生行业的实践方面，面临的最大隐私挑战是如何在确保患者隐私的同时，促进医疗数据的有效利用。患者数据的敏感性要求医疗机构采取额外的保护措施，以防数据泄露或被非法访问。通过实施严格的数据访问控制、加密技术和匿名化处理，医疗行业能够在保护个人隐私的基础上，实现数据的安全共享。此外，引入区块链技术可以进一步增强数据共享的安全性和透明度，确保数据在传输过程中的不可篡改性。

在教育行业的实践方面，教育机构承担着保护学生个人信息的重要责任。实践中，采用加密技术保障学生信息在存储和传输过程中的安全，同时，通过实施访问控制和身份验证机制，确保只有授权人员能够访问这些信息。随着数字化学习资源和在线教育平台的发展，教育数据的安全管理变得尤为关键。这包括对教育平台的定期安全评估，使用安全的云存储服务，以及实施网络安全策略来防御恶意软件和网络攻击。教育机构应建立数据泄露应对机制，以便在数据安全事件发生时迅速采取行动，减少损失。

在企业数据安全的实践方面，企业必须建立全面的数据安全战略，这包括对所有数据资产进行分类和风险评估，以确定保护措施的优先级。实施多层防御机制，如防火墙、入侵检测系统、数据加密和定期的安全审计来防止数据泄露和其他安全威胁。同时，制订应急计划以应对数据安全事件，确保快速响应和恢复。

二　隐私与数据安全面临的关键问题

（一）新兴技术带来的新挑战、新风险

人工智能等新兴技术的迅猛发展，虽然在提高效率和创新方面发挥了巨大作用，却也带来了前所未有的隐私和数据安全挑战。特别是在大数据分析和机器学习领域，隐私数据的大规模收集和处理可能会侵犯隐私权，同时增

加数据被滥用的风险。以生成式人工智能为例，GPT-4 等大模型的训练需要天文级数据，"喂数据"和生成的全过程都可能产生侵权和数据泄露等风险。数据安全风险方面，随着越来越多的行业和领域接入人工智能生成式大语言模型，数据泄露和合规风险日益突出，作为生产要素的数据一旦泄露，将给企业、行业带来巨大的经济和声誉损失。尤其是对于 ChatGPT、双子座（Gemini）等服务器在海外的模型，如果在使用过程中输入敏感数据，可能引发数据跨境流动的安全问题，会带来数据安全甚至国家安全威胁。[①]

科技发展和数字化进程令隐私权面临威胁。数据滥用将侵犯公民权利。各国政府已认识到敏感数据及其滥用带来的安全问题，并致力于加强监管。但以国家安全名义过度收集并滥用数据的潜在威胁尚未得到充分关注。政府未来需权衡科技创新与数据安全。数据收集与流动对科技创新及自动化至关重要，但未来政府将更难权衡数据应用带来的创新优势与隐私权损害。同时，随着数据日益集中在部分私营企业手中，政府或将加速实施数据开放政策，这有利于推动广泛创新，但可能引发更大规模的隐私泄露。[②]

（二）数据安全管理的缺陷与挑战

数据安全管理的缺陷与挑战主要包括技术基础设施的薄弱、缺乏全面的安全政策、员工安全意识不足、人才短缺、对新兴技术威胁的反应滞后以及多重风险交织叠加、潜在安全风险不易评估等。这些问题不仅增加了数据泄露的风险，也使得管理方难以有效应对日益复杂的网络安全威胁。

具体而言，许多组织的信息技术基础设施没有充分更新，缺乏必要的安全措施，如防火墙、入侵检测系统等，使得数据容易受到攻击。还有，缺少全面、系统的安全政策和执行计划，使得数据保护措施不能全面覆盖，导致

---

① 支振锋：《生成式人工智能大模型的信息内容治理》，《政法论坛》2023 年第 4 期，第 34～48 页。

② 世界经济论坛（WEF）：《2023 年全球风险报告》（*Global Risk Report 2023*），https：//cn. weforum. org/reports/global-risks-report-2023。

安全漏洞。另外，员工可能因为缺乏足够的数据安全培训而不了解如何正确处理敏感数据，或者不知道如何识别和防范网络安全威胁，增加了安全风险。此外，随着业务持续数字化，数据量的快速增长对数据安全管理提出了更高要求，而许多组织在数据分类、处理和存储方面存在不足，进一步放大了安全管理的挑战。

随着数据安全和隐私保护的重要性日益凸显，相关领域的专业人才短缺成为制约行业发展的一个重要因素。缺乏足够的专业知识和技能来应对复杂的数据安全挑战，使得很多组织难以有效执行数据保护策略。

而就风险本身而言，一是新兴技术风险在有限时空集中释放，应对准备时间不足。如 2023 年 3 月，未来生命研究所公布千余名科技人员的签名信，呼吁所有实验室立即暂停训练比 GPT-4 更强大的 AI 系统至少 6 个月，为应对人工智能风险争取时间。二是与网络安全、信息安全等多重风险交织叠加。三是潜在安全风险不易评估。目前各方对人工智能开发应用如何平衡创新和风险还存异议，"人工智能将毁灭世界"和"人工智能风险总体可控"两种观点均有拥趸。①

（三）现有技术难以保障数据安全

随着网络攻击技术的不断进步，现有的数据安全防护措施（如防火墙、加密技术等）越来越难以应对新型网络威胁，数据泄露事件频发。智能互联网时代数据量的爆炸性增长也使得数据的有效监控和管理变得更加困难。特别是云计算、物联网、隐私计算技术等新兴技术虽然带来了便利，但也引入了新的安全威胁，如数据在云端的安全存储和传输问题，以及物联网设备的安全漏洞等。隐私计算技术旨在在数据利用和隐私保护之间找到平衡点。然而，这些技术的实际应用过程中存在诸多挑战，包括技术成熟度、成本以及与现有系统的兼容性等问题。

---

① 中国信息通信研究院：《全球数字治理白皮书（2023 年）》，http://www.caict.ac.cn/kxyj/qwfb/bps/202401/P020240109492552259509.pdf。

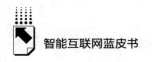

（四）隐私和数据安全的法律规制面临挑战

2023 年是以人工智能为代表的新兴技术迅猛发展的一年，技术的突破和应用的广泛化进一步加大了数据处理的复杂性。随着多起数据泄露事件的发生，公众对个人数据的保护意识显著提高。而法律制定者面临着如何在不抑制技术创新发展的同时，保护个人隐私和数据安全的双重挑战。此外，法律法规等不仅要保护数据安全，还需保障数据主体的知情权和控制权。

随着数字经济的全球化，数据跨境流动成为常态，但国际缺乏统一的数据治理框架。不同国家和地区之间法律标准的差异依然是数据跨境流通企业面临的一大挑战。全球各方数据治理模式分歧长期存在，美国自由主义立场有所收缩。尽管各方在数据治理政策协调上仍有难度，但围绕特定类型数据流动、隐私安全技术、大数据与发展等领域的合作仍有长足空间。①

我国与其他国家的隐私和数据保护相关法规政策等尚存在不同，特别是在数据跨境流动方面存在一定障碍。国内在建立、普及与数据安全相关的技术标准和实施细则执行方面仍需加强。隐私和数据安全的法律规制不仅需要跟上技术发展的步伐，还需加强国际合作，形成统一或兼容的数据保护标准。此外，国内法规体系与技术标准的完善，尤其是在监管机制和技术指南的具体落实方面，是提升数据安全与隐私保护水平的关键。

三 强化隐私与数据安全保障的趋势与建议

（一）制定灵活的法律框架以适应技术变革

1. 迭代式法律规制更新机制

严守数据安全底线需要平衡技术变革与法律规制的滞后问题，因而可以

---

① 中国信息通信研究院：《全球数字治理白皮书（2023 年）》，http：//www.caict.ac.cn/kxyj/qwfb/bps/202401/P020240109492552259509.pdf。

建立动态调整的法律更新框架，设计一套法律更新的动态机制，允许法律法规及相关政策根据技术发展和社会变革的需要进行快速调整。这种机制应包括定期审查现有法律法规的有效性、预测新兴技术可能带来的挑战以及快速响应社会需求的程序。

畅通新兴领域立法工作机制，明确主管部门立法工作职责，根据规制内容和性质判定立法层级和种类，对于新问题亟待解决之时有一套行之有效的立法流程和制度，如政策文件、部门规章、司法解释、行业和国家标准以及更高层级的立法都需要分类对应不同情形的规制对象。此外，利用数据分析、专家咨询等手段，对新兴技术趋势进行预测，并在此基础上进行前瞻性立法。

2. 加大法规执行和监管力度

近年来，国内外在隐私和数据安全领域的执法处罚力度逐步加大，加强隐私保护和数据安全已成为全球共识。因而，法规执行过程中需要建立和完善跨部门合作机制，形成统一高效的数据安全和隐私保护监管体系。如在数据主管部门、网信部门、市场监督、网络安全、消费者权益保护等多个领域的主管部门之间建立信息共享和联合执法的机制。通过制定明确的法律责任和处罚措施，加大对违法行为的惩处力度。面对突发的数据安全事件，需要有快速响应机制，以便监管部门能够及时采取措施，最大限度地减少损害。

此类执法监督需要重视技术赋能，提升监管部门的技术能力，包括采用大数据分析、人工智能等技术手段来辅助监管和执法，提高监管的效率和准确性，更好地应对复杂多变的数据安全挑战。

3. 推进隐私计算技术的规范化与标准化

隐私计算技术在赋能数据要素发挥更大价值的时候，需要处理好个人信息保护与利用的矛盾、数据流通中各主体不信任引发"囚徒困境"和处理个人信息的合法性基础问题。[①] 隐私计算技术作为数据安全和隐私保护的重

---

① 唐树源：《隐私计算技术赋能个人信息保护的风险及其规制》，《上海法学研究》2022年第20卷。

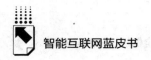

要工具，需要不断提高计算效率，更多地向技术融合方向发展，如同态加密与安全多方计算的结合，联邦学习与差分隐私的整合，以期在保证数据隐私的同时，提高计算效率和数据可用性。

此外，隐私计算技术相关的标准化和规范化工作也将成为重要趋势，以确保技术的安全可靠性和互操作性。还有，相应的法律法规和伦理指导也需要不断完善，为隐私计算技术的健康发展提供指导和保障。

4. 建立健全数据安全治理体系

当前数据安全的相关规定仍然比较分散，集中在特定行业和领域，需要制定全面的数据治理政策，涵盖数据的收集、存储、使用、加工、传输、提供、公开等全过程。详细规定数据处理的标准和流程，确保数据处理活动的合法性、正当性和安全性。

同时，数据安全治理体系的建立需要多方利益相关者的参与，包括立法和监管部门、行业监管机构、数据处理者、技术供应商和服务提供商、学术界和研究机构、行业协会和标准化组织、民间组织和公众等。特别是重点领域要先行先试，积累数据安全治理经验，保障国家安全、网络安全和社会安全。

此外，还要在全社会范围内推广数据安全意识和文化，通过教育、培训和宣传等方式，提高公众和企业对数据安全的认识和重视。强化数据安全的社会责任感，形成全社会共同维护数据安全的良好氛围。

（二）构建智能化隐私风险预测与管理体系

1. 利用人工智能实现隐私风险动态评估与预警

建立一个综合的隐私风险评估框架，整合多维度的数据输入，包括但不限于用户行为数据、系统访问日志、网络流量数据等。利用机器学习算法分析这些数据，识别出潜在的隐私风险模式和异常行为。

基于上述评估框架，开发实时预警系统。该系统能够在检测到异常行为或潜在风险时，立即通知管理人员或自动采取预定的保护措施。例如，当系统检测到不正常的数据访问行为时，可以自动限制该行为所涉及账户的数据访问权限，并立即发出预警。

2.利用自适应隐私保护机制实现个性化数据保护

在智能化隐私风险管理体系中，另一个关键组成部分是能够根据用户的行为和偏好提供个性化的隐私保护机制。这要求系统能够收集和分析用户的隐私偏好设置，并结合隐私风险评估结果，动态调整数据保护措施。

基于用户的隐私偏好和实时风险评估结果，自适应机制能够自动调整数据访问权限、数据加密强度等保护措施。例如，对于高风险操作，系统可以要求双重验证或增强数据加密；而对于低风险操作，则可以提供更为灵活的访问权限，以提升用户体验。

为了确保个性化隐私保护机制的有效性，必须建立一个反馈机制，让用户能够对保护措施的适用性和侵扰性提供反馈。系统应根据用户反馈进一步调整隐私保护策略，实现真正意义上的个性化保护。

（三）加强数据安全防护与专业服务培育

1.推动数据安全产品的创新与定制化发展

数据赋能千行百业，但又内藏风险。因而需要数据安全产品和服务来解决这一问题。根据不同层次的数据安全需求，开发一系列产品，包括数据加密工具、数据泄露防护软件、数据访问控制系统等。这些产品应涵盖数据处理的各个环节，为用户提供全方位的数据安全保护。

利用人工智能技术，开发智能化的数据安全产品，如自适应安全防御系统、预测性威胁情报分析、区块链驱动的数据完整性保护、隐私保护深度学习模型、智能合约的数据访问控制等，不断提高数据安全管理的效率和精准度。

还可以针对不同行业和企业的特定需求，提供定制化的数据安全产品开发服务。通过深入了解用户的业务流程和数据安全需求，定制开发适合其特定场景的安全解决方案。如在未成年人使用场景的数据安全产品中，需要平衡产品应用与数据安全，一个智能电话通常集打电话、计时、定位、聊天、视频通话、音乐点播、百科问答、拍照发好友圈、留言评论、扫码支付、心

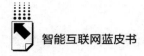
率检测、益智游戏等多功能于一体。随着穿戴型智能设备功能不断发展，以及个人信息保护法的正式实施，确保产品的功能体验与个人信息采集的安全性备受重视。①

2. 深化数据安全服务体系的专业化与整合

培育一支专业的数据安全服务团队，包括数据保护专家、系统安全工程师、法律顾问等，为客户提供专业的咨询、评估、整合与实施服务。提供包括安全咨询、风险评估、安全设计、实施部署、运营维护和应急响应等在内的全方位数据安全服务。通过提供一站式服务，帮助企业和组织构建和优化其数据安全防护体系。

举办数据安全培训和教育活动，提升企业和公众的数据安全意识和技能。定期更新培训内容，反映最新的数据安全威胁和防护策略。搭建数据安全服务交流平台，促进行业内外的交流和合作。通过举办研讨会、工作坊、竞赛等活动，分享数据安全的最新趋势、技术和案例，推动数据安全技术和服务的创新发展。

（四）促进隐私保护与数据安全的创新应用

1. 创新与定制化的隐私保障技术

建立隐私增强技术实验室，探索和测试隐私增强技术（PETs）如同态加密、安全多方计算（SMC）、零知识证明等在实际应用场景中的可行性和效率。联合学术机构、行业领导者和政府部门共同投资建立实验室，聚焦于隐私计算和可信数据空间的创新应用。通过模拟真实世界的数据处理场景，验证技术的实用性和安全性，同时确保技术更新能够迅速响应市场和法规的变化。

通过人工智能技术开发虚拟隐私助手，帮助用户管理和优化他们的数据共享偏好，同时提高他们对隐私保护措施的认知和掌握。利用机器学习和自

---

① 人民数据研究院：《我国未成年人数据保护蓝皮书（2023）》，https：//www.peopledata.com.cn/html/NEWS/Dynamics/3217.html。

然语言处理技术，开发对用户友好的虚拟隐私助手，使其能够根据与用户的互动学习及隐私偏好，提供个性化的数据保护建议。助手还可以向用户展示有关数据安全的最佳实践，增强公众的隐私意识。

2. 构建安全可信的数据流通环境

数据对现代经济至关重要，数据安全必须是数据充分开发利用背景下的安全。① 加强区块链在数据安全中的应用，利用区块链技术建立透明、不可篡改的数据处理和共享记录，增强数据流通的安全性和可信度。在关键的数据交换点部署区块链技术，为数据交易和处理活动提供一个可验证、可追溯的记录系统。通过智能合约自动执行数据共享协议，确保数据在各方之间安全、合规地流通。

推进可信数据空间的建设，构建支持跨领域数据共享的可信数据空间，确保数据在收集、存储、处理和传输过程中的安全与隐私。开发统一的数据管理框架和标准，支持数据的安全标签和分类，实施细粒度的访问控制。通过建立数据审计和监管机制，保障数据空间的透明度和可信赖性。

参考文献

支振锋：《贡献数据安全立法的中国方案》，《信息安全与通信保密》2020年第8期。

中国信息通信研究院：《数据要素白皮书（2023年）》，2023年9月。

中国信息通信研究院：《全球数字治理白皮书（2023年）》，2024年1月。

---

① 支振锋：《贡献数据安全立法的中国方案》，《信息安全与通信保密》2020年第8期，第2~8页。

B.22
多模态大模型在企业智能化过程中的应用研究

顾旭光[*]

摘　要： 大模型与企业智能化转型相结合，不仅可以加速企业数字化转型进程和提升企业智能化运营水平，而且将为大模型在更广泛的领域应用打开新思路。本文通过对中国企业智能化转型的现状以及企业大模型技术方案的研究，为中国企业在大模型应用领域提供可行的方法和解决方案，并对基于AI原生的企业架构提出可实施方案和路径。以大模型为基础的新一代人工智能技术将重构企业架构，推动中国企业的智能化转型走向深入，提升企业的运营水平，降本增效，激发业务模式创新从而形成新质生产力。

关键词： 多模态大模型　数字化转型　人工智能　新一代信息技术　智能化

伴随着中国工业体系的现代化进程升级加速，我国企业的数字化正在快速步入智能化阶段。企业的智能化转型，不仅在重构自身的业务系统，而且这次以人工智能（AI）为核心技术能力的重构，对建设中国特色的现代化工业体系，推动产业升级具有重要的意义。随着企业业务体系的数字化重构和智能化运营的完成，企业不仅将进入智能决策的高质量发展阶段，同时也将推动全社会新质生产力水平的提升。

---

* 顾旭光，联想集团中国区方案服务业务群产品中心首席技术官、高级总监。

一 我国企业智能化转型进入全域全流程智能化新阶段

以人工智能为代表的新一代信息技术的迅猛发展，为企业的数字化转型带来了前所未有的机遇。

从我国企业数字化转型的经验来看，通过与人工智能等新一代信息技术的融合，企业正在形成以数据为核心，实现对企业全业务、全流程和全成长周期的数字化重构，提升核心竞争力。

在新一代信息技术的发展过程中，人工智能的迅速发展，给企业数字化转型带来的价值尤为突出，人工智能在企业的数字化创新和智能化运营方面，为企业释放生产力和人才价值展现出了巨大的潜力。

无论是传统制造业还是商业机构，人工智能在我国企业数字化转型中的应用，一方面极大地提升了劳动效率，另一方面通过对企业数据的挖掘、分析、处理，通过算法系统让原来依靠经验来决策的企业流程，逐步向智能辅助决策方向迈进。智能营销、智能风控、智能仓储、智能物流等一系列智能场景化的信息系统开始大规模应用，让企业的智能化运营成为可能。

同时大模型（Large Models）技术的成熟，为我国企业人工智能的应用打开了低开发成本和高效率部署的路径，企业的数据正成为核心资产，通过企业数据的模型化处理，企业的数字化创新也迎来新的发展阶段。

企业日益增长的应对复杂环境中对数字化核心竞争力提升的需求，以及快速发展的新一代信息技术带来的数字化技术驱动力，让我国企业的数字化从局部化、功能化和单一场景化的智能化，开始向全面协同、全域、全流程智能化方向发展。对企业的数字化进程而言，我国企业的数字化已经进入了更为复杂的数字重构阶段，而这一阶段，需要企业在数字化转型的过程中，实现企业生产、经营、管理等诸多方面的全域全流程智能化，从而形成以AI原生为特征的企业信息系统架构。

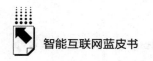

二 大模型的企业应用价值及应用场景

近几年，OPEN AI 的 ChatGPT 和谷歌 Gemini 的出现和快速迭代，让大模型成为目前最具产业价值的技术方向。与此同时，我国多模态大模型的发展也呈现井喷之势，两三年间，我国企业推出了超过 230 余个通用大模型，百度、阿里、腾讯、智谱华章、百川智能等企业以及清华等科研院所都发布了通用大模型。多模态大模型的发展，给我国的企业数字化转型提供了一条更为广阔的 AI 应用之道，为企业的数字化转型提供了全新的思维方式和创新理念。

一般认为，人工智能大模型，是指通过在海量数据上依托强大算力资源进行训练后能完成大量不同下游任务的模型。在技术层面上，大模型采用"预训练+指令微调+人工反馈的强化学习"的训练范式[①]，本质上是一个使用海量数据训练而成的深度神经网络模型。

由基础大模型衍生的行业大模型是利用不同产业的专业知识对通用大模型进行微调，更好地满足能源、金融、制造、交通物流、教育等不同领域的产业升级需求[②]。行业大模型应用则是在行业大模型基础上，聚焦产业中的细分场景实现的具体应用。同时行业大模型的构建与应用，将有力推动产业智能化发展，促进我国数字经济转型升级。

企业大模型是利用企业自身的知识库并结合企业的使用场景，根据需求对基础大模型进行了充分的优化调整和自有知识库训练，可广泛应用于企业的生产经营活动中的定制化、本地化或混合方式部署的大模型。这种模型能够处理和分析海量的企业数据，从而为企业提供洞察力，帮助企业做出更智能的决策，优化流程，提高效率，减少成本，增强创新能力。不同大模型的产业关系如图 1 所示。

---

① 北京市科学技术委员会：《北京市人工智能行业大模型创新应用白皮书》，2023 年，第 4 页。
② 中关村智用人工智能研究院：《产业大模型白皮书》，2023 年，第 1 页。

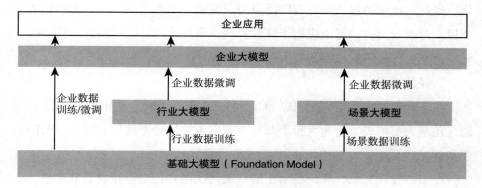

图 1 不同大模型的产业关系

市场研究机构 Gartner 的预测显示，到 2026 年，超过 80% 的企业将使用生成式 AI 应用程序编程接口（API）或模型，或在相关生产环境中部署支持生成式 AI 的应用程序。[①] 大模型在企业的应用前景非常广阔，基于企业大模型的服务也将成为 IT 服务业最具增长潜力的方向。

（一）大模型在企业智能化转型过程中的价值

从大模型的发展和用户价值来看，经过优化的个人模型和经过企业知识库训练的企业大模型将会是未来大模型领域最具价值的两个应用方向，也是大模型能最大可能释放社会生产力的两大基础群体和应用领域。

虽然从全球大模型的应用来看，目前仍然处于价值探索阶段，无论是个人应用还是企业应用，更多应用在日常个人的文本处理和机构的文本、图形处理方面，可以真正释放生产力和提升劳动效率的大模型应用案例暂时没有大规模出现。但大模型与企业数字化转型结合，最终将真正体现大模型对全社会生产力释放和生产效率提升的巨大价值。

（二）大模型在企业智能化转型中的应用方向

从目前大模型所展现的能力来看，大模型经过企业知识库的训练和优

---

① 中关村智用人工智能研究院：《产业大模型白皮书》，2023 年，第 1 页。

化，经过本地化的部署，可以广泛应用于零售、政务、教育、金融和制造等领域。对企业而言，可以应用于经营管理、研发设计、生产制造、供应链管理等企业生产经营的核心流程。

1. 经营管理

在企业的经营管理过程中，无论是用户需求预测、营销预测、办公辅助，还是人员培训，企业大模型都具有非常大的优势来替代或融合目前的企业经营管理系统，或与相关的 IT 系统整合升级。

在用户管理方面，无论是对于消费级产品用户还是企业级服务客户，个性化的客户管理和服务，都可以极大地提升客户的满意度和忠诚度，而客户反馈又可以反向提升产品和服务的价值。企业大模型通过对用户数据和行业的深入分析，可以广泛应用于客户管理场景。

预测客户需求和行为。经过企业客户数据的小样本训练，企业大模型可以通过对客户数据的分析，预测客户的行为和需求，甚至可以预测客户的潜在需求，从而为企业的产品和服务改进提供依据。例如，国际商业机器公司（IBM）推出的人工智能服务平台"Consulting Advantage"，协助 IBM 的 16 万名顾问为客户设计复杂业务分析、战略咨询等服务。

智能客服。在大模型出现之前，企业的智能客服系统，更多的是基于知识图谱的关键词调用逻辑，尽管可以解决用户绝大部分问题，但受限于对自然语言的理解，整体体验不尽如人意。而基于自然语言识别的大模型智能客服系统，将最大限度地学习人类的思维逻辑和表达方式，可以更准确地理解用户的需求，并可针对不同的用户提供个性化服务，真正实现类人的智能化服务。例如，IBM 使用 Granite 模型开发的"AskHR"应用程序，能回答员工关于各种人力资源（HR）事项的问题。

营销预测。与传统利用个人经验不同，在营销预测方面，充分利用大模型多角度数据分析和处理能力，可以为企业的经营活动提供更为准确的销售数量、价格趋势预测。联想近几年以营销算法模型为基础，将中短期的销售预测准确率提升到了 95%以上，为企业整体的生产计划和供应链管理提供了科学的决策参考。

在企业经营过程中，大模型还可以通过办公助手（如微软 Copilot）来提升工作效率，通过企业数据训练后，可以进行企业员工的业务培训等活动。在企业营销领域，基于人工智能生成内容（AIGC）技术的广泛应用，可以为企业提供更加便捷的营销内容和手段，提升企业的营销效果。

2. 研发设计

大模型在企业的研发设计中也拥有广泛的使用场景，例如产品辅助设计、设计草图生成以及仿真优化等，可以极大地提升工作效率。

产品辅助设计。大模型应用于产品设计过程中，可以方便地查找相似特征模型，进行装配检验，极大地提高了产品设计效率。例如，中国商飞和第四范式合作开展了零件库中查找类似的模型和计算两个模型是否可以装配的试点项目，为商飞的设计节省了大量的设计时间。

设计草图生成。在大模型重构的产品设计中，由于设计交互方式的改变，可以让设计人员更加专注于产品特征的描述，AI 可以根据设计人员的输入要求，快速批量生成设计草图，有效地提升了设计效率。

仿真优化。大模型替代传统计算仿真，提高了仿真效率。

3. 供应链管理

企业资源计划（ERP）系统是一种集成化的企业信息管理系统，可以协调企业内部各个部门的工作，实现企业资源的全面管理和优化。在制造业中，ERP 系统可以帮助企业实现生产计划的编制和排程、物料管理、库存管理、质量控制等功能。同时，AI 大模型可以与 ERP 系统进行集成，利用 ERP 系统中的数据和信息，对生产过程进行全面的智能化分析和优化。

4. 生产制造

在企业生产制造环节中，通过应用大模型，可以在运营管理、质量检测、计划调度、自动控制等环节提升生产效率和决策辅助，真正实现智能化生产。

运营管理。在运营管理中经过企业知识库的训练，构建企业运营分析助手工具，使用自然语言交互方式，分析操作和运营人员的自然语言指令，进行对应数据、信息的查找、呈现和关联分析等，提高信息查找和分析的效

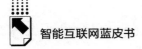

率，帮人员更直观快捷地获取所需的信息。

在这一过程中，企业自身知识库的构建是基础。构建生产管理、控制、运维等知识库，为智能决策和分析提供数据基础，逐步走向智能决策分析。

质量检测。企业通过引入大模型，可以形成产品质量的视觉检测增强体系，使用大模型提供更强的视觉检测能力，用于质检、安全监测等，提高模型泛化能力，降低训练样本需求。

在缺陷样本生成方面，大模型可以迅速生成模拟检测图像的缺陷样本，补充小样本的不足，提高模型准确性、缩短训练时间、提高训练效率等。

在质量检测方面，大模型还可以自动对检测的结果进行分析，并生成检测报告等功能。

随着大模型在企业质量管理体系中的应用，传统质量管理体系（QMS）将会被数字化重构，数据驱动的 QMS 体系将会极大地提升企业产品的质量水平。

计划调度。大模型在制造领域的应用，可以有效地与制造执行系统（MES）融合，形成新的智能制造执行体，MES 系统和 ERP 系统进行集成，实现生产计划的智能排程和物料管理等功能。AI 大模型可以利用 MES 系统中的数据和信息，对生产过程进行全面的分析和优化，提高生产效率和产品质量。

自动控制。在自动化控制方面，大模型也可以与现有的控制系统集成，形成更加智能化的控制系统。可编程逻辑控制器（PLC）编程与大模型融合后，基于自然语言自动生成 PLC 控制代码，提高开发效率，降低开发门槛。

在机器人控制方面，使用自然语言与机器人交互，对工业机器人进行智能控制，可以提高机器人场景适应性，降低操作难度。

（三）企业大模型将加速企业智能化转型进程

大模型与目前企业的数字化、智能化系统的有效融合，可以极大地提升企业的智能化水平和千行百业的产业升级。以制造业为例，大模型在研发设计、运营管理和生产制造等诸多环节，不仅可以极大地提高业务效率，而且可以降低许多关键岗位的技术门槛，减少重复劳动，最大限度地提升企业数字化转型所带来的生产力的释放。

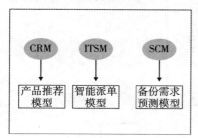
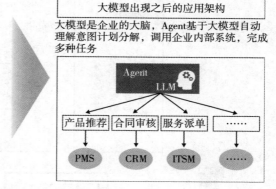

图 2　企业应用架构的变化

从技术发展趋势来看，企业大模型是企业数字化、智能化转型的最强有力的技术支持之一，可以广泛应用于企业生产经营的各个环节，对企业数字化重构和智能化运营提供了驱动力。

三　大模型在企业应用中的难点分析

当前，大模型在企业中的应用面临基础大模型难以直接应用、大模型输出数据内容可靠性低、本地化部署成本高、与现有企业各类应用（ERP、MES 等）对接和集成难度高等挑战。

（一）大模型与企业应用场景不匹配

目前行业中的多模态大模型，都是基于海量公共数据训练的神经网络系统，面对的是普通用户的生活和工作场景，与企业应用场景存在较大的差距。与企业基于实际应用开发的小模型相比，大模型与企业实际的需求场景匹配度相差甚远。

从目前企业数字化系统的实际现状来看，应用系统都是基于特定功能需求开发的软件或平台，不仅涉及企业独有的数据，而且涉及企业个性化的算

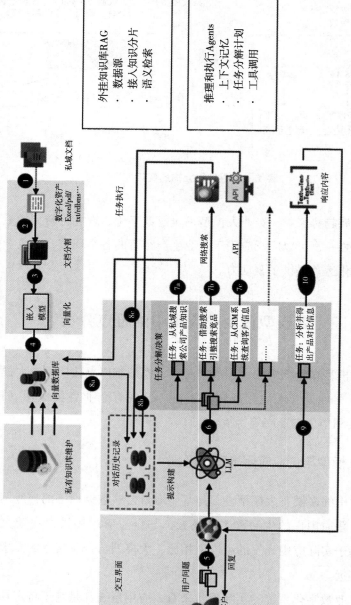

图 3 企业基于大模型的应用框架

力网络，这种现实需求与通用大模型的开发初衷、应用场景并不相同。要让大模型在企业应用中形成价值并得到广泛应用，适配企业应用场景将成为首先要解决的问题。

（二）大模型在企业应用中的算力部署面临挑战

传统企业信息技术（IT）系统的算力部署，一方面受限于企业商业环境的需求，业务端的算力云化部署并不现实；另一方面大模型所需要的算力更多的是一种异构算力架构，融合了通用算力、高性能算力和 AI 算力的混合算力架构，对企业传统 IT 架构带来了一定的挑战。

（三）大模型在企业应用中的优化及训练存在难点

目前大模型的训练主要基于公开的互联网知识和信息，对企业内部信息可能一无所知。同时，企业核心知识又无法公开，这使得企业无法直接应用互联网开放的、公共的大模型。在大模型企业应用方面，如何利用企业的私域数据也存在巨大的挑战。在这种产业现实环境中，大模型要在企业得到广泛的应用，就必须对基础大模型进行优化、剪裁和本地化训练，并重新进行本地化部署，打造企业自己的专属大模型，同时也可以利用公共基础大模型、行业大模型等已具有的能力和知识，为企业所用。

大模型需要先接入企业内部知识库，通过学习、训练、微调等方式适配业务场景，才能进一步推动大模型在企业的应用落地。

（四）大模型在企业应用中的数据安全待保障

在企业专属大模型的优化和训练过程中，如何保障企业的数据安全，一直是企业数字化转型过程中的核心关键。

针对大模型训练和应用的需求，对于不同的企业需要采用不同的策略：对于大中型企业而言，企业的数据是重要的资产和生产资料，企业的大模型本地化部署是保障数据安全的手段。目前多数企业的 IT 架构都是基于混合云架构，需要将企业生产、经营的大模型部署在本地，推动企业架构向 AI

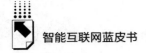

原生方向转变。对于一些本地部署有难度的企业，可以将数据和训练部署在安全可隔离的专属数据存储空间，通过服务器端加密机制，实现高安全性、高合规性的数据保护。训练完成后，将大模型的 AI 能力封装为应用，可通过网络界面（Web）和专属 API 向内部的各大系统开放以供调用。

不过，大模型在企业广泛应用时，数据泄露，大模型被攻击进而被攻击者窃取模型参数、算法流程或源代码等，最终窃取企业知识产权或商业机密等方面的风险仍然存在。

四　构建企业大模型应用的生态体系

打通大模型应用"最后一公里"，是大模型在企业应用中迫切需要解决的问题。需要从大模型产业和企业数字化转型的产业模型出发，系统性地寻找解决方案，用构建生态体系的方式，推动大模型在企业数字化转型过程中的大规模应用。

（一）大模型在企业应用的生态体系结构

大模型在企业中的应用，主要涉及基础多模态大模型的供应商，应用企业，大模型精调和训练、部署的服务商，异构算力提供商，以及工业软件和管理软件的供应商等不同类型的商业和企业机构。

在这个应用服务生态中，基础多模态大模型提供商主要包括了类似 OpenAI、Hugging Face、Meta、百度、华为、阿里等一线互联网公司，它们主要提供开源或授权的基础大模型；应用企业主要指对大模型有需求的企业及商业组织；大模型服务集成商主要包括联想、华为、新华三、软通动力等在智能化转型服务中提供服务的厂商；异构算力提供商主要指可以为企业提供异构算力服务的算力提供商和机构，包括联想、华为、浪潮、DELL 等设备厂商，政府的算力中心、独立的第三方算力供应商等；工业软件和管理软件服务商，主要指为企业提供 ERP、MES、SCADA 系统和管理软件的厂商，例如 SAP、Cadence、西门子、第四范式、用友等类型的公司。在这个服务体系中，应用企业是核心，企业对大模型应用的需求和业务现状是大模型应用的基础，而大模型服务商则是这一体系中的纽带和关键，他们通过其优化和部署服务，打通大模型产业与企业应用。

构建基于上述不同类型厂商的大模型应用生态体系，让不同行业的厂商能在生态体系中发挥各自的作用，是未来大模型能否在企业应用中更加迅速普及的根本。同时需要注意的是，大模型在企业中的应用目前仍然处于初级阶段，表现在只是一些数字化转型领先的企业在局部领域的探索，大规模构建产业生态体系，需要行业管理机构和大模型服务商的先行建设和布局。

从可预见的产业发展来看，大模型在企业应用领域的生态体系，可能最早出现在以大模型服务商为主导的企业大模型服务领域，也就是以大模型服务商为主导的生态系统将最早出现，而这种基于企业需求诞生的大模型生态体系，将为我国大模型在企业和工业体系产业升级中积累最为宝贵的产业经验。

（二）构建大模型在企业应用中的服务体系

大模型在企业的应用与普通公众的使用完全不同，相对于公众使用的大模型，企业大模型经过了本地化的部署和企业个性知识库的训练与调优，更符合企业实际的使用场景，所以在企业大模型的适配、部署、管理、评估、运营等流程中，需要重新建立全新服务体系。

从企业大模型应用部署流程入手，大模型的服务体系应贯穿基础大模型选型、构建 AI 应用开发工具及平台、基于统一方法进行的 AI 应用开发以及部署运维的全流程体系，同时要在配置、测试、部署、监控以及运营等环节构建科学的结构体系和评估方法，从而为企业的大模型应用建立可量化和可视化的使用环境。

在配置环节，需要对提示词配置、知识库配置、插件配置和应用集成组装进行企业应用环境的统一规范，从而减少大模型使用的难度。在测试环节，需要对模型连通性、向量检测、插件连接性、性能以及平台兼容性进行标准化测试，同时需要建立统一的测试标准及评估体系。事实上，在大模型应用的前期，需要通过实际使用案例，建立各个环节统一的服务标准，进一步提

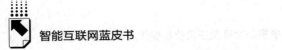

升大模型在企业应用中的可靠性和准确性，同时也保障企业的数据安全。

大模型在企业的应用是一个新课题，尽管之前人工智能算法已经进入了企业的经营管理和生产制造，但与之前独立开发的 AI 应用不同，企业大模型的应用虽然可以大幅度降低开发成本和缩减开发周期，但由此带来的服务量的增加也是不容忽视的现实，需要大模型服务商从一开始就要构建可靠的服务体系。

（三）典型案例：联想行业智能体及大模型应用

联想是中国 ICT 领域的主要厂商之一，参与了众多大中型企业的数字化、智能化转型，是我国企业数字化转型服务的核心供应商之一。目前联想的服务网络遍及全国，拥有 3600 余个服务站、20000 余名专业服务工程师，管理着 130PB 的企业数据和 4.5 亿余台设备，每年的 AI 在线服务达到 1100 余万次。

在联想自身的智能化转型和服务客户智能化转型的过程中，积累了丰富的行业经验，同时将广泛的新技术、新方案、新思路应用于企业的智能化转型。早在几年前，联想就通过 AI 技术的集成创新，将算法应用于智能"魔方"客服系统、智能营销预测、智能制造、智能质检系统以及智能仓储物流等系统，并将这些系统在生产经营活动中进行验证和改进，完成了自身的智能化转型。2024 年，联想推出企业大模型应用的方法论，是目前我国在企业大模型领域为数不多的理论化、系统化的企业大模型实施和应用体系，这一体系依托以大模型为基础的 AI 原生技术架构，实现了大模型在企业应用中的落地。

大模型和生成式人工智能的出现成为推动新型应用架构转型的创新技术基础。AI 原生的本质是进一步让应用架构更敏捷、更低成本地适应需求的多样化和多变性、大体量的 API 和界面实现业务逻辑自适应。这一新技术架构的出现，将成为未来软件开发的新范式，便捷的开发也使业务理解和知识成为核心价值。

联想行业智能体正是基于 AI 原生技术架构的技术突破打造的企业大模型应用的系统性解决方案（见图 4）。行业智能体服务主要包括两个部分，一是基于大模型的配置、测试、评估、部署、监控及运营的一站式的服务，二是统一的用户交互框架，通过大模型智能体——Agent，实现与外部应用

以AI为核心重构的、由AI完成主流程任务的
企业应用和解决方案

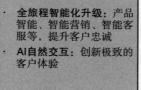

运营效率的飞跃	全旅程的极致用户体验	服务化的转型创新
• **全面AI辅助&AI生成**：大模型升级研、产、供、销、服以及办公等场景 • **超级助手跨系统调用执行**：通过超级助手实现多模态交互、跨系统/应用调用和执行	• **全旅程智能化升级**：产品智能、智能营销、智能客服等，提升客户忠诚 • **AI自然交互**：创新极致的客户体验	• **新的服务型商业模式**：基于企业知识，产生新的产品和服务，如软件服务、订阅服务等 • **陪伴式服务增值**：长期持续模型微调、提示词工程、数据管理等陪伴式服务

图 4　AI 原生解决方案的概念

的交互（见图5）。企业可通过这一服务产品，完成大模型调度能力与开源大模型或闭源大模型的连接，也可以通过耦合的方式，按照企业的需要接入不同的大模型。在统一交互框架的上层，通过企业智能体 Agent 的 ChatUI 或者 API 方式，方便地接入企业的各种运营和管理系统，有效地融入企业运营的各种管理平台和运营流程。

联想企业智能体为四层技术结构，底层为接入适配层，集成了 Memory、K8 API、Plugin Gateway、LLM Adapter、Embeding Adapter、Vector DB Adapter 等组件；测试支持层包括了连通测试、向量检索等组件；第三层为配置组件层，集成了提示词工程、RAG、Function Calling 等组件；最上层为 API 接口层，主要提供 ChatUI SDK、JS SDK 和 Open API，方便与企业应用的对接（见图6）。联想除了提供技术架构外，还提供了一体化的评估、部署、监控和运营服务，它们是实现行业智能体在企业中落地不可或缺的保障。在这一技术架构和服务的支撑下，可以迅速构建企业创作生成类 Agent、企业知识类 Agent、应用工具类 Agent、数据分析类 Agent 等多形态的企业需求。同时通过这一技术体系，企业可以以低成本接入本地大模型和云端大模型，可以直接访问企业知识库和数据系统，也可以方便地与企业业务系统和通用系统融合，实现统一的用户界面和更人性化的交互，进一步释放企业员工的生产力水平和提升企业的运营效率。

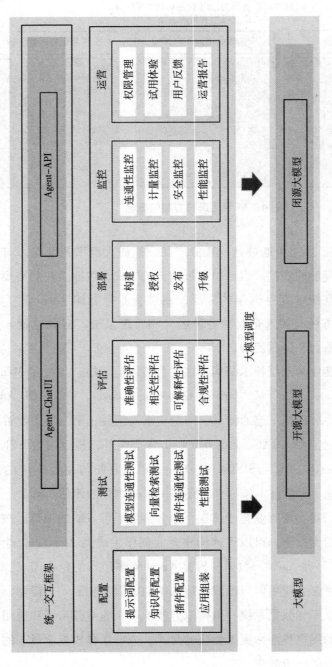

图 5 联想企业大模型的技术架构

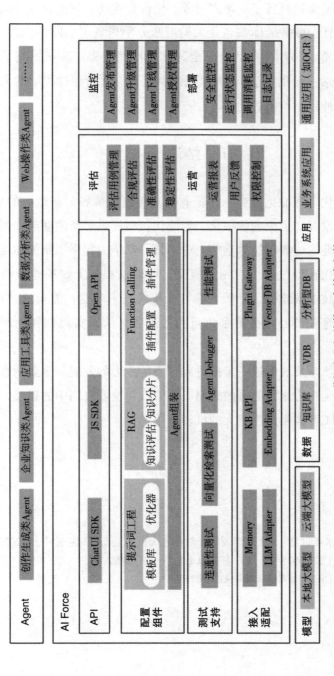

图 6 联想企业智能体平台技术架构

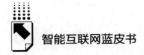
联想的大模型应用具备了一站式服务、组件化构建、智能化任务编排等三方面的特征，让企业智能体在企业大模型服务中具备了实际的应用价值，并且具备了"智能、易用、灵活、安全"四大产品优势，真正做到了打通大模型应用"最后一公里"，对于加速我国企业智能化转型过程中的大模型应用，具备积极的样本价值。

五　结语

企业的数字化、智能化转型，是企业提升运营质量和创新能力的手段，而大模型产业的发展，为企业数字化、智能化转型提供了新的动能，两者的结合，给我国企业通过数字技术重构企业的核心竞争力提供了新的驱动力。

在企业智能化转型过程中应用大模型，可以从根本上解决企业员工掌握、应用智能化技术的难题，降低企业智能化的技术门槛，缩短 AI 应用的开发周期，促进企业核心业务数字化重构的进程，从而实现创新生产力的提升。

随着我国高质量发展的进一步推进和新质生产力的发展，企业的智能化已成为提升企业生产力水平的必经之路，大模型在企业应用中的普及，将对建设中国式现代工业体系产生重大的推动作用。

参考文献

北京市科学技术委员会：《北京市人工智能行业大模型创新应用白皮书》，2023 年。

中关村智用人工智能研究院：《产业大模型白皮书》，2023 年。

Gartner，Hype Cycle for Generative AI，2023.

B.23
生成式人工智能的课堂观察研究

胡婷玉　张春华　李国云*

摘　要： 生成式人工智能在教学内容创作、智能教学反馈、交互式学习环境创建、个性化学习升级等方面展现应用潜力。本文以生成式人工智能赋能的课堂观察为案例，探索教育教学与技术深度融合的可行性。面对挑战，应积极提高师生使用人工智能的能力，丰富生成式人工智能教育教学资源供给，增强生成式人工智能使用的数字伦理意识，促进生成式人工智能在教育领域的健康发展。

关键词： 生成式人工智能　课堂观察　智能系统

一　引言

自 2022 年 ChatGPT 亮相以来，它凭借与用户之间流畅自然的对话交互，迅速在全球范围内赢得了广泛关注。ChatGPT 作为生成式人工智能（Generative Artificial Intelligence，GAI）技术的代表，为人类的工作生活带来了深刻变革，也成为教育领域探索智能技术与教育教学场景融合的最新研究热点和实践场域。

全球各地的教育机构正积极探索生成式人工智能在教育应用中的潜在优势及所面临的挑战。它们致力于制定合适的政策和流程，开展各类实践和试

---

* 胡婷玉，广东省杏坛智慧教育创新研究院研究员，研究方向为教育技术；张春华，北京开放大学副研究员，研究方向为教育信息化；李国云，广东省杏坛智慧教育创新研究院研究员研究方向为 STEM 教育。

点工作，旨在确保用户能够安全、高效且负责任地使用生成式人工智能技术，从而满足日益增长的迫切需求。2023 年 9 月，联合国教科文组织发布《生成式人工智能教育与研究应用指南》，阐述了生成式人工智能引发的争议及其对教育的影响，列出了各国政府为规范生成式人工智能应采取的关键步骤，并为在教育和研究中以符合伦理要求的方式应用生成式人工智能建立政策框架。① 2023 年 10 月 10 日，日本文部科学省设立生成式人工智能试点学校，以验证生成式人工智能在学校现场的实际应用情况，同时研究检验在学校中导入生成式人工智能的有效案例。② 2023 年 10 月 26 日，英国教育部发布《生成式人工智能（AI）在教育中的应用》，阐述了教育领域使用生成式人工智能的立场。③ 2024 年 2 月，美国学校网络联合会发布的《基础教育创新驱动力报告》首次将生成式人工智能作为 2024 年驱动教育系统开展教育创新的最重要技术之一，强调要确保教师获得专业发展，以了解技术并能够快速地教授学生。④

2023 年 8 月，我国教育部、国家发展改革委、财政部联合发布《关于实施新时代基础教育扩优提质行动计划的意见》，提出实施数字化战略行动，以数字化赋能提升教育治理水平，赋能高质量发展的目标，强调加强在智慧课堂、双师课堂、智慧作业、线上答疑、网络教研、个性化学习和过程性评价等方面融合应用。⑤

生成式人工智能一方面能够通过产出高质量内容以及实现深层次的人机交互，推动学习过程的个性化、学习评价的多元化以及教育决策的科学化；另一方面也面临着技术层面的挑战，如可能产生的臆想、偏见与歧视以及生

---

① unesco, Guidance for generative AI in education and research, 2023 - 09 - 07, https：//www. unesco. org/en/articles/guidance-generative-ai-education-and-research.

② 贾赟编译《教育资讯：日本设立多所生成式人工智能试点学校》，日本教育新闻，2023 年 10 月 12 日。

③ Department for Education, Generative artificial intelligence（AI）in education, 2023-10-26.

④ CoSN, Driving K - 12 Innovation：2024 Hurdles, 2024 - 02, 张春华、李国云、吴莎莎译，Accelerators, Tech Enablers｜CoSN。

⑤ 教育部等：《新时代基础教育扩优提质行动计划的意见》，2023 年 7 月，https：//www. gov. cn/gongbao/2023/issue_ 10726/202309/content_ 6906513. html。

成内容的版权问题、信息准确性等。① 因此，在确保可靠、理性和审慎的前提下有效利用生成式人工智能来赋能教育应用，成为需要深入研究和关注的重点。在此背景下，探讨高效利用生成式人工智能来支持教师工作、优化教学过程、提升课堂效果，并在实践中推动教学创新，成为了教育领域探讨生成式人工智能应用时一个极具价值和深度的话题。

二 生成式人工智能在教育活动中的应用

目前，生成式人工智能凭借其卓越的交互能力、创意内容生成以及复杂数据处理能力，引领着人工智能与教育应用融合的新潮流。

（一）生成式人工智能在教育中的应用

1. 生成式教学内容创作

现有研究显示，生成式人工智能能够按照教师的教学目标，生成具有创意的教学素材，从而辅助教师设计出更具创新性的教学活动，并生成多种合适的教学设计。这为教师在备课过程中提供了宝贵的思路启发和多种备选方案。其优势在文本转换方面尤为突出，具体表现在以下四个方面。首先，生成式人工智能能够轻松实现文本的删减或制作，根据关键词列表生成文本，创建文本摘要或填空文本，甚至翻译外语文本，极大地丰富了教学材料的多样性。其次，它能够制作个性化的教材，如制定个性化的群发材料，调整内容的难易程度，并根据目标群体的特点调整语言风格，使教学更加贴近学生的实际需求。此外，生成式人工智能还能生成例子和反例来具体说明教学内容，或整理出论据进行正反方讨论，这有助于增强学生对知识的理解和记忆。最后，它还能创建测验、生成问题和干扰项，提供标准答案或错误和正确答案的相关提示，为教学评价和反馈提供了有效的工具。

---

① 李艳艳、郑娅峰：《生成式人工智能的教育应用》，《人民论坛》2023 年 12 月 15 日。

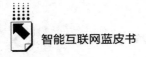

2. 生成式智能教学反馈

生成式人工智能能够智能地生成教学反馈，使教师能够更高效地设计教育内容并优化教育服务，同时帮助学生更清晰地认识自身在学习中的优势和不足，从而找到提升的方向。凭借强大的大数据分析和反馈能力，生成式人工智能可以收集课堂行为数据，深入剖析教师的教学风格、师生互动频率以及教学时长，进而为教师提供有针对性的教学反馈建议，有助于教师灵活调整课堂教学内容和方式。

3. 交互式学习环境创建

生成式人工智能在教育中的应用有助于营造交互式学习环境，改变学习者对教学内容的参与方式。[①] 生成式人工智能可以作为陪伴型的智能教学助手，随时回答学生的咨询，解释相关概念，拓展教学内容，提供学习建议，这种陪伴式的学习体验有助于鼓励调动学习者的积极性。生成式人工智能还可以分析学生的学习表现和反馈信息，通过自动调整学习路径和教学方法，构建自适应的学习路径规划，满足学生的学习需求和能力水平，形成更高效的学习氛围。这种陪伴式交互提供了个性化的学习支持和指导，从而创建了交互式学习环境，促进学生的主动参与和深层次的学习。

4. 个性化学习升级

生成式人工智能支持的个性化学习，进一步凸显了教育中"学习者"这一核心要素的全程参与互动的过程。生成式人工智能自动化生成的即时性学习资源可以更加高效地提高学习者的学习动机和自主性，并可根据"学习者"的即时反馈和评价进行优化与改进，使个性化的学习资源在质量和效果方面得到保证。从适切性的角度看，个性化学习内容的生成是针对不同"学习者"的学习能力、兴趣和目标进行定制，是更贴近学生需求的学习资源。生成式人工智能在个性化陪伴、学习效果的评估和反馈、学习路径的定

---

① 孙立会、沈万里：《论生成式人工智能之于教育的命运共同体》，《电化教育研究》2024 年第 2 期，第 20~26 页。

制及自适应学习体验方面也都具有典型的个性色彩，为实现以"学习者"为中心提供了更具可操作性的"脚手架"。

（二）生成式人工智能在教育应用中的挑战

国内外学者都普遍重视智能技术的应用，认同生成式人工智能对于应用场景的支撑作用，但是对生成式人工智能教育应用的风险也提出担忧。

由于生成式人工智能具备强大的内容创造能力，伦理和诚信问题成为显著挑战。[①] 有些教师可能会倾向于直接使用人工智能工具来生成教案和课程计划，而非深入分析和理解学生的实际学习状况；学生也有可能利用这类工具来完成作业，甚至在考试中作弊，这无疑加剧了教育领域的诚信危机。

生成式人工智能提供的往往是可测量的外显行为，而人的思想、情感、经验等重要内容则被剥离在评价之外。[②] 基于算法和技术逻辑的教学评价虽然具有客观性和效率性，但难以捕捉到学生在学习过程中对教师的情感诉求。过度依赖智能化教学评价可能会导致教师在教学评价中的情感参与被削弱。如果教师过分依赖智能反馈的结果作为教学评价和学生评定的唯一标准，很容易忽视学生的情感状态和情绪变化对学习效果的影响。这些因素在学生的全面发展中同样重要，因此，在利用智能化教学评价的同时，也应注重融入人文关怀，确保评价更全面、更人性化。

生成式人工智能在促进学习者个性化即时应答方面展现出了显著的优势，然而，其高度的智能化也简化了答案或信息的获取过程。这可能导致学习者在追求即时结果的过程中，对知识的探索性过程变得淡化，甚至削弱了他们原本对过程性追逐知识结果的兴趣。为了有效应对生成式人工智能的潜在风险，教师有必要让学习者了解并意识到大规模语言模型的局限

---

① 高琳琦：《生成式人工智能在个性化学习中的应用模式》，《天津师范大学学报（基础教育版）》2023 年第 4 期，第 36~40 页。

② 丁奕、吕寒雪：《当教师遇上 ChatGPT：挑战与应对之道》，《当代教育论坛》2014 年第 1 期，第 1~9 页。

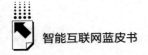
性，引导他们将其作为支持和增强学习的工具，而非完全替代人类权威的角色。①

三 运用生成式人工智能的课堂观察案例

（一）人工智能赋能课堂观察

传统的课堂观察方式往往依赖于观察者手动使用量表对课堂行为进行编码和记录，这种方式效率较低且可能存在主观偏差。而人工智能赋能的课堂观察则截然不同，它以教学过程中自然生成的多元化、海量化、动态性数据为分析基础，为教师提供了更为丰富和客观的信息来源。② 借助实时记录的多维数据，教师能够更深入地剖析和挖掘教学行为数据背后隐藏的信息与深层含义，从而更精准地把握教学情况，优化教学策略。

例如，教育行业企业希沃推出的希沃课堂智能反馈系统是一款辅助教学反思和循证教研活动的智能教研系统，其基于多模态人工智能课堂分析模型，通过信息化终端（如交互智能平板、摄像头、拾音器）采集课堂教学场景数据，分析课堂教学中的音视频图像内容，利用 AI 算法对教师教学活动轨迹、教学互动内容、师生姿态及表情、教师提问句式等进行分解、统计、汇总，进而自动生成个性化课堂反馈报告，辅助教育管理者和教育研究人员更直观地感知教师的教学质量和学生的学习情况。

（二）生成式人工智能课堂观察案例分析

课堂智能反馈系统提供客观的即时反馈、科学的指标体系和丰富的课堂观察应用，为学校教研提供了客观的依据，使得学校教研工作由"经验教

---

① 孙立会、沈万里：《论生成式人工智能之于教育的命运共同体》，《电化教育研究》2024 年第 2 期，第 20~26 页。
② 王敏霞、朱哲、鲍佳丽等：《基于人工智能的课堂教学行为分析的应用研究——以一节初中数学复习课为例》，《中学数学杂志》2023 年第 8 期，第 23~28 页。

研"向"实证教研"转变成为可能，为探索人工智能助推教师管理优化、教师教育改革、教育教学方法创新，挖掘、发挥教师在人工智能与教育融合中的作用方面进行了尝试和探索。

1. 应用智能反馈系统的学科分布

希沃课堂智能反馈系统①收集了 2023 年春季和秋季整学年的基础教育用户使用数据，共有 7901 条有效数据（见图 1）。按学段划分，小学教育有4243 条，占比 54%；初中有 3127 条，占比 39%；高中有 530 条，占比 7%。按学科划分，排前 5 位的分别是数学（2440 条）、语文（2055 条）、信息技术（631 条）、英语（581 条）、道德与法治（379 条），其中数学学科占比31%，语文学科占比 26%，二者之和占比 57%。

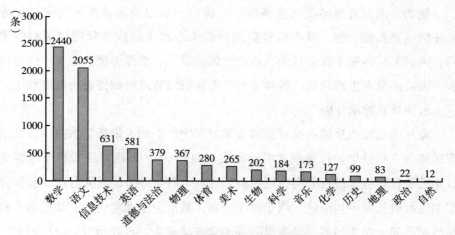

图 1　应用希沃课堂智能反馈系统的学科分布

由数据可知，智能反馈系统的用户主要集中在小学和初中学段，可见，义务教育阶段的教师更愿意借助技术开展教学创新和改革；而学科主要集中在数学和语文两大学科上，这既与两大学科的课时量比较饱满有关，也与数学和语文学科受到更多家、校和社会关注有关，还与两大学科的教师更愿意

① 由教育科技企业"希沃"自主研发的一款教师课堂观察解决方案。该方案由课堂数据采集、课堂数据分析和课堂观察应用三部分组成，辅助教师全面解构课堂教学情况。

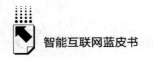

开展教研科研相关的培训和教改活动密切相关。

2. 智能化课件的自动生成

设计和制作课件是教学中非常耗时且费力的一个环节，也是生成式人工智能切入教育应用的最佳入口。希沃智能课件制作系统在教学设计环节增加了课件的自动生成选项。系统通过累积教学模型的训练语料，包括课标、教材、教师用书、论文期刊、课件、教案、评课内容等，并依据教师的教学风格对课件进行智能的二次优化。在教学大模型的支持下，课件制作平台会根据课程大纲、用户画像数据的沉淀，进行内容生成；用户键入数据信息，即"章节+课文名"，算法会推荐课件模版，合成新课件并进行课件美化，从而形成最终课件（见图2）。

例如，语文教师讲授《浪淘沙》一课时，可以使用希沃智能课件制作系统的一键备课功能，就可以根据用户需求自动生成该教师授课风格的课件，内容不仅匹配了教学目录，还包含课程导入、新课讲授、课程小结等内容，而右边呈现思路设计，教师还可以根据班级特点对课件进行再度加工。

3. 生成式数据分析

希沃课堂智能反馈系统对教师教学过程中产生的大量教学数据，按照语音采集和视频采集进行静默式实时收集（见图3）。系统对课堂教学过程中收集的音视频数据进行分类，记录教师在各个教学环节的时间分配，包括课程中讲授时长及平均语速，课堂时序分布，精准记录课堂中的互动信息，包括教师提问、学生回答、学生提问等课堂互动行为，再利用国际通用的弗兰德斯分析矩阵生成各项指标数据，如启发/指导比、学生稳态比、教学内容比、学生发言比、教师提问比、教学/调控比等，呈现交互式对话。

教师在授课中一键启动课堂智能反馈系统，交互智能平板会自动采集教室画面和师生声音，在课程结束后10分钟内生成教学实录。通过课堂互动热力图、3D重建技术，展示教师在课堂中的移动轨迹，可视化地呈现出教师在课堂中走动的区域和频次。还可以结合视觉识别技术，实时采集并记录学生的行为和反应，包括上台互动、举手次数、问答次数等，辅以关键点视频切片，便于教师进行针对性的辅导。

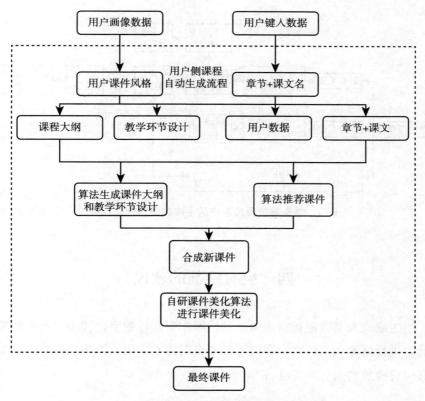

图 2　智能化课件自动生成模型

4. 生成式课堂反馈

生成式智能反馈系统可以依据教学环节、授课、课堂活动、师生互动、课堂文档等维度，自动将交互智能平板采集的课堂视频进行分段和标记，方便教师定位教学环节、识别课堂活动、展示课件进度。系统不仅从"师生对话""课堂互动""新课标落实"三个维度来记录和分析课堂，还可以根据教师的授课内容、教学环节、学生的课堂反馈，在不同维度自动生成总结点评及改进的教学建议（见图 3）。这种及时、客观、以数据为基础的课堂反馈报告，让教师对自己的每堂课都有"回声"。教师可以更好地关注每一位学生，为学生个性化学习提供针对性反馈；根据评估报告改进教学方式，更快地提升教学水平。

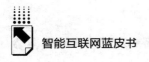

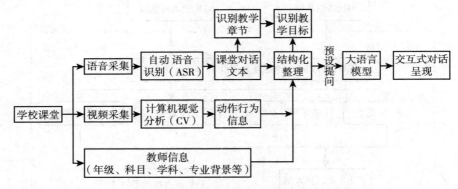

图3　课堂智能反馈系统的生成式数据分析模型

四　应对挑战的建议

当生成式人工智能被很多国家和地区作为教育数字化转型和改革的重要推动力进行讨论和关注时，我们不仅要看到技术应用的趋势和机遇，还应该做好应对挑战的强有力的准备。

（一）提高师生使用人工智能的能力

虽然现在全球都在讨论生成式人工智能，但"人"还是这个时代的关键，而不只是"技术"和"工具"，因为再强大的模型、再优秀的算法、再全面的数据报告也需要"人"去应用。教师借助模型、算法和数据去解读人工智能背后的"人"，然后才能转化成教育教学工作中的效率和效能。

生成式人工智能固然能够带来效率的提升，但人工智能本身无生命意识，教师使用生成式数据的背后代表着一个个富有生命和情感的个体，相关的教学评价结果或许在不同程度上正在激励或者打击学生[①]。因此，作为教师，更应该积极提升数字素养，提升使用人工智能的能力，同时弥补人工智

---

① 丁奕、吕寒雪：《当教师遇上ChatGPT：挑战与应对之道》，《当代教育论坛》2014年第1期，第1~9页。

能使用的情感缺失，在课堂评价中关注学生的学习状态，及时给予学生情感反馈。

（二）丰富生成式人工智能教育教学资源供给

生成式人工智能可以生成各种文本、音频、图像等资源。2024 年新年伊始，美国人工智能研究公司 OpenAI 发布的人工智能文生视频大模型 Sora 的出现更是给包括教育领域的使用者带来极大的震撼，生成式人工智能逐渐从文本、音频走向视频领域，这可能进一步催生教育领域资源生成的新形态。

应用生成式人工智能模型开发教育教学资源，首先，应该收集更丰富更全面的数据素材，加强数据素材的审核，提高数据的质量，为模型训练提供准确、可靠、积极向上的数据基础。其次，不断优化和升级现有模型，提高模型与时俱进的能力，促进生成内容质量的稳定性、丰富性和多样性，满足师生对不同区域、不同版本、不同阶段学习资源的诉求。

（三）增强使用生成式人工智能的数字伦理意识

生成式人工智能将推动学习向前发展已成为当下的共识，但它也存在潜在的风险。哈佛大学发布的《关于使用生成式人工智能的指南》提出如下原则：大学的每个成员都应该在使用人工智能工具时保护机密数据，对制作或发布包含人工智能生成材料的内容负责，遵守现行的学术诚信规范，警惕人工智能网络钓鱼等[1]。

从社会角度来说，及时制定教育领域人工智能使用的道德准则和指导原则，明确人工智能在隐私保护、公平和公正、透明度等方面应遵循的基本原则。从生成式人工智能技术本身来说，人工智能系统应具备良好的透明度和可解释性，用户应能够了解其工作方式和决策依据，这有助于避免黑盒操作

---

[1] 〔美〕盖·麦克莱恩·罗杰斯、刘媛：《大势所趋：ChatGPT 与英美高等教育》，《教育国际交流》2023 年第 6 期，第 23~25 页。

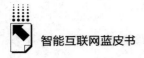

和不当的决策，增强人们对智能系统的信任。从教育工作者的角度，要具备数据安全使用的基本能力，鼓励学生了解教学中数据生成的价值，并提高学生在使用人工智能时遵守隐私保护、合规使用等法律规范的意识及相关技能。

五　结语

生成式人工智能构建的课堂观察与反馈系统，既顺应国家课改方向，又响应教育信息化需求，有助于提升课堂教学质量。随着智能技术的发展，教育与技术的融合创新仍需深入。在智慧学习环境下，通过多模态数据采集，精准识别教学互动行为，形成反馈评价报告，有助于教师深入解读和反思课堂教学。尽管该系统已初步实现课堂评价和反馈的目标，但人工智能在课堂观察中的应用仍处于探索阶段，仍需不断完善。同时，教师和教学管理者需提升理论基础，适应新模式。技术的迭代将促进模型更加丰富，但仍需以人为本，促进生成式人工智能在教育领域的健康发展。

参考文献

李艳艳、郑娅峰：《生成式人工智能的教育应用》，《人民论坛》2023 年 12 月 15 日。

孙立会、沈万里：《论生成式人工智能之于教育的命运共同体》，《电化教育研究》2024 年第 2 期。

高琳琦：《生成式人工智能在个性化学习中的应用模式》，《天津师范大学学报（基础教育版）》2023 年第 4 期。

丁奕、吕寒雪：《当教师遇上 ChatGPT：挑战与应对之道》，《当代教育论坛》2014 年第 1 期。

孙立会、沈万里：《论生成式人工智能之于教育的命运共同体》，《电化教育研究》2024 年第 2 期。

B.24
2023年人工智能语境下的学术生产与出版研究

翁之颢　杨君鹏*

摘　要：　2023 年是人工智能领域里程碑式的一年，伴随着深度学习与自然语言处理的革命性进步，以大语言模型为代表的生成式人工智能蓬勃发展，并在各行各业引起变革浪潮。在全球学术生产与出版领域，也出现了职业边界冲突、工作范式重塑等新变化。人工智能在为学术工作提供工具效用的同时，也向学术生产与出版领域提出了新的挑战与转型命题，有待中国科学界和管理层给出本土化的解决方案。

关键词：　人工智能　学术生产　学术出版

2022 年 11 月，美国人工智能（AI）研究公司 OpenAI 公开发布了生成式预训练聊天机器人 ChatGPT。ChatGPT 一经推出便引发了全球轰动，发布仅两个月便突破了一亿用户大关，成为历史上增长最快的消费者应用程序。① 相比此前的人工智能技术，ChatGPT 在人类意志识别与语言理解能力方面有了质的提升。随着越来越多的生成式 AI 应用开放个人端的应用场景，其在通用性和垂直领域两方面的良好表现，让外界看到了生成式人工智能成为人类社会又一项数字基础设施的潜质。

---

* 翁之颢，复旦大学新闻学院副研究员、硕士生导师，仲英青年学者；杨君鹏，复旦大学新闻学院。
① Nerdynav, 107 Up-to-Date ChatGPT Statistics & User Numbers, https：//nerdynav.com/chatgpt-statistics/#top-chatgpt-statistics.

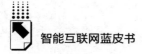

随着拥有巨量数据、更强算力和更科学训练模型的 ChatGPT 加入内容生产领域，人工智能可以不再是辅助工具，而是能够自主地进行文本生产，也彻底改变了学术生产与出版的底层逻辑。但与此同时，大模型训练集的黑箱导致学术研究的透明度受到影响，人工智能创造的虚假内容与不存在的参考文献也混杂在看似合理的知识假象当中，难以被察觉。人工智能技术的"双刃剑"效应由此显现，版权、可信度与质量等问题让部分科研机构与出版商对人工智能辅助学术生产产生警惕。

党的二十大报告明确表示，要推动战略性新兴产业融合集群发展，构建新一代信息技术、人工智能、生物技术、新能源、新材料、高端装备、绿色环保等一批新的增长引擎。① 由大模型类应用搭建"人—机"多元、多维、多轮对话的时代趋势已经显现，学术生产与出版作为知识创造与传播的重要方式以及科学的前沿阵地，如何更好地通过人工智能技术引擎助力新发展已成为亟待解决的重要命题。

一 全球景观：人工智能驱动的科研变革浪潮

2023 年被称为"生成式人工智能的爆发之年"，国内外如 ChatGPT、文心一言等生成式人工智能应用陆续进入公众的视野当中，变革着人们认知世界、改造世界的方式。从当前的测试情况看，ChatGPT 类应用能轻松完成撰写脚本、综述、代码及翻译等生成内容的任务，催生了一批"AI+"虚拟职业，这意味着，在已有的行业中，与内容生产相关的职业将首先受到生成式人工智能的全面冲击。ChatGPT 类应用一旦普及，公众获取知识的成本会进一步降低，也会大幅提高精英和专家的门槛；与人工智能争夺更有影响力的新权威，以及具有创造性、价值性的工作的主导权，将会成为学术知识生产中竞争最激烈的部分。

---

① 《习近平：高举中国特色社会主义伟大旗帜　为全面建设社会主义现代化国家而团结奋斗——在中国共产党第二十次全国代表大会上的报告》，中国政府网，https://www.gov.cn/xinwen/2022-10/25/content_5721685.htm。

（一）作为变革驱动的人工智能

1. 浪潮：强人工智能成为科研新驱动力

生成式人工智能应用的广泛普及与低门槛接入就是本轮新科技浪潮的主要标志。以 ChatGPT 为例，截至 2023 年 12 月，其全球用户体量约 1.8 亿。[1] 随着生成式人工智能的快速迭代与优化，越来越多的科研工作者将人工智能投入学术生产创作中。在 2023 年 9 月《自然》杂志发布的一项调查中表明，许多科学家预计人工智能将很快成为科学研究的核心；在本次调查中，只有约 30%的研究者表示自身并没有在研究当中使用过人工智能。[2] 人工智能在学术工作当中的参与度逐渐增加，从文字润色到数据处理，实现学术生产流程的多环节参与，甚至成为部分文章的合著作者。

另外，人工智能对传统的学术伦理道德也提出了严峻的挑战。据《自然》杂志的数据，2023 年全球有近万篇论文被撤稿，其中一个重要的撤稿因素是论文未公开宣称 AI 的使用。[3] 在 PubPeer 上，也有研究者表明自 2023 年 4 月以来，已经标记了十几篇期刊文章，其中包含有明显由 ChatGPT 生成的语言痕迹。[4] 作为应对，多家知名出版机构迅速更新规则，明确禁止将 ChatGPT 列为合著者，且不允许作者使用 ChatGPT 所生产的文本，也引发了学术界对如何正确认识、使用和限制生成式人工智能应用的广泛讨论。

2. 场景：多角色、全流程介入学术生产

得益于深度学习与自然语言处理技术的发展，人工智能在技术层面上已可以实现较强的文本生产能力与数据分析能力，而这种能力可以具体辅助学术工作，比如内容生成与辅助写作、数据分析与研究、同行评审与质量控制

---

① ChatGPT 数据网，https：//www. aiprm. com/chatgpt-statistics/。
② Richard Van Noorden & Jeffrey M. Perkel, AI and science：what 1, 600 researchers think，https：//www. nature. com/articles/d41586-023-02980-0。
③ Richard Van Noorden, More than 10, 000 research papers were retracted in 2023—a new record，https：//www. nature. com/articles/d41586-023-03974-8。
④ Gemma Conroy, Scientific sleuths spot dishonest ChatGPT use in papers, https：//www. nature. com/articles/d41586-023-02477-w。

以及发现与推荐等。而伴随着 OpenAI 推出可定制化应用的 GPTs 功能，如能检索并匹配文献的 concensus、可以阅读并讨论文献的 AIpdf、可用于分析数据与绘制图表的 Data analyst 以及用于润色翻译的 GPT Academic 等，这些定制化的学术应用功能的产生，使得人工智能在学术工作当中的实践落地更为顺畅与精细化，并不断探索着新兴的应用场景，比如模拟问卷调查者等。

《自然》杂志也对研究者将人工智能应用到科研实践中的具体情况进行了调研。[①] 结果显示，27%的受访者透露他们利用人工智能进行研究思路的头脑风暴，这凸显了人工智能在促进创新思考方面的潜力；接近 1/4 的受访者（24%）依赖生成式人工智能工具来编写计算机程序，显示了人工智能在技术创新中的基础工具作用；此外，16%的研究人员使用人工智能辅助完成研究手稿、演示文稿制作或文献综述，表明人工智能在学术写作和资料整合中的辅助作用日益重要；仅有 10%的用户运用人工智能工具来撰写资金申请，另有相同比例的用户使用人工智能生成图形和图像。总体来看，人工智能在学术生产领域的多样化应用尚处在初始阶段，未来在这些领域仍有可观的增长空间。

3. 变革：人工智能普惠下的科研红利

与以往的弱人工智能相比，生成式人工智能并非只停留在不断提升规则和逻辑能力的层面，它的深度学习能力更具有突出的扩展性，可以进行针对性训练并对学习结果进行调试和优化。如果把学术生产置于社会知识生产的宏观视角下，在大语言模型下，个体只要掌握了一定的提问能力和引导技巧，就可以生产出海量知识，成为学术生产的核心。提升效率是人工智能在学术生产中最显著的增益。生成式人工智能通过大数据知识储量以及更快的数据处理方式，推动学术生产的各个环节流畅进行。除了工作效率的提升，人工智能的引入同样也可以将研究者从枯燥的程式化的工作中解放，比如参考文献的引用格式、论文的格式编辑以及邮件的撰写等，从而可以将更多的

---

① Brian Owens, How Nature readers are using ChatGPT, https：//www. nature. com/articles/d41586-023-00500-8.

精力投身到实验与科研创造当中。

除了普遍性的增效红利，在学术生产中应用人工智能也可以为跨语言的研究者带来帮助，可以显著提高非英语母语学术研究者的学术写作质量。人工智能通过高级的自然语言处理能力，辅助非母语研究者进行语法和句式的校正，并可以提供同义词建议、改善文章结构，甚至帮助理解和撰写复杂的学术概念和论点，从而促进学术生产的公平性。

人工智能为学术领域所带来的变革并不仅限于知识的生产端，同样也在传播端。在学术出版工作当中，人工智能的引入也可以通过完善审稿评价体系、总结稿件、改善作者提交和优化编辑工作流程以及评估数据一致性等工作，实现对学术出版流程的高效变革。相关数据显示，在全球学术出版活动中，每年有超过 1500 万小时用于审查以前被拒绝的稿件，这些稿件会重新提交给其他期刊。[①] 人工智能技术被应用到知识出版流程中，能够使出版者从校对等重复性工作中解放出来，而投入更高阶的创造性工作中。

（二）作为争议对象的人工智能

在人工智能技术应用于学术生产的同时，关于技术本身的讨论也日趋激烈，各方对其在学术领域的使用规则尚未达成共识。Scopus 数据库[②]分析表明，在 2023 年研究论文中提到人工智能或机器学习术语的比例已经上升到大约 8%。在 CNKI 以"学术"与"人工智能"做相关的检索后，可以发现 2023 年以来学术生产与出版领域有关人工智能的论文数量也呈现上升的态势。而在对相关文献在 Citespace 软件[③]上进行关键词聚类后，也可

---

① Kelly, J., Sadeghieh, T., Adeli, Peer Review in Scientific Publications: Benefits, Critiques, & A Survival Guide, PubMed Central, https://www.ncbi.nlm.nih.gov/pmc/articles/PMC4975196/.

② Scopus 数据库（www.scopus.com）是爱思唯尔公司 2004 年推出的，全球领先的同行评议摘要引文数据库。收录来自全球 220 多个国家，7000 多家出版商的科技出版内容，覆盖自然科学与工程、社会与人文科学、健康科学和生命科学各个领域，涉及 40 多种语言。

③ CiteSpace 是美国雷德赛尔大学信息科学与技术学院的陈超美博士与大连理工大学的 WISE 实验室联合开发的科学文献分析工具。主要是对特定领域文献进行计量，以呈现某一学科领域研究结构和发展趋势的软件。

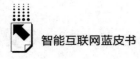
以发现当前学界对于相关讨论有着喜忧参半的论调。"学术伦理"与"应对策略"展现了研究者对于人工智能应用存在的伦理问题以及危机应对方式的讨论；而"机遇"则展现了其对于技术变革当中产业红利与机会的认识（见图1）。

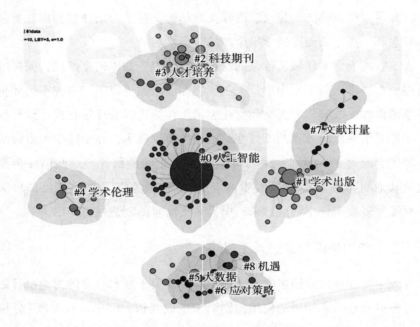

图1　CiteSpace 分析下"人工智能"与"学术生产"的文献主题词分布结果

人类在享受技术红利的同时，也势必会关注其负面影响，尤其当新兴技术成为一种颠覆性力量之时。仅 2023 年，多家学术出版机构都在反复修改自身对生成式人工智能的态度与声明，不断尝试完善人工智能在学术使用上的标准与规范。相比于早期一致性的"拒斥"态度，全球学术出版商对人工智能辅助学术生产总体呈现逐步放开的趋势。

2023 年 1 月，*Science* 系列期刊便表示不允许论文包含任何人工智能工具生成的文本、数字和图像，将使用 AI 生成内容的行为与学术不端行为划为同类。但到了 2023 年 11 月 16 日，其发布了新的编辑政策：只要在论文的"方法"部分适当披露，就允许使用生成式人工智能和大语言模型来创造论文中的图像和文本。①

与 *Science* 一致，*Nature* 与国际医学期刊编辑委员会（ICMJE）、世界医学编辑协会（WAME）、科学编辑理事会（CSE）等都陆续发布了用 AI 生成文本和图像的相关指南。通过对 100 家出版商和期刊的研究发现，截至 2023 年 5 月，17% 的出版商和 70% 的期刊发布了使用生成式人工智能的指南，其中有一条原则是一致的：研究人员均需要标注其论文当中的人工智能使用成分，并且人工智能不可以作为研究论文的署名作者②。

二 创新路径：从生产到出版的范式重构

学术生产与出版是人类知识创造与文明传播的重要阵地。传统的学术生产流程主要包含两个阶段，分别是研究准备与论文撰写，涉及发现研究问题、收集信息资料、分析文献数据、学术写作等步骤；而传统的学术出版流程，主要包括内容审校、印制出版、推广发行等步骤。但这种路径流程并非一成不变的，会受到技术环境的影响发生变更，譬如从印刷时代向数字时代的转型。当下，生成式人工智能已经贯穿学术生产与出版的全流程，并对其中的传统范式进行重塑。

（一）研究准备：从检索到生成的研究辅助

1. 激发选题灵感

选题是学术研究的起点之一，选题的精准与前沿、有效直接影响着整个研究的价值所在。而传统的选题生产主要依赖于研究者对于选题所涉及领域的已有认知以及基于传统学术搜索引擎上的知识搜集。但如此的选题步骤仍

---

① Change to policy on the use of generative AI and large language models | Science | AAAS, https：//www. science. org/content/blog-post/change-policy-use-generative-ai-and-large-language-models.

② How ChatGPT and other AI tools could disrupt scientific publishing, https：//www. nature. com/articles/d41586-023-03144-w.

然存在有较大的遮蔽性，由于研究者本人知识的有限性以及搜索过程中的折损率，部分选题所涉及的新兴领域难以被研究者发现，容易造成同类选题重复撰写、重复投稿的无用功与学术资源浪费。而与此同时，传统的灵感寻找过程并没有成体系，过度依赖于研究者自身的敏感度与时机，并且涉及大量庞杂的无效程序性工作。

人工智能介入选题流程，可以运用其庞大的数据分析能力进行相关知识的检索与整理，从而为研究者提出相应的选题建议，并在已有选题基础上进行同题验证、探索新的选题方向。基于此，众多知识生产平台开始尝试运用人工智能技术进行智能选题功能的开发。2023 年，中国知网便推出了 AI 智能写作的新功能模块——写作选题，通过人工智能大模型技术，将知网总库海量学术文献作为训练集进行训练，从而为研究者与写作者提供智能化的选题辅助。

2. 检索整理文献

文献资料的查询与阅读一直是科研工作中的重要组成部分，同时也是其中最庞杂的工作，海量文献的检索与整理需要消耗研究者绝大部分的研究时间。在传统的检索与整理过程中，研究者主要依赖于学术搜索引擎进行信息查询，并通过对文献的系统阅读梳理既有知识。但如此的流程势必会带来大量重复性、程序性的工作，且无法实现同时跨库检索。

将人工智能技术引入文献的检索整理工作后，依托于大数据与深度学习技术，可以实现对相关文献的高效检索，并可以进行总结分析与讨论，甚至完成简单的知识图谱呈现以及文献计量分析。GPTs 内的相关应用便可以实现针对性的文献检索整理工作。比如，Concensus 应用可以基于用户的一个观点查询到相关联的链接，并对其进行简要概述；而 GPTs 商店内置的 Citespace 应用则汇集了知识图谱软件与人工智能应用，可以实现便捷的关键词共现等文献整理操作。

3. 辅助实验设计

在传统的科学研究中，部分实验会出现高额的成本损耗，因此为提高实验的成功率，实验本身的设计便显得格外重要。人工智能的引入可以实现实验参数优化与模拟预测两大效能。研究者可以使用机器学习算法，根据历史数据预测最优的实验条件，如温度、浓度等，提高实验成功率和效率；而对于一些成本高昂或难以直接观察的实验，人工智能模型则可以用来进行模拟实验，预测实验结果，从而指导实验设计。ChatGPT 等生成式人工智能具有较强的代码实践能力，在部分研究中可以辅助写作实验代码。

目前，人工智能在科学实验中的参与潜力尚未被完全挖掘。国外研究者开发出了一套人工智能评估测试，他们认为这种测试将人工智能视为能够模拟许多人类的集体智能，借助这种方式，可能有助于重现经济学、心理语言学和社会心理学等学科的实验。① 例如，在未来的研究进程当中，可以利用人工智能模拟被调查者的实验数据，特别是在出于实验规模、选择偏差、货币成本、法律、道德或隐私方面的考虑，或在人类身上进行实验代价高昂的情况下。

4. 生成结果分析

人工智能工具所具有的较强数据分析能力可以帮助研究人员分析实验数据，识别重要的模式和趋势，自动生成图表和报告，并简化结果解释过程。此外，由荷兰蒂尔堡大学的方法学家 Michèle Nuijten 及其同事开发的人工智能研究工具（如 Stat check 应用）还可以从心理学研究论文中提取和检查统计数据，从而评估数据的一致性，检测已成功数据当中是否存在谬误与错误操作②。

（二）论文撰写：从程序性工作中解放科研人员

1. 高效的语言组织与撰文

借由自然语言处理技术的深度发展，生成式人工智能在论文的撰写上呈现较高的协作潜力。医学研究者 Ismail Dergaa 等在报告中提到 ChatGPT 所具

① Gati Aher, Using Large Language Models to Simulate Multiple Humans and Replicate Human Subject Studies.

② Monya Baker, Smart software spots statistical errors in psychology papers, https://www.nature.com/articles/nature. 2015. 18657.

有的最大优点便在于能够短时间内处理大量文本数据，从而为研究人员节省大量的时间与精力。在具体应用当中，生成式人工智能可以帮助研究人员高效地组织语言和撰写文章，通过提供结构化的写作建议、自动生成文段或改写复杂句子来提高写作质量和速度。比如，ChatGPT等模型能够基于提供的大纲或关键词撰写连贯的文本，大大减少初稿的编写时间。

2. 机械的格式工作与美化

程序化工作的解放是人工智能纳入学术生产当中的重要因素。在传统的学术写作流程当中，文章格式的调整与不同期刊的不同编辑格式都需要耗费研究者大量的精力与时间。而人工智能的引入则意味着AI工具可以帮助研究者自动执行格式化工作，如参考文献的格式校正、图表的标准化制作，甚至根据出版社的要求调整文章格式，减少手动调整的时间和精力。与此同时，除基本格式的调整外，生成式AI也可以通过自动化图表、文字生产图片等工具，创建视觉上吸引人的图表和插图，提高论文的整体美观度。

（三）出版发行：智能驱动学术出版产业升级

1. 筛选稿件与生成摘要

Dimensions数据库最近的一项研究显示，全球研究产出在过去几年呈指数级增长，2020年发表了470万篇文章①。面对逐渐增多的审稿数量，期刊编辑在稿件的筛选与评议上需要花费的时间与精力也水涨船高。而生成式人工智能对于文本的解读以及简化的功能可以辅助期刊编辑完成稿件的筛选工作，通过使用人工智能驱动的工具来总结提交的稿件，并突出显示有关研究、参与者、使用的方法、道德合规信息和研究结果的重要数据。与作者通常提交的关键字相比，这提供了对稿件的更好概述，并使编辑更容易识别可以继续发表的论文。与此同时，AI工具也可以快速评估提交的稿件的相关

---

① Rachel Burley, How AI is accelerating research publishing, https：//www.researchinformation.info/analysis-opinion/how-ai-accelerating-research-publishing.

性、创新性和研究质量，通过机器学习算法，可以构建更为公正、透明的评审模型，预测稿件的接受概率、影响因子等，帮助优化审稿流程和决策过程，帮助编辑快速筛选出有潜力的论文。

2. 辅助同行评议机制

同行评审是学术出版和科学研究领域中一个核心的质量保证机制。它涉及将科学家、研究者或专家的研究成果提交给同一领域的其他专家进行评审和验证。而其中牵涉到的重要工作便有识别与分配同行评审员，而人工智能工具则可以通过确定学科的同行评审员实现对编辑的工作减负。编辑现在可以在短短几秒钟内根据稿件主题获得最合适的同行评审员的公正排名列表，并且还可以辅助识别同行评审中的偏见或潜在利益冲突，提升审稿质量和公正性。

3. 辅助内容审校

内容审校是期刊出版编辑当中的重要环节，其中的工作则主要涉及期刊文章内容的控制与保障，包括数据可靠性、学术正当性的保障，也同样包含基本文章的润色以及谬误的修正。在人工智能纳入学术出版流程后，原本由人主导的内容审校工作转化为人机协同的智能出版工作，编辑可以利用 AI 核查拼写错误、错别字、逻辑矛盾、语法问题、敏感词汇、数学公式、图表、参考文献以及排版格式等，有效缩短审校周期并提升精确度，也可以通过语义分析识别文章中的逻辑错误或不一致之处，并通过大数据的比对验证数据与内容的可靠性与重复率。

（四）传播营销：科学传播的智能发展

传播营销位于学术出版流程的末端，其向智能化的转变主要体现在两个方面：营销物料的自动化生产和智能搜索与推荐系统的精细化。首先，通过利用 AI 技术生成的图像、视频和文本，期刊能够迅速创建出高品质的营销内容，如引人注目的期刊封面、吸引眼球的社交媒体帖子或新闻稿，显著提升科研成果的可见度和吸引力。同时，在智能推荐方面，学术出版商通过部署基于 AI 的搜索引擎和推荐系统，能够根据读者的浏览习惯和兴趣偏好，

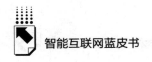

智能化地推荐相关的科学文章、会议信息和新闻报道，有效增加学术内容的曝光度和影响力。这种智能化的策略不仅优化了学术成果的推广过程，也极大地提高了知识的触达率和读者的参与度。

三　本土趋向：冲突应对与未来探索

当前，我国人工智能产业仍处于蓬勃发展的初期阶段，对学术生产与出版而言，从研究者到期刊编辑，从学术出版商到国家政策层面都亟须在协同当中形成技术的认知与使用规范，让技术真正服务于产业，为我国的科研工作与传播提供助推力。

（一）边界冲突的浮现与激化

1. 技术黑箱下的透明性与识别困境

生成式人工智能的发展需要通过大量数据集的训练，但在当前所推出的预训练大语言模型当中，其训练的透明性并无法完全保证。并且，AI 系统的决策过程往往也缺乏透明性，使得研究人员难以理解和验证 AI 提供的数据分析或研究结果。这种不透明性可能掩盖了算法偏见、数据处理错误或过度拟合等问题。

而在人工智能的使用当中也具有一定的不透明性，仍有许多研究者在隐藏人工智能生产内容的痕迹，这便带来了人工智能生产论文的识别困境，期刊出版商往往需要额外花费大量的技术去识别论文是否经由人工智能写作。

2. 内容可靠度与假货频现的论文工厂

在过往的研究当中，研究者发现人工智能生产的内容会出现虚假不真实的数据与内容，而这可能会使人们更容易撰写出质量低劣的论文。并且伴随着人工智能技术能力的新发展，其不正当使用的可能性也不断增加，不正当的研究者可以轻易对文章数据以及图表进行修饰。越来越多期刊编辑开始担心生成式人工智能可能被用来更容易地生产虚假但令人信服的文章。

3. 主体性与创造性的削弱

在芒福德《机器神话》的忧思中，置身于巨型技术所创制的组织结构中，人类会慢慢地不再具有独立人格，成为一种消极被动、服从机器操控的动物。面对人工智能的过度使用，研究者担心这种情境不断深化，过度依赖AI进行学术生产可能会减弱研究人员的批判性思维和独立分析能力，忽视深入挖掘和验证数据的重要性，从而导致学术研究的表面化和质量下降。人类慢慢丧失了基本的创造性与主体性，沦为被机器宰制的混沌个体。

（二）多元主体的协同与探索

1. 研究者：伦理与素养的培养

面对人工智能技术所带来的危机，研究者本身应当养成正当使用智能技术参与学术生产的伦理与素养。随着人工智能技术的广泛应用，研究者应深入理解其潜在的伦理问题，如数据隐私保护、算法偏见和知识产权等，确保在科研活动中遵守伦理标准。此外，研究者应提升自身的AI素养，不仅要能够有效利用AI工具加速科研进程，更要具备批判性思维，能够识别和纠正AI应用中可能出现的误差和偏差，确保研究结果的准确性和可靠性。

2. 编辑：人文价值的重塑

虽然人工智能可以提高效率，处理语法错误、排版格式等技术性工作，但编辑对内容的理解、价值判断和文化敏感性等方面的贡献不可替代。编辑应当利用人工智能提高工作效率，同时保持人类编辑不可替代的创造性思维和深度理解，确保学术出版物不仅在形式上完善，更在内容上丰富且具有启发性。

3. 出版产业：使用边界的界定

作为出版产业的重要主体，学术出版商对于人工智能使用范围的规定直接影响着整个出版链上人工智能技术的使用情况。2023年9月，中国科学技术信息研究所联合施普林格·自然、约翰威立国际出版集团发布《学术出版中AIGC使用边界指南》，其中详细阐释了在各流程环节当中人工智能使用的指导规范与限制。与此同时，诸如知网、万方等国内重要出版商也不

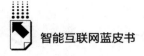

断尝试着自身人工智能技术的发展，试图通过 AI 系统完善智能选题、智能写作、智能查重等功能机制。

4. 国家：规范与限制的确立

国家宏观政策的调控始终是产业发展必不可缺的力量。我国在人工智能技术的发展以及在学术领域的规范使用上，逐渐出台相关的政策以实现人工智能产业的良性发展，比如科技部监督司编制印发了《负责任研究行为规范指引（2023）》，其中提出，不得使用生成式人工智能直接生成申报材料，不得将生成式人工智能列为成果共同完成人，在国家规范上强调了人工智能在学术领域的使用范围与限制。在国家、编辑、出版社等多元主体的磋商与共谋下，人机协作的全球新景观势必成为知识范式转变以及科学进程当中的重要助力。

参考文献

腾讯研究院、中国信息通信研究院互联网法律研究中心、腾讯 AI Lab、腾讯开放平台：《人工智能：国家人工智能战略行动抓手》，中国人民大学出版社，2017。

〔美〕阿莱克斯·彭特兰：《智慧社会》，汪小帆、汪容译，浙江人民出版社，2015。

〔美〕彼得·博格：《现实的社会建构——知识社会学论纲》，吴肃然译，北京大学出版社，2019。

B.25
人工智能发展催生新业态新职业

张　毅　张丽廷*

摘　要：　人工智能技术的落地应用，不仅推动了行业的创新发展，更催生了众多新业态，带动了更多新就业，为社会经济注入持续增长的新动力。随着人工智能时代加速到来，我国人工智能人才缺口越来越大。企业在推进"数智化"的过程中，缺乏相关人才已经成为主要掣肘之一。未来，中国劳动力市场结构有望革新，人机协作将成主流趋势。

关键词：　人工智能　新职业　劳动就业

随着科技的飞速发展，大数据、人工智能（AI）等前沿技术逐渐从理论走向实践，数字孪生应用的构想也已成为现实。这一变革不仅重塑了众多行业的运作模式，更催生了一系列与AI紧密相连的新兴职业。这些职业对从业者的要求极高，不仅要求他们具备深厚的技术功底，还要具备前瞻性的思维和创新精神。这一变革为人才培养和职业发展提供了明确的指引，同时也为求职者提供了更多元化的职业选择。

自2019年以来，人社部会同有关部门发布了5批共74个新职业①：2019年发布了人工智能工程技术人员、物联网工程技术人员、大数据工程技术人员等13个新职业；2020年发布了智能制造工程技术人员、工业互联网工程技术人员、虚拟现实工程技术人员、人工智能训练师等25个

---

* 张毅，艾媒咨询首席分析师兼CEO，主要研究方向为移动互联生态、新经济等；张丽廷，艾媒咨询分析师，主要研究方向为新经济、新一代信息技术等。
① 《新职业开辟就业新空间》，《人民日报》2022年12月1日，第8版。

新职业；2021 年发布了智能硬件装调员、服务机器人应用技术员等 18 个新职业；2022 年则发布了机器人工程技术人员、数据安全工程技术人员、数字孪生应用技术员等 18 个新职业。2022 年 9 月，人社部发布《中华人民共和国职业分类大典（2022 年版）》（以下简称"大典"），这 5 批共 74 个新职业均被纳入大典当中。这些新职业涉及人工智能、物联网、大数据、虚拟现实等前沿领域，不仅体现了新技术、新需求的发展趋势，还成为观察我国经济发展的重要风向标。随着技术的不断突破和应用场景的拓展，与 AI 相关的职业将更加丰富多彩，为人才发展提供更加广阔的舞台。

一 人工智能技术催生新业态

随着科技的飞速进步，人工智能已成为赋能千行百业的强大引擎。工业和信息化部赛迪研究院数据显示，2023 年，我国生成式人工智能的企业采用率已达 15%，市场规模约为 14.4 万亿元。制造业、零售业、电信行业和医疗健康等四大行业的生成式人工智能技术的采用率均取得较快增长。[①] AI 技术的广泛应用，不仅推动了行业的创新发展，更催生了众多新业态，带动了更多新就业，为社会经济带来了持续增长的新动力。

1. 人工智能+制造业

近年来，制造业招工难、用工贵、用工荒等问题日益凸显。人社部发布的《2022 年第四季度全国招聘大于求职"最缺工"的 100 个职业排行》中，近一半与制造业相关。与 2022 年第三季度相比，制造业缺工状况持续，汽车行业相关岗位缺工较为突出，特别是焊工、车工等，长期处于缺工状态。

越来越多企业大量引入工业机器人等智能化生产设备，以填补人力缺

---

① 《Sora 爆火！人工智能将如何改变世界？》，人民日报客户端，2024 年 2 月 20 日，https：//wap.peopleapp.com/article/7346368/7181352。

口。近年来，中国工业机器人安装数量快速增长，2022 年中国新安装了 29 万台工业机器人，占全球新安装数量的一半以上。① 其中很大一部分用于汽车生产，尤其是电动汽车制造。iiMedia Research（艾媒咨询）数据显示，2023 年中国工业机器人市场规模达 893.4 亿元，同比增长 8.8%；预计 2025 年有望突破千亿元（见图 1）。工业机器人在中国机器人行业中属于应用较早的领域，市场规模也相对较大。工业和信息化部、国家发展改革委等八部门于 2023 年底联合印发《关于加快传统制造业转型升级的指导意见》，提出到 2027 年，我国传统制造业高端化、智能化、绿色化、融合化发展水平明显提升，有效支撑制造业比重保持基本稳定，在全球产业分工中的地位和竞争力进一步巩固增强。智能制造是中国制造业转型升级的重要方向，工业机器人市场规模在未来几年将保持高速增长。

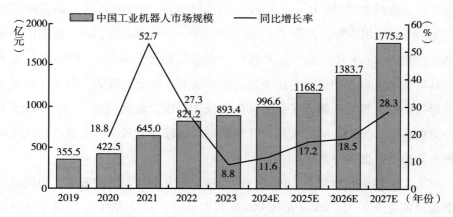

图 1　2019~2027 年中国工业机器人市场规模及预测

资料来源：iiMedia Research（艾媒咨询）。

人工智能在生产线的应用将推动原有工作岗位的变革，提高工人的技能要求，并催生智能制造工程技术人员、机器人工程技术人员等新型职业。同时，人工智能将替代部分重复性、可编码的常规工作，从而增加对人机协作

---

① 《中国去年安装工业机器人数量超过世界其他地区总和》，参考消息，2023 年 9 月 28 日，https：//baijiahao. baidu. com/s？id=1778239412904312406&wfr=spider&for=pc。

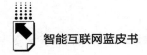

型岗位的需求，如工业机器人系统操作员和运维员等。根据王书华等的统计，2019 年以来，我国人力资源和社会保障部陆续公布了 30 余个与人工智能相关的制造业新职业。① 人工智能技术应用使制造业用工结构出现分化，短期内用工缺口问题会更加明显，人工智能应用带来的全新岗位以及技能需求将会造成复合型人才的结构性用工紧张。

2. 人工智能+办公

2023 年，AIGC 热潮爆发，国内外大语言模型领域动态频出，办公场景凭借着适配大语言模型能力强、覆盖用户数量多、用户付费率高等特点，成为大模型率先大规模落地的场景之一。

在办公软件行业中，人工智能大模型正逐步在自然语言处理、计算机视觉、语音识别等领域发挥作用，推动了相关软件产品的智能化升级。2023 年 3 月，微软在 "The Future Work with AI" 发布会上宣布将大语言模型引入了 Office 应用程序，推出了 AI 助手——Microsoft 365 Copilot，帮助用户提高办公生产力；4 月，国内办公软件企业金山办公正式推出 WPS AI，它不仅具备文本生成等功能，更能通过自然对话的人机交互方式，自动生成复杂的函数公式，极大地简化了办公软件的操作流程。而在同年 11 月，WPS AI 公测版本正式发布，向广大用户开放使用，这标志着其在办公软件智能化道路上迈出了坚实的一步。

人工智能正在重塑办公模式，助力用户提升创新与生产效率，协同办公市场规模逐渐扩大。iiMedia Research 数据显示，2023 年中国协同办公市场规模达 330.1 亿元，同比增长 12.5%；"智能协作" 和 "AI 智能助手" 已经成为政企用户对协同办公软件最期待提升的 TOP3 功能，地位仅次于 "数据安全"。②

2017 年以来，中国企业在大模型技术方面的布局速度加快，多模态

---

① 王书华、杨学成、曹静等：《应用人工智能优化制造业人力资源结构的对策建议》，《科技管理研究》2024 年第 2 期，第 187~193 页。

② 艾媒咨询：《2023 年中国协同办公行业及标杆案例研究报告》，2023 年 6 月 20 日，https://www.iimedia.cn/c400/93999.html。

融合和跨领域应用是大模型专利技术的发展趋势。数据显示，软件业、制造业及服务业等是中国大模型创新主体专利布局较多的行业，专利数量分别为 3.6 万件、3.4 万件、2.8 万件。① 百度、腾讯、阿里巴巴等中国头部企业展现强劲的技术创新实力，涌现大量专利成果。当 AI 成为办公软件的标配时，厂商原有的行业优势将作为关键竞争壁垒持续发挥作用，而那些拥有上游供给模型的企业更有可能在新一轮的竞争中展现其独特的价值。

3. 人工智能+电商

当前，传统电商逐渐步入存量竞争阶段，流量增长的瓶颈愈发显现，各大电商平台纷纷寻求突破，争夺市场份额。为了应对这一挑战，电商巨头们不断在价格、供应链以及出海等方面展开激烈竞争，导致行业同质化趋势愈发严重。

在这场激烈的竞争中，AI 技术如同一把降本增效的利器，为电商行业带来了新的发展契机。2023 年，阿里巴巴、京东、字节跳动、腾讯、百度等科技巨头纷纷亮出自研大模型"通义千问""言犀""云雀""混元""文心一言"等，并快速将这些 AI 技术应用于电商领域，推出了各具特色的 AI 工具和电商应用。随着这些科技巨头的纷纷布局，AI 电商战场的竞争愈发激烈，硝烟已悄然燃起。这标志着 AI 技术在电商领域的应用正式进入了白热化阶段，将为电商行业的未来发展带来革命性的变革。

AI 技术在电商领域的创新实践中，最亮眼的当属数字人直播。通过引入虚拟主播，电商平台实现了 24 小时不间断的直播服务，极大地提升了电商平台的运营效率和用户覆盖。数字人直播不仅降低了人力成本，还通过 AI 算法实现了精准的用户画像和个性化推荐，增强了用户购物体验。同时，虚拟主播的形象和声音可以定制，为电商企业提供了更多品牌塑造的可能性。iiMedia Research 数据显示，2023 年中国虚拟人核心市场规模为 205.2 亿元，

---

① 国家工业信息安全发展研究中心：《中国 AI 大模型创新和专利技术分析报告》，2023 年 11 月 20 日。

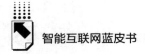

同比增长 69.9%，预计 2025 年将达 480.6 亿元；其中，电子商务是虚拟人产品需求量 TOP1 的行业。①在传统行业数字化转型及降本增效的需求推动下，中国 AI 数字人业务需求进一步释放，预计市场规模将持续增长。

近年来，居民消费行为不断演变，线上服务需求呈现迅猛的增长态势，进一步加剧了电商企业对人才的需求紧缺现象。数据显示，截至 2025 年，我国电子商务领域相关从业人数将达到 7000 万，未来五年预计我国电商人才缺口将达 985 万。②尽管 AI 技术能够显著提升电商运营效率，但单纯依赖它并不能从根本上解决电商行业的人才紧缺问题。电商企业需要更加重视培养和引进高质量的人才，特别是那些兼具电商和 AI 技术知识的复合型人才。这些人才不仅能够充分利用 AI 技术推动业务发展，还能够在激烈的市场竞争中为企业带来独特的竞争优势。

4. 人工智能+零售

在零售行业，人工智能技术的应用正在改变着消费者的购物方式和商家的经营策略。智能导购系统能够自动识别消费者的需求和偏好，为消费者提供个性化的购物建议和推荐，提高了购物体验。同时，AI 支付系统的引入也使得支付过程更加便捷、快速。

对于商家而言，人工智能技术同样带来了巨大的商业价值。智能库存管理系统可以实时监测库存情况，自动调整进货策略，避免了断货和积压现象。智能分析系统则能够通过对销售数据的分析和挖掘，帮助商家更加精准地了解市场需求和消费者行为，为经营决策提供有力支持。此外，人工智能还在零售行业的店面管理、会员服务等方面发挥着重要作用。通过智能化管理，企业可以更加高效地运营店面、提高服务质量、增强消费者黏性，从而实现持续盈利和增长。

从 2020 年到 2022 年，65.8%的受访企业选择以数字化手段来应对经营困境；31.6%的受访企业主要依靠第三方 SaaS 服务商来推进数字化进程；

---

① 艾媒咨询：《2023 年中国 AI 数字人产业研究报告》，2023 年 11 月 6 日，https：//www. iimedia. cn/c400/96607. html.

② 商务部、中央网信办、国家发展改革委：《"十四五"电子商务发展规划》，2021 年 10 月 9 日。

超九成受访企业表示完成数字化升级后为业绩带来了正面影响，其中，48.9%的企业表示完成数字化升级能为企业减少亏损，45.9%的企业表示能带来业绩增长。[①]

经过多年的探索和实践，数字化已成为零售企业转型升级的必由之路。为了在激烈的市场竞争中立于不败之地，零售企业需要全面升级自身的数据与技术基础、组织架构以及业务模式，以顺应数字化、智能化的趋势，加速迈向3.0数智化时代。

二 人工智能人才市场需求分析

（一）企业"智能化"发展困境分析

在数字化转型的浪潮中，企业纷纷追求智能化升级，以应对日益激烈的市场竞争。然而，在这一过程中，企业遭遇到了多方面的困境，这些困境不仅影响了企业的转型进度，更对其长期发展构成了严峻挑战。其中，最为核心的两个挑战在于人才短缺和技术应用难题。

人才的短缺成为制约企业智能化发展的重要因素。AI技术的复杂性和专业性决定了其对应的人才需求。AI不仅涉及深度学习、机器学习等前沿技术，还需要人才具备数据处理、算法优化等多方面的能力。这种高度的专业性使得AI人才的培养难度较大，进而导致市场上AI相关人才的供给不足。

人工智能时代加速到来，我国AI人才缺口越来越大。麦肯锡公司发布的报告显示，2030年中国的AI人才缺口可能多达400万人——预计中国对熟练AI专业人员的需求将增至2022年的6倍，达到600万，但2030年的人才供应量仅能达到200万，因此缺口为400万人。[②] 2023年上半年，AIGC（人工智能生成内容）、新能源、新材料、对话机器人、绿色低碳五个赛道

---

① 《2020-2022中国零售品牌数字增长力调查报告》，微盟，2023年9月11日，https://stock.stockstar.com/SS2023091400014487.shtml。

② 《日媒：中国AI迅猛发展，人才缺口达数百万》，《环球日报》2023年9月15日，https://m.huanqiu.com/article/4EXvSxw9KWL。

的新发职位同比增长相对明显，其中 AIGC 增幅最大，为 127.63%；投递 AIGC 行业的求职者同比增长超 470%，增幅远超其他赛道。[①]

2024 年 2 月，iiMedia Research（艾媒咨询）发起了一项《2024 年中国企业智能化发展人才需求调研》，了解企业在智能化发展过程中面临的问题，以及对人工智能人才需求情况。本次参与调研的样本共 608 家；其中，以小型企业（员工人数 $20 \leqslant X < 300$ 人或营业收入 $300 \leqslant Y < 2000$ 万元）和中型企业（员工人数 $300 \leqslant X < 1000$ 人或营业收入 $2000 \leqslant Y < 40000$ 万元）为主，占比分别为 54%、31%。受访企业主要来自制造业（33.5%），信息传输、软件和信息技术服务（22.7%），批发和零售业（9.8%）。

调研结果显示，企业在推进"数智化"的过程中，"缺乏相关人才"已经成为主要掣肘之一。36.7% 的企业认为缺乏 AI 相关人才是影响其"数智化"发展的重要原因（见图 2）。企业在数智化转型中，将"人才引入"作为首要投入，占比高达 50.1%（见图 3）。人才是推动数智化转型的关键因素，为应对这一挑战，企业应加大 AI 人才培养和引进力度，优化人才结构，为数智化转型提供人才保障。

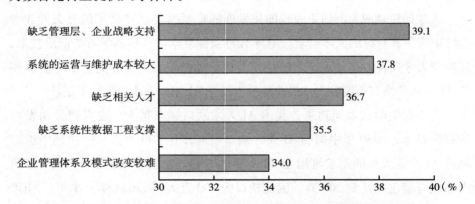

图 2　2023 年中国企业"数智化"过程中面临的问题 TOP5

注：调研时间：2024 年 2 月；N=608，下同。

资料来源：艾媒咨询《2024 年中国企业智能化发展人才需求调研》。

[①]　猎聘：《2023 上半年就业趋势大数据洞察》，2023 年 8 月。

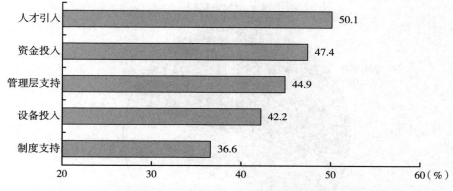

图3　2023 年中国企业计划为人工智能应用增加的投入类型 TOP5

技术的应用难题也是企业智能化发展过程中的一大困境。智能化技术涉及多个领域，如大数据、云计算、人工智能等，这些技术的复杂性和专业性使得企业在实际应用中面临诸多困难。例如，如何有效整合和利用多源数据、如何确保数据的安全性和隐私保护、如何选择和运用合适的智能化技术等，这些问题亟待解决。

（二）企业 AI 技术应用人才需求情况分析

iiMedia Research（艾媒咨询）调研数据显示，91.3%的受访企业面临人工智能人才缺乏的问题；超七成企业未来 2 年对人工智能人才的招聘需求将会增加（见图4）；人工智能相关人才的招聘数量占企业总招聘数量的比例在 20%~30%的最多，占比 40.4%（见图5）。

受访企业对人工智能人才的需求类型呈现多样化趋势。其中，高端技术岗、应用开发岗和算法研究岗位位列前三，分别占比 42.4%、40.8% 和37.3%（见图6）。这表明企业在人工智能领域不仅需要具备深厚技术底蕴的高端人才，还注重应用开发能力和算法研究实力。为了满足这一多元化需求，企业应加大在人才培养和引进方面的投入，同时优化人才结构，从而推动企业在人工智能领域的持续发展。

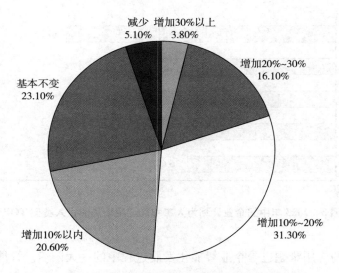

**图4　2023年中国企业未来两年计划招聘的人工智能
相关人才的数量变化占比**

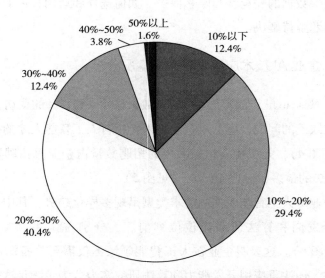

图5　2023年中国企业人工智能相关人才的招聘数量占比

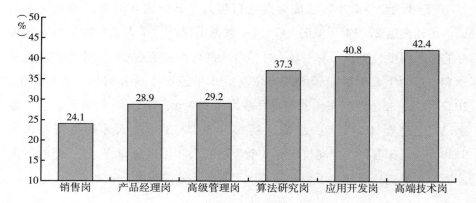

图 6　2023 年中国企业人工智能人才需求类型 TOP6

iiMedia Research（艾媒咨询）调研数据显示，受访企业招聘的人工智能具体职位中，人工智能数据工程师、人工智能机器人工程师、人工智能算法工程师、人工智能产品经理、人工智能教育培训人员位列前五，占比分别为 29.6%、28.3%、27.1%、26.9%、26.3%（见图 7）。从数据处理到算法研发，再到产品管理和教育培训，企业期望构建一个完整的人工智能人才生态，以推动其在各个业务领域的数智化转型和创新发展。

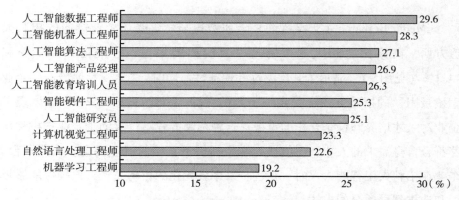

图 7　2023 年中国企业计划招聘的人工智能职位类型 TOP10

"行业内竞争激烈"已成为企业招聘人工智能人才时面临的最突出问题，占比高达27.9%（见图8）。这一数据不仅凸显了人工智能领域人才争夺的激烈程度，更预示着一场人才抢夺大战已经愈演愈烈。受市场供需关系影响，近两年人工智能领域的岗位薪资水平经历了显著增长。数据显示，2022年人工智能新发岗位的平均月薪为43817元；2023年1~8月，这一数字已经上涨至46518元，涨幅达到6.16%；人工智能人才的供需比仅为0.39，这意味着每5个岗位仅有2个合适的人才可供选择。[①] 这一严峻的人才短缺现象进一步加大了企业招聘人工智能人才的难度。

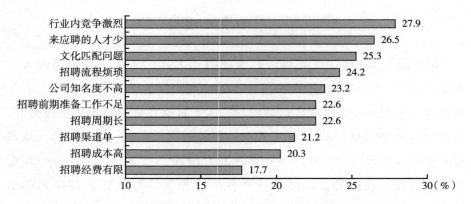

图8　2023年中国企业招聘人工智能人才时面临的问题TOP10

iiMedia Research（艾媒咨询）调研数据显示，受访企业倾向的招聘渠道方面，网络招聘和人才市场是主要的招聘渠道，分别占比45.1%和44.1%（见图9），显示了其广泛性和便捷性。同时，"学校专项培养、企业直接录用"的招聘方式也受到了企业的青睐，占比高达40.2%，这体现了企业对人才培养和校企合作的重视。这种招聘方式不仅有助于企业选拔和培养符合自身需求的人才，还能够为学生提供更直接的就业机会和实践平台。企业在招聘人工智能人才时，正逐步采用多元化的招聘途径，以确保能够吸引和选拔到最适合的人才。

---

①　脉脉高聘人才智库：《2023泛人工智能人才洞察》，2023年11月3日。

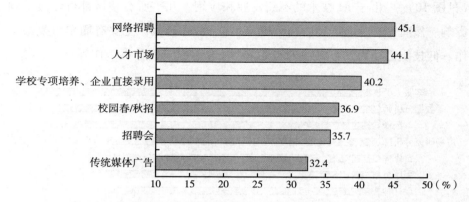

图 9　2023 年中国企业倾向采用的人工智能人才招聘途径 TOP6

三　人工智能新职业未来趋势展望

（一）人工智能发展给就业市场带来的挑战

1. 人工智能的"就业替代效应"日益凸显

人工智能技术的飞速进步和应用正逐渐改变着劳动市场的格局。随着智能机器人和自动化系统的广泛应用，那些高度重复、技术含量较低的职位正受到前所未有的冲击。这种变革已经在一些行业中初露端倪。2023 年 5 月，IBM 透露，公司的人力资源等后台职能部门的招聘将暂停或放缓，这类不面向客户的岗位大约有 2.6 万名员工，其中 30% 的人（近 8000 人）将在 5 年内被 AI 和自动化取代。①

iiMedia Research（艾媒咨询）调研数据显示，关于"最容易被 ChatGPT 抢'饭碗'的职业调查"这一问题，中国网民认为最有可能被替代的前 5 个职业分别为客服人员、数据分析师、翻译、市场研究分析师、自媒体

---

① 《IBM：人力资源等部门近 8000 个岗位"可被 AI 取代"》，界面新闻，https：//baijiahao. baidu. com/s？ id＝1764740092963229285&wfr＝spider&for＝pc，2023 年 5 月 2 日。

（见图 10）。① 由于 AI 技术的不断发展和应用，几乎所有领域都可能会受到影响。然而，有一些类型的岗位更有可能被 AI 替代，主要有简单重复性工作、低技能劳动力、数据输入和处理类工作、机器操作类工作等。

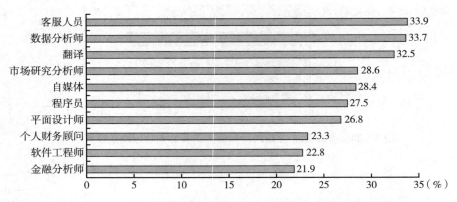

图 10　2023 年中国最容易被 ChatGPT 抢"饭碗"的职业调查

资料来源：艾媒数据中心（data. iimedia. cn）。

2. 劳动力市场的结构性矛盾加剧

人工智能的广泛应用可能加剧劳动力市场的结构性矛盾，导致出现"招聘难，就业难"的双重困境。随着人工智能技术的深入发展，劳动力市场的需求结构将发生深刻变化。一方面，传统的低技能、高重复性的工作岗位将大量被自动化和智能化技术替代，导致这部分劳动力的就业机会大幅减少；另一方面，对于具备高技能水平或创造性思维的人才的需求将显著增加，形成技能需求的错位。

这种结构性变化使得许多劳动者面临技能与市场需求不匹配的困境，加剧了劳动力市场的矛盾。对于那些受到人工智能冲击较大的劳动者，转型至适应新技术需求的工作岗位也充满挑战。他们需要投入大量的时间和资源去学习和掌握全新的技能，但往往因为教育背景、基础能力有限以及缺乏相应

---

① 艾媒咨询：《2023 年中国 AIGC 行业发展研究报告》，2023 年 3 月 31 日，https：//www. iimedia. cn/c400/92537. html。

的资源支持，职业转型变得异常艰难。这意味着劳动力市场将日益分化，高技能人才的就业机会和待遇将得到显著提升，而低技能劳动者则将面临就业机会减少、福利待遇下降的困境。

3. 人工智能人才培养存在实践短板

自 2019 年我国正式将人工智能列为本科专业以来，该领域的教育发展势头迅猛。截至目前，已有 215 所高校设立了人工智能专业，并成立了 100 多所人工智能学院，显示出国家对于培养该领域人才的高度重视。与此同时，多个学科纷纷增设人工智能研究方向，诸多专业开设了与人工智能紧密相关的课程，为我国培养了大批具备相关知识和技能的人才。然而，在快速发展的背后，也存在一些隐忧。一些高校为了追求热点，不顾自身条件盲目设置新专业和新方向，导致师资水平参差不齐、教学条件不足。部分课程设置名不副实，过分强调理论知识，却忽视了实践操作的重要性。这种一拥而上的教育现象可能会培养出不符合市场需求的人才，进而影响整个行业的发展。

我国在推进人工智能教育的同时，也需要关注教育质量，确保师资水平和教学条件与市场需求相匹配，才能真正培养出适应未来市场需求的高素质人工智能人才。

（二）人工智能时代新职业发展趋势

1. 优化产业结构，培育人工智能就业增长点

调整产业结构，积极培育人工智能就业增长点，是应对智能化变革的关键。为此，需加大对人工智能产业的政策扶持和资金投入，鼓励企业增强研发创新能力，以推动产业智能化转型。同时，为创业者提供创新和创业支持，培育人工智能领域的新技术、新产品和新业态，创造更多高质量就业机会。此外，推动人工智能技术在教育、医疗、交通、农业等领域的广泛应用，实现与传统产业的深度融合，有助于创造新型就业岗位，促进信息化就业增长。通过打造具有中国特色的人工智能产业链，推动劳动力市场的转型升级，进而促进经济产业的持续发展。

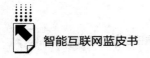
2. 劳动力市场结构革新，人机协作将成主流趋势

随着第四次工业革命的浪潮，劳动力市场结构正在经历前所未有的革新。这一变革不仅源于技术的突飞猛进，更反映了劳动力市场的内在需求变化。

人机协作成为主流趋势，不仅极大地提高了工作效率和准确性，更重要的是，它为人类释放了更多创造力，使人们能够专注于更复杂、更具创新性的任务。同时，随着 AI 和机器人技术的广泛应用，许多原本由人类承担的高危、繁重工作被机器替代，这极大地提升了工作的安全性与舒适性。

这一劳动力市场的结构变革不仅对社会经济产生了深远影响，还触及了文化、伦理和法律等多个层面。为了应对这一变革，加强教育培训、提升劳动者的技能和素质变得尤为重要。此外，还需关注人机协作带来的伦理和法律挑战，确保技术的进步真正为人类社会带来福祉。

3. 聚焦 AI 人才需求，构建全面的人才生态

随着人工智能技术的飞速发展，高层次和紧缺人才需求日益凸显。为应对这一挑战，政府和企业必须深化改革人才制度和体制机制，完善人才生态。这包括加大引进力度，通过国际交流和优化渠道吸引海外人才；加强产学研合作，深化高校、职业院校和企业的联合培养，培养具备实践能力和创新精神的人才；同时，建立科学、公正、透明的人才评价体系，激励人才不断创新，为 AI 领域的可持续发展提供坚实保障。

参考文献

秦媛媛：《人工智能时代下劳动就业的新挑战和新路径》，《中国就业》2024 年第 1 期。

张佳琪：《智媒体范式：人工智能赋能媒体产业的逻辑与趋向》，《电视研究》2022 年第 11 期。

袁毅、陶鑫琪、李瑾萱等：《基于招聘文本实体挖掘的人才供需分析——以人工智能领域为例》,《图书情报工作》2022 年第 14 期。

王博:《人工智能推动的高技能人才需求与能力结构变迁研究——以人机智能协作的模式差异为视角》,《职教论坛》2024 年第 1 期。

王书华、杨学成、曹静等:《应用人工智能优化制造业人力资源结构的对策建议》,《科技管理研究》2024 年第 2 期。

附　录
2023年中国智能互联网大事记

1.《互联网信息服务深度合成管理规定》1月10日起施行

1月10日，国家互联网信息办公室、工业和信息化部、公安部联合发布的《互联网信息服务深度合成管理规定》正式施行。该规定指出，提供智能对话、合成人声、人脸生成、沉浸式拟真场景等生成或者显著改变信息内容功能的服务，应当进行显著标识，避免公众混淆或者误认。要求任何组织和个人不得采用技术手段删除、篡改、隐匿相关标识。

2. 工信部等六部门发布《关于促进数据安全产业发展的指导意见》

1月14日，工信部等十六部门联合发布《关于促进数据安全产业发展的指导意见》，提出2025年、2035年两个阶段数据安全产业具体发展目标。文件提出加强第五代和第六代移动通信、工业互联网、物联网、车联网等领域的数据安全需求分析，推动专用数据安全技术产品创新研发、融合应用。

3. 十七部门印发《"机器人+"应用行动实施方案》

2月3日，工业和信息化部、教育部、公安部等十七部门联合印发《"机器人+"应用行动实施方案》，提出到2025年，制造业机器人密度较2020年实现翻番，服务机器人、特种机器人行业应用深度和广度显著提升，机器人促进经济社会高质量发展的能力明显增强。

4. 全国首个工业数据交易专区上线

2月25日，全国首个工业数据交易专区——北京国际大数据交易所工业数据专区上线。该专区是为工业领域提供的集中数据交易平台，为工业企业提供数据资产登记、数据产品开发、数据资产交易等服务，发挥数据价值，降低交易成本，促进数据流通。

5. 全国首个 AI 公共算力平台在沪投用

2 月 26 日，全国首个人工智能公共算力平台在上海正式投用。该平台依托上海超级计算中心建设运营，将通过算力优化调度更好地满足科研机构和产业界，特别是中小企业的算力需求，加速算力赋能经济高质量发展和城市数字化转型。

6. 中共中央、国务院印发《数字中国建设整体布局规划》

2 月 27 日，中共中央、国务院印发了《数字中国建设整体布局规划》。该规划提出，到 2025 年，基本形成横向打通、纵向贯通、协调有力的一体化推进格局，数字中国建设取得重要进展。到 2035 年，数字化发展水平进入世界前列，数字中国建设取得重大成就。

7. 国务院新闻办公室发布《新时代的中国网络法治建设》白皮书

3 月 16 日，国务院新闻办公室发布《新时代的中国网络法治建设》白皮书。白皮书介绍，中国制定出台网络领域立法 140 余部，基本形成了以宪法为根本，以法律、行政法规、部门规章和地方性法规、地方政府规章为依托，以传统立法为基础，以网络内容建设与管理、网络安全和信息化等网络专门立法为主干的网络法律体系。

8. "人工智能驱动的科学研究"专项部署工作启动

3 月 27 日，为贯彻落实国家《新一代人工智能发展规划》，科技部会同自然科学基金委启动"人工智能驱动的科学研究"（AI for Science）专项部署工作，紧密结合数学、物理、化学、天文等基础学科关键问题，围绕药物研发、基因研究、生物育种、新材料研发等重点领域科研需求展开。

9. 我国移动网络 IPv6 流量超过 IPv4 流量

4 月初，据国家 IPv6 发展监测平台数据显示，截至 2023 年 2 月底，我国移动网络 IPv6（互联网协议第六版）流量占比达到 50.08%，首次超过 IPv4 流量。全国 IPv6 互联网活跃用户总数达 7.424 亿，占全部互联网网民的 70.64%。

10. 我国算力产业年增长率近30%　算力总规模全球第二

4月初，工信部数据显示，截至 2022 年底，我国算力总规模达到 180EFLOPS（每秒 18000 京次浮点运算），存力总规模超过 1000EB，国家枢纽节点间的网络单向时延降低到 20 毫秒以内，算力核心产业规模达到 1.8 万亿元。我国算力产业年增长率近 30%，算力总规模位居全球第二。

11. 中国联通在广东率先完成全国最大规模 RedCap 预商用验证

4月8日，中国联通在广东率先完成全国最大规模 RedCap 预商用验证，并对广州市 160 多个 5G 基站进行 RedCap 网络规模开通以及连片组网场景化验证。RedCap 是 3GPP R17 协议标准面向中高速物联定义的轻量级 5G 技术，适用于工业互联网、视频监控、车联网等应用场景。

12. 国家超算互联网联合体成立

4月17日，科技部高新司在天津组织召开国家超算互联网工作启动会，发起成立了国家超算互联网联合体。未来，科技部将通过超算互联网建设，打造国家算力底座，促进超算算力的一体化运营，助力科技创新和经济社会高质量发展。

13. 八部门发文推进 IPv6 技术演进和应用创新发展

4月23日，工业和信息化部等 8 部门联合印发《关于推进 IPv6 技术演进和应用创新发展的实施意见》，围绕构建 IPv6 演进技术体系、强化 IPv6 演进创新产业基础、加快 IPv6 基础设施演进发展、深化"IPv6+"行业融合应用和提升安全保障能力等 5 个方面，部署了 15 项重点任务。

14. 首例虚构数据干扰算法推荐构成不正当竞争案宣判

4月25日，杭州互联网法院公开宣判了首例涉及虚构数据干扰算法推荐引发的不正当竞争案。涉案刷量的软件是一款名为"抖竹"的 APP，可以模拟人工操作养号、批量点赞和评论、随机转发、批量关注加好友、自动私信粉丝和关注的人等。法院经审理认定，抖竹软件应赔偿抖音经济损失及合理费用共计 100 万元。

15. 2022年中国数字经济规模超过50万亿元，稳居世界第二

4月27日，国家互联网信息办公室在第六届数字中国建设峰会对外发

布了《数字中国发展报告（2022年）》。该报告显示，2022年，我国数字经济规模达50.2万亿元，占GDP比重超过40%，稳居世界第二。

16. 中共中央政治局召开会议：要重视通用人工智能发展

4月28日，中共中央政治局召开会议，分析研究当前经济形势和经济工作。会议指出，要重视通用人工智能发展，营造创新生态，重视防范风险。

17. 首个5G无线算网一体车联网新架构完成验证

5月9日，中国移动研究院、上海产业研究院联合中兴通讯宣布完成业界首个5G无线算网一体车联网新架构验证，打通了首个基于全5G网络架构的端到端车联网业务流程。

18. 天河百亿亿级智能计算开放创新平台和国产中文大模型"天河天元"发布

5月20日，国家超算天津中心发布天河百亿亿级智能计算开放创新平台和国产中文大模型——天河天元。这款中国新一代百亿亿次超级计算机，峰值计算性能达200PFlops，数据存储能力不低于20PB，峰值功耗不高于8兆瓦。

19. 首个区块链技术领域国家标准正式发布

6月1日，《区块链和分布式记账技术 参考架构》国家标准正式发布。这是我国首个获批发布的区块链技术领域国家标准。

20. 我国完成全球首例5G超远程机器人肝脏切除手术

6月18日，浙江大学医学院附属邵逸夫医院普外科医生通过中国电信5G技术操作国产手术机器人，为浙大邵逸夫阿拉尔医院一名患者实施了肝脏切除手术，成功完成我国首例5G超远程机器人肝脏切除手术，在全球也属首例。

21. 网信办发布境内深度合成服务算法备案清单

6月20日，国家互联网信息办公室发布境内深度合成服务算法备案清单，其中包括美团在线智能客服算法、快手短视频生成合成算法、百度文生图内容生成算法、百度PLATO大模型算法、天猫小蜜智能客服算法等41则深度合成服务算法备案信息。

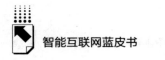

22. 首款 AI 研制药品进入人体临床试验

6 月 27 日，生成式人工智能驱动的临床阶段生物医药科技公司英矽智能宣布，其已经开始 AI 研制药物的首批人体试验，为一名中国患者提供了一种治疗慢性肺部疾病特发性肺纤维化的新型疗法。这种药物名为 INS018_055，是全球第一种完全由 AI 设计和研制的药物，目前已推进至 2 期临床试验验证阶段。

23. 中国首发 AI 设计 CPU 芯片

6 月 30 日，中科院计算所在全球首次实现了让 AI 全自动设计芯片，这款芯片名为启蒙 1 号，能跑 Linux，性能堪比 Intel 的 486。这是全球首个无人工干预、全自动生成的 CPU 芯片，65nm 工艺，频率达到了 300MHz。

24. 新一代数字地球技术平台——星图地球智脑引擎发布

7 月 6 日，我国科研人员研发的新一代数字地球技术平台——星图地球智脑引擎发布。该系统深度融合地球大数据、分析解译算法与超级计算机，构建起可计算数字地球核心引擎，通过密集型"智能计算"为用户提供地球数据智能处理、地球信息智能感知、地球场景智能重建能力。

25. 七部门印发《生成式人工智能服务管理暂行办法》

7 月 13 日，国家互联网信息办公室等七部门印发《生成式人工智能服务管理暂行办法》，自 8 月 15 日起施行。该办法规定不得利用算法、数据、平台等优势，实施垄断和不正当竞争行为；应采取有效措施，提升生成式人工智能服务的透明度，提高生成内容的准确性和可靠性。文件规定提供具有舆论属性或者社会动员能力的生成式人工智能服务的，应当按照国家有关规定开展安全评估，并按照《互联网信息服务算法推荐管理规定》履行算法备案和变更、注销备案手续。

26. 中共中央政治局：促进人工智能安全发展

7 月 24 日中共中央政治局召开会议指出，要大力推动现代化产业体系建设，加快培育壮大战略性新兴产业、打造更多支柱产业。要推动数字经济与先进制造业、现代服务业深度融合，促进人工智能安全发展。

27. 首批智能网联汽车在重庆高新区开跑

8月10日，首批七款智能网联汽车在重庆高新区的西部（重庆）科学城进行试跑，包含了智能网联无人小巴、自动驾驶通勤车、低速无人售卖车/配送车/安防巡逻车等多种用途车型。这批车辆全部接入了云控平台，可通过道路两侧的毫米波雷达、摄像头等设施实时采集数据，再回传云端进行计算，云端再把安全、高效的驾驶建议发送给通勤车，从而避免人为因素或突发事件带来的安全隐患。

28. 中国首颗AI卫星成功发射

8月10日，中国首颗以人工智能（AI）载荷为核心、具备智能操作系统的智能应急卫星"地卫智能应急一号"（又名WonderJourney-1A，简称WJ-1A），在酒泉发射中心成功发射并进入预定轨道。

29. 国内首个大模型标注基地落地海口

8月25日，位于海口市秀英区的百度智能云（海口）人工智能基础数据产业基地正式启动运营。数百名大学生入驻基地，成为新兴的人工智能AI训练师。

30. 工信部等五部门联合发文：打造沉浸交互数字生活应用

8月29日，工业和信息化部等五部门联合印发《元宇宙产业创新发展三年行动计划（2023—2025年）》，以构建工业元宇宙、赋能制造业为主要目标。内容提及，要培育3~5家有全球影响力的生态型企业和一批专精特新中小企业，打造3~5个产业发展集聚区。打造数字演艺、"云旅游"等新业态，打造数智文旅沉浸式体验空间。加快数字人客服、实景导航等政务服务应用。

31. 中国移动成功研制国内首款可重构5G射频收发芯片"破风8676"

8月30日，中国移动发布国内首款可重构5G射频收发芯片"破风8676"。这一成果填补了国内在5G网络核心设备领域的空白。该芯片基于自研射频双级联动仿真平台，通过可重构技术架构和创新性功能组合，实现了信号带宽、杂散抑制频点等关键参数的灵活匹配，为5G低成本、高可控度的商用网络建设提供了支持。

32. 中国移动以 F5G-A 打造超高清8K 3D 智能应用

9月30日，中国移动通信集团有限公司杭州公司联合华为打造了基于 F5G-A 的智能 8K 3D 直播应用，提供比赛场馆超高清 3D 视频智能管理服务。这是基于 50G PON 的 8K 3D 视频回传场景的首次验证。作为最新的光通信网络技术，50G PON 将成为构建未来万物智联的万兆全光网络底座核心。

33. 工信部等六部门发文：到2025年智能算力占比达到35%

10月8日，工业和信息化部等六部门联合印发《算力基础设施高质量发展行动计划》，提出到 2025 年，计算力方面，算力规模超过 300EFLOPS，智能算力占比达到 35%，东西部算力平衡协调发展。应用赋能方面，打造一批算力新业务、新模式、新业态，工业、金融等领域算力渗透率显著提升，医疗、交通等领域应用实现规模化复制推广，能源、教育等领域应用范围进一步扩大。

34. 国内首个生成式 AI 安全指导性文件明确31种风险

10月11日，全国信息安全标准化技术委员会官网发布《生成式人工智能服务安全基本要求》（征求意见稿），首次提出生成式 AI 服务提供者需遵循的安全基本要求，涉及语料安全、模型安全、安全措施、安全评估等方面，给出了语料及生成内容的主要安全风险共 5 类 31 种。

35. 工信部：我国 AI 核心产业规模达5000亿元

10月14日，中国工业和信息化部科技司副司长任爱光在 2023 中国（太原）人工智能大会上介绍，我国人工智能核心产业规模已达 5000 亿元人民币，企业数量超过 4400 家。目前已建成 2500 多个数字化车间和智能工厂，从而有力推动实体经济的数字化、智能化、绿色化转型，显著提升了研发和生产效率。

36. 工信部：到2025年全国县级以上城市实现5G RedCap 规模覆盖

10月16日，工业和信息化部印发《关于推进 5G 轻量化（RedCap）技术演进和应用创新发展的通知》，提出到 2025 年，5G RedCap 产业综合能力显著提升，5G RedCap 应用规模持续增长：全国县级以上城市实现 5G

RedCap 规模覆盖，5G RedCap 连接数实现千万级增长。

37. 我国提出《全球人工智能治理倡议》

10 月 18 日，习近平主席在第三届"一带一路"国际合作高峰论坛开幕式主旨演讲中宣布中方将提出《全球人工智能治理倡议》。倡议围绕人工智能发展、安全、治理三方面系统阐述了人工智能治理中国方案，提出包括坚持"以人为本"、尊重他国主权、坚持"智能向善"等 11 项倡议，就各方普遍关切的人工智能发展与治理问题提出了建设性解决思路，为相关国际讨论和规则制定提供了蓝本。

38. 工信部：中国已建成全球规模最大、技术领先的5G网络

10 月 21 日，中国工业和信息化部党组成员、副部长张云明在 2023 年中国 5G 发展大会开幕式上称，中国已建成全球规模最大、技术领先的 5G 网络。截至 9 月底，中国 5G 行业虚拟专网超 2 万个，数字经济发展底座不断夯实。

39. 国家数据局正式揭牌

10 月 25 日，国家数据局正式揭牌。国家数据局负责协调推进数据基础制度建设，统筹数据资源整合共享和开发利用，统筹推进数字中国、数字经济、数字社会规划和建设等，由国家发展和改革委员会管理。

40. 我国科学家研制出首个全模拟光电智能计算芯片

11 月 3 日，清华大学研究团队研制出国际首个全模拟光电智能计算芯片（简称 ACCEL）。经实测，该芯片在智能视觉目标识别任务方面的算力可达目前高性能商用芯片的 3000 余倍，为超高性能芯片的研发开辟全新路径。

41. 工信部发文：到2025年人形机器人创新体系初步建立

11 月 3 日，工业和信息化部印发《人形机器人创新发展指导意见》，提出到 2025 年，我国人形机器人创新体系初步建立，"大脑、小脑、肢体"等一批关键技术取得突破，确保核心部组件安全有效供给。整机产品达到国际先进水平，并实现批量生产，在特种、制造、民生服务等场景得到示范应用，探索形成有效的治理机制和手段。

42. 商汤、华为云等发起成立 IEEE 大模型标准工作组

11 月 7 日，中国电子技术标准化研究院、上海人工智能实验室、华为云、百度、腾讯、蚂蚁、商汤科技、360、中兴通讯、美的、海信集团等国内首批 11 家单位在 IEEE "人工智能大模型" 标准大会上发起成立 IEEE 大模型工作组。IEEE 大模型标准工作组将协同国内外大模型产业力量，制定大模型技术规范、测评方法、安全可信、可靠决策等领域国际先进标准，为全球大模型产业技术创新和发展提供更好支撑。

43. 工信部：2030年前后实现6G 商用

12 月 5 日，工业和信息化部披露，中国将加快推进 6G 技术研发与创新，2030 年前后实现商用。工业和信息化部指导成立 6G 推进组，为 6G 创新发展提供政策保障，推动形成 6G 全球统一标准。

44. 工信部：将制定符合我国国情的 Web3.0发展战略文件

12 月 19 日，工信部网站公布《对全国政协十四届一次会议第 02969 号提案的答复》提出，下一步，工信部将加强与相关部门的协同互动，推动 Web3.0 技术创新和产业高质量发展。加强 Web3.0 调查研究，制定符合我国国情的 Web3.0 发展战略文件。聚焦政务、工业等重点领域，鼓励开展 NFT、分布式应用（DApp）等新商业模式，加速 Web3.0 的创新应用和数字化生态构建。

45. 中国网络空间安全协会发布首批中文基础语料库

12 月 20 日，中国网络空间安全协会人工智能安全治理专业委员会面向社会发布用于大模型的首批 120G 中文基础语料库，包括 1 亿余条数据，500 亿个 token。

46. 五部门联合印发实施意见，加快构建全国一体化算力网

12 月 25 日，国家发展改革委、国家数据局、中央网信办、工业和信息化部、国家能源局联合印发《深入实施 "东数西算" 工程 加快构建全国一体化算力网的实施意见》，提出到 2025 年底，综合算力基础设施体系初步成型。国家枢纽节点地区各类新增算力占全国新增算力的 60% 以上，国家枢纽节点算力资源使用率显著超过全国平均水平。

47. 我国成功发射卫星互联网技术试验卫星

12月30日，我国在酒泉卫星发射中心使用长征二号丙运载火箭，成功将卫星互联网技术试验卫星发射升空，卫星顺利进入预定轨道，发射任务获得圆满成功。

48. 国内科技企业竞相发布人工智能大模型

截至2023年底，百度、阿里巴巴、字节跳动、腾讯、科大讯飞、网易、华为等国内科技企业均已发布了自己的大模型产品或者大模型战略。超过20个大模型通过《生成式人工智能服务管理暂行办法》备案。

49. 2023年全国5G基站337.7万个，网民规模达10.92亿人

工业和信息化部数据显示，截至2023年底，全国5G基站为337.7万个，占移动基站总数的29.1%，占比较上年末提升7.8个百分点。5G移动电话用户达到8.05亿户，占移动电话用户的46.6%，比上年末提高13.3个百分点。移动互联网用户数达15.17亿户，比上年末净增6316万户。三家基础电信企业发展蜂窝物联网用户23.32亿户，全年净增4.88亿户。中国互联网络信息中心（CNNIC）发布的第53次《中国互联网络发展状况统计报告》显示，截至2023年底，我国网民规模达10.92亿人，较2022年12月新增网民2480万人，互联网普及率达77.5%。

Abstract

In 2023, generative artificial intelligence developed rapidly, driving a major transformation in internet technologies. Having progressed through the eras of the computer internet and mobile internet, we began to enter the era of the intelligent internet. In China, the application of intelligent internet technologies accelerated, enhancing social governance with smart solutions and injecting new momentum into economic development.

However, these advancements also led to a rise in public opinion warfare and cognitive warfare. As a result, there's a growing need for careful and inclusive governance of the intelligent internet. In the future, algorithms, computing power, and data will play even more crucial roles. Multi-modal large models will emerge as an essential foundation for intelligent internet applications, giving rise to new business forms and models.

A Chinese-style network governance framework will gradually take shape to ensure the healthy development and proper application of the intelligent internet.

In 2023, China adopted a coordinated approach to laws, regulations, and policies related to the intelligent internet. This led to the comprehensive establishment of an intelligent internet governance system that spans legislation, law enforcement, and the judiciary. Notably, progress was made in modernizing municipal social governance, enhancing government service hotlines, and improving government-citizen interactions through intelligent social governance.

The rise of AI significantly impacted the ideological and cultural ecology, prompting intensified efforts to address AI ethics through targeted policies and actions. Globally, there were breakthroughs in AI governance, with comprehensive implementation across various domains. Moreover, the possibility of a widening intelligence gap for developing countries emerged as a pressing issue and topic of discussion.

In 2023, 5G applications moved beyond their early experimental phase, characterized by openness and innovation, towards a focus on achieving large-scale replication in commercial closed-loop systems. This shift marked the beginning of a system for the 5G application technology industry. Meanwhile, large-scale AI models achieved significant milestones in various areas, including breakthroughs in critical components, market scale expansion, vertical application across sectors, and policy support. The development of the data industry signaled the dawn of an era dominated by intelligence. Companies increasingly capitalized on leveraging data as valuable assets, using smart analysis to enhance data management practices. The interconnection of computing power has become a major concern for all industry stakeholders who are actively engaged in exploration and practice.

During the same period, China saw further strides in autonomous driving technology, with notable progress in national and local policies and regulations, facilitating the integration of autonomous driving into typical urban and intercity transport scenarios. Smart healthcare also experienced accelerated growth in areas such as the construction of electronic medical record systems, interconnection and sharing of medical information, and the establishment of medical and health big data systems.

Additionally, the advent of new-generation AI technologies accelerated the transformation of industrial practices towards intelligent, efficient, and green development. Financial institutions actively explored the application of generative AI, propelling advancements in smart finance. The AI-generated content market demonstrated many application scenarios spanning content form, content production, security, and operational management.

Meanwhile, AI for science emerged as a new paradigm for intelligent scientific research, accelerating scientific and technological innovation while simultaneously introducing heightened uncertainty, diversity, and complexity to scientific research endeavors. China's intelligent sports sector progressed beyond its nascent stages, witnessing the adoption of many intelligent products and services across various scenarios, with typical cases covering major scenarios. Simultaneously, the virtual

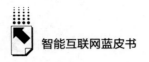

reality industry achieved new progress in hardware, software, content, and practical applications.

In 2023, the widespread integration of generative AI across industries raised concerns regarding data security, monopolistic practices, and intellectual property rights, among other issues. The circulation and utilization of data also introduced new risks and challenges in security governance and personal privacy protection. Existing regulatory methods revealed limitations in addressing these new risks.

Despite these challenges, the deployment of large AI models not only sped up enterprises' digital transformation and improved operational efficiency but also sparked new ideas for their application across various sectors. Generative AI, in particular, demonstrated promise in content creation for teaching, providing intelligent feedback, creating interactive learning environments, and enhancing personalized learning experiences. This resulted in shifts such as disputes over professional boundaries and the remodeling of work paradigms in the fields of academic writing and publishing.

The widespread application of AI technology gave rise to many new business models and created numerous job opportunities. Looking ahead, AI has the potential to bring innovative changes to China's labor market structure, with human-machine collaboration becoming a mainstream trend.

Keywords: Intelligent Internet; Large Model; Generative Artifical Intelligance; Chinese-style Network Grovernance Framework

Contents

I General Report

Abstract: In 2023, Generative Artificial Intelligence will develop rapidly and lead the transformation of Internet technology. After experiencing the PC Internet and mobile Internet, mankind has begun to enter the era of intelligent Internet. The application of intelligent Internet industry is accelerating, helping to make social governance intelligent and releasing new momentum for economic development. Intelligent public opinion wars and cognitive wars are becoming increasingly frequent, and Intelligent Internet governance is prudent and inclusive. In the future, the core role of algorithms, computing power and data will be more prominent. Multi-modal large models will become an important base for intelligent Internet applications, giving rise to new business formats and new models. A Chinese-style network governance framework will be gradually constructed to promote the healthy development and standardization of intelligent Internet. application.

Keywords: Intelligent Internet; Large Model; Generative Artificial Intelligence; Chinese-style Network Governance Framework

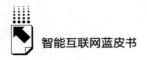

II   Overall Reports

B.2   The Development and Tendency of Regulations and Policies
of Intelligent Internet in 2023   *Zheng Ning*, *Ou Jing* / 022

Abstract：In 2023, laws, regulations and policies in the field of intelligent
Internet were coordinated and promoted in an integrated manner, and the
strategies of the CPC Central Committee for Internet power were implemented in
depth, an intelligent Internet governance system were constructed comprehensively
from legislation, law enforcement, and judiciary, and the legal and regulatory
system were optimised in a sustained manner, so as to promote the rule-of-law
process in various aspects such as the governance of AI, the supervision of Internet
platforms, the construction of cybersecurity infrastructures, the protection of
personal information, the protection of minors and the governance and other
aspects of the rule of law process. In the future, it will continue to improve
intelligent Internet laws and regulations, establish and improve the mechanism for
regional co-operation, explore the balance between data security protection and
data exploitation and utilisation, and promote international exchanges and co-
operation on intelligent Internet.

Keywords：Intelligent Internet；Regulations and Policies；Internet Governance

B.3   An Assessment of Intelligent Social Government in China
in 2023   *Ma Liang* / 037

Abstract：The development of intelligent social governance (ISG) in China
in 2023 is characterized by changing from COVID−19 pandemic control to normal
situation, the setup of social work department and social organizational change,
municipal social governance modernization, and citizen hotline and state-citizen

interaction. ISG in 2023 focuses on artificial intelligence generating content (AIGC), grid plus social governance, anti-formalism in internet. In the future development of ISG, it should pay attention to AIGC and its uses, the appropriate use of technologies, and how to foster smart social governance.

Keywords: Intelligent Social Governance; AIGC; State-citizen Interaction

B.4   Research on the Impact of Artificial Intelligence on Ideological

and Cultural Ecology   *Yang Zihao*, *Wei Pengju* / 045

Abstract: The advancement of artificial intelligence platforms such as ChatGPT has made general artificial intelligence closer to reality with its deep learning and human-like interaction capabilities. The wave of artificial intelligence will also have a significant impact on our ideological and cultural ecology. This article examines the development and application of artificial intelligence and interprets the structure and characteristics of ideological and cultural ecology from two different perspectives: diachronic and synchronic. It also explores how artificial intelligence can aid ideological and cultural inheritance, innovation, exchange and integration. Finally, countermeasures to address the potential risks and challenges posed by artificial intelligence are also proposed.

Keywords: Artificial Intelligence; Ideological and Cultural Ecology; Cultural Inheritance and Development

B.5   Report on the Development State and Practical Paths of

Global Artificial Intelligence Ethics in 2023

Fang Shishi, *Ye Ziming* / 059

Abstract: To deal with the application potential of Generative Artificial Intelligence and the complicated challenges of governance, in 2023, the policies

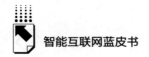
and actions of AI in the ethical field were intensively promoted. Based on the common values of putting people first and enhancing well-being, a consensus on promoting global governance through multiple action paths is taking shape. In the future, with the emergence of new scenes and new applications, the development and practice of AI ethics will face more challenges.

Keywords: Artificial Intelligence; Ethics; Governance

B.6 Global Intelligent Internet Development Report (2023-2024)

Zhong Xiangming, Wang Ben and Fang Xingdong / 074

Abstract: With applications like ChatGPT and Sora becoming wildly popular, AI technologies represented by generative artificial intelligence have rapidly entered a mainstream phase, leading the digitalization process comprehensively. Silicon Valley in the United States remains the epicenter of this revolution, while Europe is rekindling its momentum by tapping into its profound technological heritage. Asia is not falling behind in this new wave, with China in particular making a vigorous catch-up in the midst of "AI Anxiety". The potential widening of the intelligence gap for underdeveloped countries has become a topic of significant concern. Global AI governance is entering a new phase of breakthroughs and comprehensive implementation.

Keywords: Generative AI; Intelligent Era; Global AI Governance; Intelligent Divide

Ⅲ Foundation Reports

B.7 Analysis of 5G Applications and Intergration Trends in 2023

Du Jiadong, Zhou Jie and Du Bin / 099

Abstract: In 2023, 5G has become a universal digital technology, and 5G applications are showing a development pattern of "a hundred flowers blooming, a thousand enterprises competing for spring". The transformation of 5G applications from initial open and innovative exploration to seeking commercial closed-loop and large-scale replication presents a trend of industry cascade development, full process, and core development. The initial formation of the 5G application technology industry system, with customization, low price, and high quality becoming the industry theme.

Keywords: General Purpose Technology; 5G Application; 5G Integration Industry

B.8 Development Trends, Challenges, and Recommendations
for Large-Scale Artificial Intelligence Models in 2023

Liu Nairong / 110

Abstract: In 2023, large-scale artificial intelligence (AI) models have achieved significant milestones in key elements, market scale expansion, applications of vertical domains, and policy support. The emergent abilities of large-scale AI models have propelled AI technology, services, and productivity to unprecedented heights. However, the development of large-scale AI models in our country still face challenges in areas such as basic research and development, industrial ecosystem, and security control. In response to these issues, this report suggests creating an enabling environment for the development of large-scale AI models by strengthening the foundation for development, enhancing policy support, and advocating for the responsible AI.

Keywords: Large-scale Artificial Intelligence Models; Computing Power; Industrial Ecology; Technology Ethics

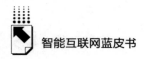

B.9　Analysis of the Development of Data Industry in the

Intelligent Era　　　　　　　*Lin Fengpu*, *Shi Zhiguo* / 122

Abstract: The development of the data industry has ushered in an era of intelligence. In 2023, the National Data Administration was established, and local versions of the "Twenty Data Articles" have successively introduced. International rules for cross-border data flow and relevant regulations on data ethics have been formulated, and the Three-year Action Plan for "Data Element ×" released. The data center, data assetization, integrated data research and development operations, intelligent data analysis, and data security risk assessment management have enhanced enterprise data governance capabilities. The integrated data infrastructure and diversified data services of the lake and warehouse have promoted the construction and development of the data element market.

Keywords: Data Elements; Cross-border Data; Data Ethics; Data Assetization; Data Industry

B.10　Trend of Fusion Between Computing Power

Interconnectivity and Internet　　　　*Li Wei*, *Yan Dan* / 135

Abstract: With the explosive development of applications such as Artificial Intelligence Large Model, the demand for computing power in intelligent applications shows an exponential growth trend, and there is also a demand for computing power board-based accessibility. In this context, all stakeholders in the sector are highly concerned about the interconnection of computing power, and actively engage in exploration and practice. In the future, by building the Computing Power Interconnection Framework and exploring the Computing Power Internet, the standardized and service-oriented Computing Power Large Market and an interconnected and flexible invocated computing power logical network will be formed.

Abstract: In recent years, with the improvement of high-performance computing capabilities, the accumulation of big data, and the breakthroughs in deep learning technology, Artificial Intelligence (AI) technology has made tremendous progress. By reviewing the development of the five core research areas of AI including large model, brain-inspired intelligence, embodied intelligence, AI under constrained resources, and AI algorithm and data security, this paper analyzes the current development status of AI in scientific research, technological implementation, and industrial applications, and briefly predicts its future development trends. The future of AI will focus on the security and commercialization of cross-modal large-scale models, the practical application of embodied intelligence in real-world environments, as well as model optimization and efficiency improvement. Additionally, it will emphasize data security, fairness, and ethical considerations to achieve broader and more reliable applications.

Ⅳ　Market Reports

Abstract: In 2023, China made further breakthroughs in the technology of automated driving, together with national and local policies and regulations. The

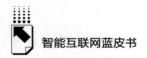

Ministry of Transport and the Ministry of Industry and Information Technology promoted the realization and application process of automated driving in typical urban and intercity transport application scenarios through pilot demonstrations. The development of automated driving which has a broader and more abundant development space and power is bound to lead the digital, connected, and intelligent development of transportation system, overturn the entire transportation, carrier, and related industries, optimize the industrial pattern of national economy and society, and promote the development of social modernization.

Keywords: Intelligent and Connected Vehicle; Driving Environment Detection; Automated Driving; Transportation Power of China

B.13　Current Status and Trends of Smart Healthcare Development

　　in China in 2023 　　　　　*Yang Xuelai*, *Yin Lin* / 172

Abstract: In 2023, the key contents of China's smart healthcare include the construction of electronic medical record systems, the exchange and sharing of medical and health information, the construction of medical and health big data, the construction of clinical decision support systems for medical institutions, and the promotion of new generation information technology applications. Typical application scenarios of smart medicine include auxiliary diagnosis and treatment, big data and information platform construction, personalized pharmacy, smart nursing, telemedicine and Internet diagnosis and treatment. This report introduces the above content and provides suggestions for the next development of smart healthcare.

Keywords: Smart Healthcare; Electronic Medical Record; Information Technology; Public Hospital

B . 14　Path and Trend of Empowering New Industrialization
With the Industrial Large Model in 2023

Zhi Zhen , Zhang Qi and Li Sen / 186

Abstract: Actively exploring and promoting new industrialization is a new task in the current development stage of Chinese industry, and artificial intelligence technology is an important driving force, innovation force, and competitiveness of new industrialization. The new generation of artificial intelligence technology, especially represented by large models, is accelerating the transformation process of new industrialization. It will deeply participate in the entire process of new industrialization, promote the efficiency improvement, capability enhancement, and innovative transformation of industrial production, and continue to play a key role and guide the disruptive transformation of productivity, leading industrial enterprises towards intelligent, efficient, and green development.

Keywords: Industrial Large Model; New Industrialization; AI

B . 15　Status, Trends, and Suggestions for the Development of
Smart Finance in China in 2023

Li Jian , Wang Lijuan / 202

Abstract: As the main body of the practices of smart finance, China's financial institutions have continuously deepened digital transformation and actively explored the application of generative artificial intelligence, further promoting the development of smart finance. In the context of building a strong financial country, it is necessary for financial institutions, regulatory authorities, and industry organizations to take corresponding measures based on their own business and responsibilities, and jointly create a new industry of smart finance with scene perception, human-machine collaboration, and cross-sector integration.

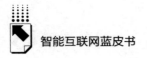

Keywords：Digital Transformation；Smart Finance；Generative Artificial
Intelligence

B.16 Current Status and Trends of AIGC Development in
China in 2023   *Chen Yifan* / 214

Abstract：The AIGC market in China is showing a booming trend of
development. There are rich application scenarios in content form，content
production，content security，operation. In the future，the large language models
supporting AIGC will continue to be optimized to achieve multimodal interaction
fusion. We will promote the deepening of industry application，platform
development，and ecological construction of AIGC technology. We should
strengthen the drive for technological innovation，promote the coordinated
development of the industrial ecosystem，protect data security and privacy，
strengthen regulations and ethical norms，enhance international cooperation and
exchanges，and promote the healthy development of the AIGC industry.

Keywords：Aigc；Large Language Models；Content Production Method

B.17 Status and Trend of Intelligence Scientific Research in 2023
Qian Li，*Yu Qianqian*，*Xie Jing*，*Zhu Yali and Tan Zhizhi* / 227

Abstract：AI for Science，as a new paradigm of intelligent scientific
research，is accelerating the speed of scientific and technological innovation，but it
is also exacerbating the uncertainty，diversity，and complexity of scientific
research. Carrying out research on the ecosystem of intelligent scientific research
and strengthening the ecological capacity building of intelligent scientific research
are important measures for China to break through key technologies and lead
scientific and technological innovation. This report analyzes the connotation and
key elements，the current development status at home and abroad，typical

platform cases, and the development trends of intelligent scientific research, with a view to providing reference and guidance for promoting the development of intelligent scientific research and improving the intelligent scientific ecosystem.

Keywords: AI4Science; Artificial Intelligence; Large Language Model; Scientific Research

B.18 Development and Future Trends of China Intelligent Sports in 2023　　　　　　　　　　　*Wang Xueli, Li Chenxi* / 244

Abstract: In 2023, China's intelligent sports moved beyond the initial stage, emerging with typical cases that apply to various scenarios, and many intelligent products and services have been put into use, and typical cases covered various scenarios. In terms of mega sports events, intelligent applications have been successfully applied in event organization, venue operation, event services, and media content, which accumulates much experience. In mass sports, the intelligent transformation of public sports spaces reaches a definite scale and enters the standardization stage. Offline and online mass sports events have completed intelligent transformation explorations and attracted widespread participation. In school sports, intelligent products have been applied to promote the efficiency and safety of in-school courses, provide scientific guidance in extracurricular sports activities, and even play an essential role in student physical fitness testing.

Keywords: Artificial Intelligence; Intelligent Transformation; Mega Sports Events; Mass Sports; School Sports

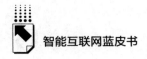

B.19　Development Status and Trends of Virtual Reality

　　　　Industry in 2023　　　　　　　　　　*Yang Kun* / 257

Abstract：With the development of new technologies such as generative artificial intelligence, the virtual reality industry has made new progress in hardware, software, content, and applications in 2023. But the development of industries is also affected in the context of economic downturn. The global virtual reality industry is entering a period of development adjustment in 2023, and the direction of industry development is constantly focused. By expanding the content ecosystem, improving computing power support, achieving better integration with AIGC, and exploring new fields such as MR, we will expand the development space of the VR industry.

Keywords：Virtual Reality; AIGC; Computing Power

V　Special Reports

B.20　Legal Risks and Governance of Generative Artificial

　　　　Intelligence　　　　　　　　　*Feng Xiaoqing*, *Li Ke* / 271

Abstract：With the rapid development of generative artificial intelligence technology, the advantages of its industrialized use have become more and more prominent, and at the same time, it has also given rise to risks regarding data, monopoly, intellectual property rights and other aspects. China and developed countries have laid out laws and regulations in the field of artificial intelligence, seeking to control risks from the regulatory level, but the existing regulatory approach to new risks is still insufficient. In order to establish a sound AI governance system, a comprehensive AI law should be gradually constructed on the basis of making full use of the existing legal framework, promoting the collaboration of various departments in the governance of generative AI, and realizing the smooth and efficient connection of various links.

Keywords: Artificial Intelligence; AIGC; Legal Risk; Intellectual Property Rights

B. 21 Privacy and Data Security Protection in China in 2023:

Summary and Outlook *Tang Shuyuan*, *Zhi Zhenfeng* / 286

Abstract: In 2023, data security and privacy protection have become a global focus of attention. As a "data power," China faces new risks and challenges in security governance and personal privacy protection during the rapid construction of a "digital China," where data circulation and utilization are increasing. To adapt to a new round of technological and industrial revolutions, it is necessary to establish a flexible legal framework, build an intelligent system for predicting and managing privacy risks, and promote the robust development of data security, privacy protection, and innovative data applications, fully leveraging the multiplier effect of data as a factor.

Keywords: Intelligent Internet; Privacy and Data Security; Data Governance

B. 22 Research on the Application of Multimodal Large

Language Model in the Process of Enterprise

Intelligence Transformation *Gu Xuguang* / 300

Abstract: The combination of large language models with enterprise intelligence transformation can not only accelerate the process of enterprise digital transformation and enhance the level of intelligent operation, but also inspire new ideas for the application of large language models in a wider range of fields. Through the research on the current status of enterprise intelligence transformation in China and the research on technology solutions of the enterprise large language models, this article provides feasible methods and solutions of large language

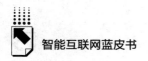

models application for Chinese enterprises. It also proposes implementable solutions and paths for AI-native enterprise IT architecture development.

Keywords：Multimodal Large Language Model；Enterprise Digital Transformation；Artificial Intelligence；New Generation of Information Technology；Intelligence

B.23 Study on Classroom Observation with Generative Artificial Intelligence in the Context of Intelligent Interconnection　　*Hu Tingyu，Zhang Chunhua and Li Guoyun* / 317

Abstract：Generative Artificial Intelligence (GAI) has demonstrated its application potential in teaching content creation, intelligent teaching feedback, interactive learning environment creation, and personalized learning enhancements. Using the case study of classroom observation empowered by GAI, this research explores the feasibility of deep integration of education and technology. Facing the challenges of GAI, it is crucial to actively enhance teachers' and students' abilities to utilize it, enrich the supply of educational and teaching resources, and strengthen digital ethical awareness, and promote the healthy development of GAI in the field of education.

Keywords：Generative Artificial Intelligence；Classroom Observation；Intelligent Systems

B.24 Academic Production and Publishing Research in the Context of Artificial Intelligence in 2023
　　　　　　　　　　　　　　Weng Zhihao，Yang Junpeng / 329

Abstract：2023 is a milestone year in the field of Artificial Intelligence. With the revolutionary progress of deep learning and natural language processing, generative artificial intelligence represented by large language models is flourishing and causing a wave of change in various industries. In the field of global academic production and publishing, there have also been new changes such as occupational boundary conflicts and reshaping of work paradigms. Artificial Intelligence not only provides tools for academic work, but also presents new challenges and transformative propositions to the fields of academic production and publishing, requiring localized solutions from the Chinese scientific community and management.

Keywords: Artificial Intelligence; Academic Production; Academic Publishing

B.25 Development of Artificial Intelligence Has Spawned New Business Forms and New Jobs

Zhang Yi, Zhang Liting / 343

Abstract: The application of artificial intelligence technology has not only promoted the innovative development of the industry, but also spawned many new business forms, driven more new jobs, and injected new impetus for sustainable growth into the social economy. The era of artificial intelligence is accelerating, and the gap of artificial intelligence talents in China is getting larger and larger. In the process of promoting "number intelligence", the lack of relevant talents has become one of the main constraints. In the future, China's labor market structure is expected to innovate, and human-machine collaboration will become the mainstream trend.

Keywords: Artificial Intelligence; New Careers; Labor Employment

Appendix

皮 书

智库成果出版与传播平台

❖ 皮书定义 ❖

皮书是对中国与世界发展状况和热点问题进行年度监测，以专业的角度、专家的视野和实证研究方法，针对某一领域或区域现状与发展态势展开分析和预测，具备前沿性、原创性、实证性、连续性、时效性等特点的公开出版物，由一系列权威研究报告组成。

❖ 皮书作者 ❖

皮书系列报告作者以国内外一流研究机构、知名高校等重点智库的研究人员为主，多为相关领域一流专家学者，他们的观点代表了当下学界对中国与世界的现实和未来最高水平的解读与分析。

❖ 皮书荣誉 ❖

皮书作为中国社会科学院基础理论研究与应用对策研究融合发展的代表性成果，不仅是哲学社会科学工作者服务中国特色社会主义现代化建设的重要成果，更是助力中国特色新型智库建设、构建中国特色哲学社会科学"三大体系"的重要平台。皮书系列先后被列入"十二五""十三五""十四五"时期国家重点出版物出版专项规划项目；自2013年起，重点皮书被列入中国社会科学院国家哲学社会科学创新工程项目。

皮书网

（网址：www.pishu.cn）

发布皮书研创资讯，传播皮书精彩内容
引领皮书出版潮流，打造皮书服务平台

栏目设置

◆ 关于皮书
何谓皮书、皮书分类、皮书大事记、
皮书荣誉、皮书出版第一人、皮书编辑部

◆ 最新资讯
通知公告、新闻动态、媒体聚焦、
网站专题、视频直播、下载专区

◆ 皮书研创
皮书规范、皮书出版、
皮书研究、研创团队

◆ 皮书评奖评价
指标体系、皮书评价、皮书评奖

所获荣誉

◆ 2008 年、2011 年、2014 年，皮书网均
在全国新闻出版业网站荣誉评选中获得
"最具商业价值网站"称号；
◆ 2012 年，获得"出版业网站百强"称号。

网库合一

2014 年，皮书网与皮书数据库端口合
一，实现资源共享，搭建智库成果融合创
新平台。

皮书网

"皮书说"
微信公众号

权威报告·连续出版·独家资源

皮书数据库
ANNUAL REPORT(YEARBOOK)
DATABASE

分析解读当下中国发展变迁的高端智库平台

所获荣誉

● 2022年，入选技术赋能"新闻+"推荐案例
● 2020年，入选全国新闻出版深度融合发展创新案例
● 2019年，入选国家新闻出版署数字出版精品遴选推荐计划
● 2016年，入选"十三五"国家重点电子出版物出版规划骨干工程
● 2013年，荣获"中国出版政府奖·网络出版物奖"提名奖

皮书数据库　　"社科数托邦"
微信公众号

成为用户

登录网址www.pishu.com.cn访问皮书数据库网站或下载皮书数据库APP，通过手机号码验证或邮箱验证即可成为皮书数据库用户。

用户福利

● 已注册用户购书后可免费获赠100元皮书数据库充值卡。刮开充值卡涂层获取充值密码，登录并进入"会员中心"—"在线充值"—"充值卡充值"，充值成功即可购买和查看数据库内容。
● 用户福利最终解释权归社会科学文献出版社所有。

社会科学文献出版社 皮书系列
SOCIAL SCIENCES ACADEMIC PRESS (CHINA)

卡号：283388981439
密码：

数据库服务热线：010-59367265
数据库服务QQ：2475522410
数据库服务邮箱：database@ssap.cn
图书销售热线：010-59367070/7028
图书服务QQ：1265056568
图书服务邮箱：duzhe@ssap.cn

基本子库
SUB DATABASE

中国社会发展数据库（下设 12 个专题子库）

　　紧扣人口、政治、外交、法律、教育、医疗卫生、资源环境等 12 个社会发展领域的前沿和热点，全面整合专业著作、智库报告、学术资讯、调研数据等类型资源，帮助用户追踪中国社会发展动态、研究社会发展战略与政策、了解社会热点问题、分析社会发展趋势。

中国经济发展数据库（下设 12 专题子库）

　　内容涵盖宏观经济、产业经济、工业经济、农业经济、财政金融、房地产经济、城市经济、商业贸易等 12 个重点经济领域，为把握经济运行态势、洞察经济发展规律、研判经济发展趋势、进行经济调控决策提供参考和依据。

中国行业发展数据库（下设 17 个专题子库）

　　以中国国民经济行业分类为依据，覆盖金融业、旅游业、交通运输业、能源矿产业、制造业等 100 多个行业，跟踪分析国民经济相关行业市场运行状况和政策导向，汇集行业发展前沿资讯，为投资、从业及各种经济决策提供理论支撑和实践指导。

中国区域发展数据库（下设 4 个专题子库）

　　对中国特定区域内的经济、社会、文化等领域现状与发展情况进行深度分析和预测，涉及省级行政区、城市群、城市、农村等不同维度，研究层级至县及县以下行政区，为学者研究地方经济社会宏观态势、经验模式、发展案例提供支撑，为地方政府决策提供参考。

中国文化传媒数据库（下设 18 个专题子库）

　　内容覆盖文化产业、新闻传播、电影娱乐、文学艺术、群众文化、图书情报等 18 个重点研究领域，聚焦文化传媒领域发展前沿、热点话题、行业实践，服务用户的教学科研、文化投资、企业规划等需要。

世界经济与国际关系数据库（下设 6 个专题子库）

　　整合世界经济、国际政治、世界文化与科技、全球性问题、国际组织与国际法、区域研究 6 大领域研究成果，对世界经济形势、国际形势进行连续性深度分析，对年度热点问题进行专题解读，为研判全球发展趋势提供事实和数据支持。

法律声明